Digital Leadership Culture

Andre Kiehne

Digital Leadership Culture

Technologie, Unternehmen und Menschen zusammen erfolgreich machen

1. Auflage

Haufe Group
Freiburg · München · Stuttgart

Bibliografische Information der Deutschen Nationalbibliothek

Die Deutsche Nationalbibliothek verzeichnet diese Publikation in der Deutschen Nationalbibliografie; detaillierte bibliografische Daten sind im Internet über http://dnb.dnb.de/ abrufbar.

Print: ISBN 978-3-648-18055-6 Bestell-Nr. 12085-0001
ePub: ISBN 978-3-648-18063-1 Bestell-Nr. 12085-0100
ePDF: ISBN 978-3-648-18070-9 Bestell-Nr. 12085-0150

Andre Kiehne
Digital Leadership Culture
1. Auflage, November 2024

Munzinger Str. 9, 79111 Freiburg
www.haufe.de | info@haufe.de

Bildnachweis (Cover): © Dilok Klaisataporn, iStock

Produktmanagement: Dr. Bernhard Landkammer
Lektorat: Maria Ronniger, Text+Design Jutta Cram

Für meine große Liebe Sabine, die mich all die Jahre unterstützt und durch alle Höhen und Tiefen begleitet hat. Du bist mein Halt, meine Inspiration, meine Konstante.

Für meine Kinder Lisa und Lena, für die ich leider oft nicht da war. Ich bin wahnsinnig stolz auf euch, ihr seid das größte Glück für uns.

Für meine Unterstützer in all den Jahren, meine Vorgesetzen, meine Kollegen, meine Teams, meine Coaches. Ohne euch gäbe es keine Erfolge und auch keine Lernkurven. Danke für euer Feedback und euer Vertrauen.

Und für meine Kritiker – ihr habt mich stärker gemacht und mir immer wieder geholfen zu reflektieren.

Inhaltsverzeichnis

Vorwort

Im vorliegenden Buch teile ich meine tiefgreifenden und praktischen Erkenntnisse aus über einem Vierteljahrhundert in der IT-Branche, davon mehr als 20 Jahre in Führungspositionen.

Das Buch beleuchtet die dynamische Beziehung zwischen Mensch und Technologie, insbesondere vor dem Hintergrund des rasanten technologischen Wandels, der durch Innovationen wie KI vorangetrieben wird. Jetzt ist der ideale Zeitpunkt, um eine harmonische Verbindung zwischen Mensch und Technologie wiederherzustellen. Durch die Erörterung der Rolle von Führung, Unternehmenskultur und der effizienten Nutzung von Technologie zielt das Buch darauf ab zu zeigen, wie die einzigartigen menschlichen Fähigkeiten wie Kreativität, Intuition und Empathie durch Technologie verstärkt werden können. Ziel ist es, eine Zukunft zu gestalten, in der Technologie als Ergänzung und nicht als Ersatz für menschliche Fähigkeiten fungiert.

Ich nehme meine Lesenden mit auf eine Reise – eine Reise gespickt mit persönlichen Geschichten, Erfahrungen, Erfolgen und Lernkurven. Beim Schreiben dieses Buches habe ich selbst ein paar Dinge über mich neu lernen dürfen, reflektieren können und neue Perspektiven erlangt. Ich möchte meine Leserinnen und Leser einladen, meine Erkenntnisse mit ihren eigenen Herausforderungen zu verproben, und will ihnen Methoden und Tools an die Hand geben, wie Mensch und Technologie zu einem unschlagbaren Team werden können.

Ich habe mich dazu entschieden, in diesem Buch als Anrede das einfache »Du« zu verwenden, und lade alle ein, sich damit angesprochen zu fühlen. Ich möchte damit keineswegs respektlos erscheinen – ganz im Gegenteil: Ich möchte euch Lesenden einen intimen Einblick vermitteln und es euch ermöglichen, eine enge Beziehung zu meinen Erfahrungen, Erlebnissen und Erkenntnissen aufzubauen. Ich habe zahlreiche Abbildungen eingefügt, die die relevanten Themen visualisieren und besser verständlich machen sollen. Da ich in vielen Vorträgen und Projekten die englische Sprache verwende, sind die Abbildungen ebenfalls überwiegend in Englisch gehalten. Last but not least würde ich mich sehr über Feedback freuen, entweder über die gängigen Portale bei Haufe, Amazon, LinkedIn oder auch über meine Internetseite www.decodeforward.com.

Im ersten Kapitel teile ich meine persönlichen Erfahrungen aus den letzten mehr als 30 Jahren anhand von verschiedenen Erlebnissen, die mich bis heute geprägt haben. Diese Beispiele sollen dazu dienen, die Wechselwirkungen zwischen Menschen, Leadership, Business und Technologie zu beschreiben und zu zeigen, wie diese sich im Laufe der Jahre verändert haben. Das Kapitel soll verdeutlichen, welchen Einfluss Technologien, aber insbesondere wir Menschen auf unseren Erfolg haben.

Im zweiten Kapitel gehe ich auf die technologischen Entwicklungen der letzten Jahre und Jahrzehnte ein und lege dabei einen besonderen Fokus auf KI (künstliche Intelligenz), da diese Innovation Unternehmen und das Leben von uns Menschen maßgeblich beeinflusst hat und weiterhin beeinflussen wird. Das Verständnis und die Einordnung der technologischen Innovationen ist wichtig, um insbesondere die Wechselwirkung zwischen Technologie, uns Menschen, dem Führungsverhalten und den Unternehmen zu verstehen.

Das dritte Kapitel habe ich uns Menschen – als Mitglieder der Gesellschaft, als Mitarbeitende und als Führungskräfte – gewidmet. Ich gehe auf die kulturellen Aspekte ein, die eine Transformation mit sich bringt, und verdeutliche die Rolle der Mitarbeitenden und der Führungskräfte im Rahmen von Veränderungen.

Im vierten Kapitel gehe ich auf die Grundlagen von Veränderung und Transformation ein und versuche die Frage zu beantworten, wie Unternehmen und Teams mithilfe passender kultureller und teamdynamischer Rahmenbedingungen Höchstleistungen erbringen können. Weiterhin gehe ich auf das sogenannte Growth Mindset ein, das heutzutage oft als Grundvoraussetzung für Transformation gesehen wird. Dies möchte ich gern etwas entschlüsseln und einordnen.

Unserer menschlichen Superpower, also dem, was uns als Menschen auszeichnet und auch in Zukunft auszeichnen wird, ist Kapitel 5 gewidmet. Dieses Kapitel ist mir ein besonderes Anliegen, da wir hier die Grundlage schaffen, um technologischen Fortschritt nicht als Bedrohung zu sehen. Es ist mir sehr wichtig, darauf aufmerksam zu machen, worauf wir uns als Menschen deutlich stärker konzentrieren sollten, um in Zeiten von Veränderungen weiterhin auf unsere Stärken zu vertrauen.

Im sechsten Kapitel bringe ich Menschen und Technologie zusammen, gehe auf das »unschlagbare Team« Mensch und Technologie ein und beleuchte die Auswirkungen und Chancen dieser Zusammenarbeit in den Dimensionen Leadership, Mitarbeitende und Unternehmen. Hierbei werde ich auch Risiken und ethische Fragestellungen beleuchten.

Ab Kapitel 3 werde ich die Erkenntnisse in sogenannten DLC(Digital.Leadership.Culture)-Checks zusammenfassen, um euch eine einfache Übersicht zu geben, welche Maßnahmen ihr in euren Organisationen überprüfen und ggf. direkt umsetzen könnt.

Ich würde mich über eine Diskussion, eine Auseinandersetzung mit den in diesem Buch enthaltenden Themen freuen und lade euch ein, eure Meinung über Rezensionen oder auch über LinkedIn kundzutun. Ihr dürft davon ausgehen, dass ich darauf reagieren werde, da mir andere Perspektiven und Feedback immer wichtig waren und sind. Und letztendlich lebt Transformation von Erfahrungen und Austausch, weshalb ich mich über jedes Feedback, jeden Kommentar freue.

Landshut, September 2024

1 Meine Reise durch die Welt der Technologie

In meinen über 25 Jahren in der IT-Branche habe ich die digitale Landschaft sich ständig verändern und wachsen sehen. Als Teil dieses Wandels habe ich Technologielösungen verkauft, implementiert und betreut, die nicht nur Geschäftsprozesse automatisierten, sondern auch neue Geschäftsmodelle schufen und die Effizienz in vielfältiger Weise steigerten. Doch hinter den technologischen Errungenschaften und faszinierenden Innovationen, die ich erleben und teilweise mitgestalten durfte, steht eine viel tiefere, persönlichere Geschichte – meine eigene Reise durch die sich ständig verändernde Welt der Technologie.

Auf meiner Reise habe ich viel gelernt, viele Fehler gemacht, aber auch viele Geschäfte zum Wachsen gebracht, Teams und Unternehmen transformiert und ganz persönliche Erfahrungen gemacht, die ich nun mit euch teilen möchte. Dieses Kapitel ist ein Erfahrungsbericht – ein Reisebericht und ein Reiseführer. Ich möchte die Führungskräften, Personalverantwortlichen, Geschäftsfeldentwicklerinnen und Aufsichtsräte unter euch inspirieren. Ich möchte euch eine Navigationshilfen an die Hand geben, damit es uns gemeinsam gelingt, diese immer komplexer werdende Welt menschlicher zu gestalten und die Digitalisierung zum Wohle unserer Kunden, unserer Partner, unserer Mitarbeitenden und vor allem für unsere globale Wettbewerbsfähigkeit zu nutzen. Ich werde Ängste und Sorgen adressieren und anhand praktischer Beispiele aufzeigen, wie diese Komplexität beherrschbar wird. Ich werde darlegen, warum Transformation, also Veränderung, zuerst von innen initiiert werden muss, bevor man extern wachsen und erfolgreich sein kann.

Mit diesem Buch möchte ich meine Erfahrungen und Erkenntnisse teilen, um eine Brücke zwischen Menschen und Technologie zu schlagen. Ich möchte zeigen, wie wichtig es ist, beide Seiten zu verstehen und zusammenzubringen. Dieses Buch ist eine Einladung an euch, gemeinsam mit mir auf eine Reise zu gehen – eine Reise, auf der wir lernen, Technologie so zu nutzen, dass sie unsere menschlichen Fähigkeiten erweitert, nicht ersetzt.

Indem wir diese Reise beginnen, öffnen wir uns für die unzähligen Möglichkeiten, die entstehen, wenn Mensch und Technologie Hand in Hand gehen. Lasst uns gemeinsam diese spannende Reise antreten.

1.1 Die Faszination der Technologie

Meine Faszination für Technologie begann in meiner Jugend und beeinflusste meine weitere Karriere maßgeblich. Bereits mit 12 Jahren habe ich auf einem ZX80 erste Programmierversuche unternommen. Während meine Freunde die ersten Computer zum Spielen benutzten, wollte ich die Technologie dahinter verstehen. Ich wollte sie nutzen, um komplexe Dinge einfacher zu gestalten. Erste Gehversuche brachten einfache Spiele hervor, wie z. B. ASCII-basierte (einfache zeichenbasierte) Autorennen oder Ballspiele, wobei ich mit damals das Programmieren dieser Spiele selbst beibrachte. Ich lernte C++, Assembler, Pascal und konnte gar nicht genug davon bekommen, mich immer tiefer in diese Materien einzuarbeiten. Das Programmieren macht mir unglaublich viel Spaß, und schon bald stellte sich mir die Frage, wie mit Technologie auch alltägliche Probleme gelöst werden könnten.

Meine Mutter beschäftigte sich damals sehr intensiv mit Homöopathie, mit Bachblüten und Globuli. Die Wirkung der Präparate war vielfältig und das Zusammenstellen der passenden Mischungen erforderte viel Zeit und Erfahrung. Ich erstellte also ein Datenbankprogramm, das nach Eingabe von Symptomen transparent Auskunft darüber geben konnte, welche Präparate in welcher Dosierung und in welcher Kombination zur Linderung der Symptome beitragen würden. Dadurch erhielt meine Mutter einen wesentlich besseren Überblick über die unterschiedlichen Wirkungen – und sparte obendrein Zeit.

Mit 16 Jahren fing ich an, meine Kenntnisse und meine Leidenschaft zu kommerzialisieren. Ich schrieb Verwaltungsprogramme für Mensabetriebe, Handwerksbetriebe und Pizzabringdienste. Dabei lernte ich nicht nur die positiven Auswirkungen kennen, sondern auch die Herausforderungen bei der Einführung dieser neuen Tools: Berührungsängste, fehlende Kompetenzen.

Auf der menschlichen Seite zeigt die Diffusionstheorie von Everett Rogers (Karnowski/Kümpel 2016), dass die Adoption neuer Technologien in verschiedenen Phasen und Geschwindigkeiten stattfindet. Dies erklärt die anfänglichen Berührungsängste und Anpassungsschwierigkeiten, die ich bei der Implementierung neuer Softwarelösungen erlebte. Die Theorie unterstreicht, wie wichtig es ist, individuelle Bedürfnisse und Fähigkeiten zu berücksichtigen, um eine erfolgreiche Technologieeinführung zu gewährleisten.

Diese Erkenntnisse untermauern meine damaligen persönlichen Erfahrungen recht gut und setzen sie in einen wissenschaftlichen und wirtschaftlichen Kontext. Dadurch wird die Bedeutung einer ganzheitlichen Sichtweise auf Technologie und deren Implementierung nochmals deutlich unterstrichen.

Aber auch verschiedene Erwartungshaltungen bei den Auftraggebern und natürlich Fehler in der Programmierung brachten mich zum ersten Mal in die Situation, mich mit den Menschen, mit der Technologieadaption und mit dem Kundenservice zu beschäftigen. Ich lernte, dass Software weit mehr ist als nur ein paar Programmzeilen.

1.2 Technologie ist nicht cool

Ich zahlte Lehrgeld für Fehler in der Programmierung. Ich kann mich noch sehr gut an einen Samstagabend erinnern, an dem mich der Inhaber einer Pizzeria völlig aufgelöst anrief, weil die Software für die Pizzaauslieferung nicht mehr funktionierte und Kunden und Bestellungen durcheinanderbrachte. Ich war zu dem Zeitpunkt – als junger Mensch – auf einer Party und hatte wirklich keine Lust, mich sofort um dieses Problem zu kümmern. Ich vertröstete den Inhaber der Pizzeria auf den nächsten Tag. Als ich am Sonntagmittag in der Pizzeria ankam, bekam ich Kritik, Unzufriedenheit und Frust zu spüren. Ich war vollkommen fertig, schließlich hatte ich doch ein echt cooles Programm geschrieben – etwas, was es damals in der Form im Standard noch nicht gab. Ich konnte nicht verstehen, warum man das nicht honorierte und nur die Fehler sah.

Natürlich hatte der Inhaber der Pizzeria recht: Die Software funktionierte nicht. Aber das habe ich erst erkannt, als ich nach ca. einer Woche Debugging, schlafloser Nächte, komplettem Code-Review und dem Umschreiben großer Teile der Software das Problem lösen konnte und dann mit dem Inhaber bei einer Pizza am Tisch saß. Er sagte zu mir: »Ist diese Pizza nicht richtig lecker? Du musst verstehen: Wenn ich keine Pizza liefern kann, dann sind meine Kunden unzufrieden, denn ihre Erwartungen an eine leckere Pizza am Abend werden nicht erfüllt. Das macht mich unzufrieden. Und meine Leute haben weniger zu tun – das macht sie unzufrieden. Und wir verlieren Geld, weil wir die Zutaten nicht verarbeiten können, kein Geld dafür bekommen und sie dann wegschmeißen müssen.«

Mir wurde sofort klar: Software – egal in welchem Bereich, egal wie toll die Idee oder der Code ist – muss funktionieren. Funktioniert sie nicht, hat das massive Auswirkungen auf das Geschäft, auf die Mitarbeitenden und auf die Kundinnen und Kunden. So banal diese Erkenntnis für einige auch sein mag: Für mich war das damals eine große Lernkurve und ich danke Giovanni, dem Pizzabäcker aus Salzgitter, heute noch für die Lektion, die Chance für meine ersten Gehversuche in der Business-Welt und die gute Pizza.

Technologie kann also ein entscheidender Faktor für den Erfolg sein kann – sowohl wirtschaftlich als auch persönlich. Die Balance zwischen technologischer Innovation und der Zuverlässigkeit der Systeme ist kritisch. Laut einer Studie der MIT Sloan Management Review aus dem Jahr 2013 können Unternehmen, die diese Balance meistern, eine um bis zu 26% höhere Profitabilität erzielen als ihre Konkurrenten (MIT Initiative on the Digital Economy 2013).

Der Fall der Pizzeria zeigt deutlich, dass Technologie nie isoliert betrachtet werden sollte. Sie ist Teil eines Systems, das Menschen, Prozesse und wirtschaftliche Erfordernisse einschließt. Laut einer gemeinsamen Studie der Universität Oxford und McKinsey über IT-Fehlschläge (Bloch/Blumberg/Laartz 2012) verursachen 17% der IT-Projekte so schwere Probleme, dass sie das Überleben des Unternehmens bedrohen können. Das verdeutlicht, wie essenziell die Zuverlässigkeit von Software für den wirtschaftlichen Erfolg ist.

Diese Lektion, die ich von Giovanni lernte, war mehr als nur eine technische Herausforderung – es war eine fundamentale Erkenntnis über die Rolle und Bedeutung von Technologie im Geschäftsleben. Es war ein Wendepunkt, der die Grundlage für mein späteres Verständnis und meine Arbeit in der Welt der Technologie legte. Technologie allein ist nicht cool – erst die richtige Anwendung macht Menschen und Technologie cool. Im Fall der Pizzeria konnte Giovanni dank meiner nun fehlerfreien Software nicht nur mehr Pizzen verkaufen, indem er einen Bringdienst etablierte, sondern auch seine Mitarbeitenden und Kunden glücklich machen. Die Pizza schmeckte auch ohne Technologie, aber mithilfe der Technologie konnte die Pizza weit mehr Menschen schmecken als nur denen, die in die Pizzeria kamen.

1.3 Der menschliche Aspekt

Neben all der technologischen Fortschritten fiel mir etwas Wichtiges auf: der menschliche Aspekt. In all den Jahren, in denen ich Technologie verkaufte und implementierte, wurde mir klar, dass es nicht nur um die Technologie selbst geht. Es geht auch darum, wie Menschen diese Technologie nutzen und wie sie ihnen helfen kann, ihre Arbeit besser zu machen, ohne sie zu überfordern. So lernte ich auch, dass die Softwareeinführung und -schulung ein sehr wichtiger Aspekt ist, wenn man seine Kunden nachhaltig erfolgreich machen möchte. Die Endnutzerinnen und Endnutzer müssen bei der Einführung neuer Technologien unbedingt miteinbezogen und geschult werden.

In den 90er-Jahren schrieb ich ein Verwaltungsprogramm für einen Dachdeckerbetrieb, mit dessen Hilfe Rechnungen und Materialbestellungen automatisiert werden sollten. Die damalige Bürokraft machte einen hervorragenden Job – ohne Computer. Sie erklärte mir genau, welche Prozesse sie tagtäglich abarbeitet und welche Informationen sie benötigt. Mit diesem Wissen machte ich mich ans Programmieren und ließ zwei Monate lang nichts mehr von mir hören.

Nach zwei Monaten führte ich dann die fertige Software ein. Der Geschäftsführer war total begeistert – die Bürokraft allerdings nicht. Sie verstand einfach nicht, warum sie ihre Abläufe ändern sollte. Sie kannte sich auch sehr, sehr wenig mit Technologie aus und der Computer vor ihr machte ihr Angst, weil sie nicht wusste, wie sie mit ihm umgehen sollte. Ich tat das damals ab und dachte: Technologie ist doch sexy! Wenn man so mit der Maus über den Bildschirm klickt, keine Herstellerkataloge mehr wälzen muss, spart man doch Zeit. Falsch gedacht! Es schlichen sich Fehler in Rechnungen ein, Bestellungen wurden nicht rechtzeitig ausgelöst usw. Warum? Weil die Bürokraft die Software nicht richtig bediente – um ehrlich zu sein: nicht richtig bedienen konnte. Das führte zu Frust beim Geschäftsführer, den ich dann abbekam.

Dass Mitarbeitende so reagieren, ist nicht selten: Eine Studie von KPMG aus dem Jahr 2024 ergab, dass 54% der Mitarbeitenden sich unzureichend auf Änderungen durch neue Technologien vorbereitet fühlen (KPMG 2024). Dieses Phänomen spiegelte sich in der anfänglichen Ablehnung und den daraus resultierenden Fehlern wider.

Meine zweite Lektion: Technologie mag noch so sexy sein – wenn du die Menschen nicht mitnimmst, nicht befähigst, dann wird die Technologie nicht oder nicht richtig genutzt. Also habe ich viele Stunden damit verbracht zu verstehen, warum die Software nicht genutzt wurde, habe die Software nach den Wünschen der Bürofachkraft angepasst und viele Tage gemeinsam mit ihr vor der Software gesessen und dabei gelernt – gelernt, ihre Herausforderungen zu verstehen, und gelernt, wie man sie motivieren kann, die Software zu nutzen. Am Ende war es ein Erfolg, aber sicherlich kein wirtschaftlicher Erfolg für mich, weil ich den Aufwand für die Adaption der Software unterschätzt hatte. Die oben schon erwähnte Untersuchung der University of Oxford betont, dass die effektive Schulung der Mitarbeitenden und die Anpassung der Software an die Bedürfnisse der Nutzenden für den erfolgreichen Technologieeinsatz eine Schlüsselrolle spielt.

Wir sprechen heute oft über »Technology Adoption«, meinen damit aber meist nur die Nutzung der Technologie – egal ob wir sie verstehen, gut finden und vor allem richtig einsetzen können oder nicht. Dabei bedeutet »richtig einsetzen« nicht, sämtliche Funktionen zu kennen und zu verstehen – es bedeutet vielmehr, die Auswirkungen dieser Funktionen auf die Arbeitsweise schätzen zu lernen. Es geht um Akzeptanz. Eine Studie von Deloitte aus dem Jahr 2020 zeigt, dass Unternehmen, die ihre Mitarbeitenden effektiv in die Einführung neuer Technologien einbinden, eine bis zu sechsmal höhere Wahrscheinlichkeit haben, ihre Geschäftsziele zu erreichen (Hupfer 2020).

Ich habe oft erleben dürfen, wie der Einsatz von Technologie zu unglaublichen menschlichen Leistungen geführt hat. Ich habe aber auch erleben müssen, wie Menschen Technologie komplett ignoriert, sogar boykottiert haben. Oftmals führte die unvorbereitete Einführung von Technologien zumindest zur innerlichen und nicht selten auch zur tatsächlichen Kündigung. Ich werde später noch auf die Frage eingehen, wie Technologie dabei helfen kann, die Auswirkungen des Fachkräftemangels für das eigene Unternehmen zu lindern, und wie sich ein vermeintlicher Nachteil in einen Vorteil umwandeln lässt. Laut einer Erhebung des World Economic Forum (Future of Jobs Report aus 2018) können 54% der Mitarbeitenden durch gezielte Schulung und den Einsatz neuer Technologien in ihren bestehenden Rollen weiterentwickelt werden, was den Fachkräftemangel signifikant reduzieren kann (World Economic Forum 2018).

1.4 Die Herausforderung der Anpassung

Die Herausforderung bei der Technologieeinführung liegt immer darin, eine Technologie so anzupassen, dass sie dem Menschen dient. Wie können wir sicherstellen, dass die Technologie nicht nur effizient ist, sondern auch die einzigartigen Begabungen und Fähigkeiten (ich werde später noch auf die menschlichen Superkräfte eingehen, siehe Kapitel 5 »Unsere menschliche Superpower«) der Menschen unterstützt? Wie können wir die menschlichen Fähigkeiten mit den technologischen Fortschritten in Einklang bringen? Diese Fragen wurden zu meinem Antrieb, zu meiner Mission.

Eine Studie des MIT Center for Information Systems Research aus dem Jahr 2017 zeigt, dass Unternehmen, die ihre Technologien effektiv an die Bedürfnisse der Mitarbeitenden anpassen, eine bis zu 23% höhere Mitarbeiterzufriedenheit und eine 22% höhere Rentabilität erreichen können (Dery/Sebastian 2017). Dies unterstreicht die Bedeutung der Anpassung von Technologie an die menschlichen Fähigkeiten.

Mit Anfang 20 startete ich meine Karriere in einem Großunternehmen. In den folgenden Jahren war ich Zeuge dessen, wie einfache digitale Werkzeuge zu komplexen Systemen heranwuchsen, die nicht nur Unternehmen, sondern ganze Branchen transformierten. Eine Analyse von Deloitte aus dem Jahr 2020 (Digital Transformation Survey) bestätigt, dass Unternehmen, die digitale Technologien erfolgreich einsetzen, oft eine um 20% höhere Marktkapitalisierung erreichen (Gurumurthy/Camhi/Schatsky 2020). Dies verdeutlicht, wie tiefgreifend die Auswirkungen von Technologie auf Unternehmen und Branchen sind.

Von den ersten Tagen der Internet-Revolution bis hin zu den neuesten Entwicklungen im Bereich der künstlichen Intelligenz war ich dabei und sah, wie Technologie die Art und Weise, wie wir arbeiten, kommunizieren und leben, neu definierte. Aber ich konnte auch die Vorbehalte, Sorgen und Ängste erleben, die oft mit der Einführung neuer Technologien einhergehen. Eine Untersuchung von McKinsey aus dem Jahr 2019 ergab, dass bei 70% der gescheiterten Projekte zur digitalen Transformation mangelnde Nutzerakzeptanz und fehlendes Verständnis eine Schlüsselrolle spielten (McKinsey & Company 2018). Technologische Prozesse transparent zu gestalten ist entscheidend für die Akzeptanz durch die Endbenutzer.

Als Softwareentwickler arbeitete ich einmal an einem Großprojekt für eine deutsche Fluggesellschaft, dessen Ziel es war, die Vorfeldprozesse auf den großen Flughäfen zu steuern und zu optimieren. Ich wurde sehr schnell Teilprojektleiter und war u.a. für die Einführung der Software verantwortlich. Eines Nachts war es schließlich so weit: Im Beisein der Projektleitungen auf Kundenseite sowie einiger Kolleginnen und Kollegen stellten wir am Frankfurter Flughafen das alte System auf das neu entwickelte um. Die Umstellung lief so weit rund, aber die Fluglotsinnen und -lotsen hatten Schwierigkeiten mit dem neuen System: Abläufe mussten auf einmal anders initiiert werden und bestimmte Prozesse liefen komplett automatisiert ab, ohne dass klar war, weshalb das System die Abläufe so vorgeschlagen hatte. Die Fluglotsen und -lotsinnen stellten das System und seine Vorschläge infrage, und so kam es mitten in der Nacht zu Diskussionen, die bis zum frühen Morgen andauerten. Am Ende mussten wir das System anpassen – die wesentliche Anpassung aber bestand darin, die Vorschläge, die das System machte, transparent zu begründen, um die Akzeptanz herzustellen. Wenige Wochen später interessierte sich niemand mehr für die Herleitung der Vorschläge – das Vertrauen in das System war hergestellt.

Die Notwendigkeit, technologische Vorgänge transparent zu machen, um Vertrauen und Akzeptanz zu schaffen, liegt auf der Hand. Auch eine Studie des Ash Center for Democratic Governance and Innovation der Harvard University aus dem Jahr 2023 zeigt auf, dass die Transparenz von Algorithmen und KI-Systemen das Vertrauen der Nutzenden um bis zu 40% steigern kann (Graham 2023). Dies erklärt, warum die Fluglotsen das neue System erst akzeptieren konnte, nachdem sie die Herleitung der Vorschläge verstanden hatten. Die durch die Automatisierung gewonnene Zeit konnten sie nun nutzen, um mit Intuition, Erfahrung und Kreativität auftretende Probleme noch schneller zu lösen.

Es zeigt sich deutlich, dass jede Innovation, jeder technologische Fortschritt erst einmal Vorbehalte hervorruft – insbesondere dann, wenn etwas im Verborgenen abläuft und der Mensch mit den Resultaten konfrontiert wird, die er infrage stellt, weil er die Herleitung nicht kennt.

Wir merken heute, dass die Einführung von Systemen mit künstlicher Intelligenz uns oft vor Akzeptanzprobleme stellt. Laut einer Studie von PwC aus dem Jahr 2024 (US Responsible AI Survey) sagen 67% der Führungskräfte, dass Vertrauen ein kritischer Faktor bei der erfolgreichen Einführung von KI in Unternehmen ist (PwC 2024). Diese Beobachtung spiegelt die Bedeutung von Vertrauen und Verständnis bei der Einführung neuer Technologien wider.

Diese Erfahrungen und Beobachtungen zeigen, wie wichtig es ist, Technologie so zu gestalten und anzupassen, dass sie menschliche Fähigkeiten – wie in diesem Beispiel Kreativität, Intuition und Erfahrung – unterstützt und nicht einfach ersetzt. Auch die

Akzeptanz und das Vertrauen in neue Technologien sind entscheidend für ihren Erfolg und ihre Wirksamkeit. Dazu später mehr.

1.5 Wenn Technologie uns Menschen einschränkt

Ich war mittlerweile Mitte 20 und durfte bei der Entwicklung eines »Managed Desktop«-Angebots mitwirken – also eines Systems bestehend aus Hardware (Laptop oder Desktop PC), Betriebssystem und Software, das die Kosten für den Betrieb der Arbeitsplätze reduzieren, Standards schaffen, Sicherheitsanforderungen durchsetzen und IT-Prozesse etablieren sollte. Viele von uns kennen wahrscheinlich die ersten Managed-Desktop-Lösungen, die langsam (aufgrund der Betriebsprozesse im Hintergrund) und unflexibel (aufgrund der Einschränkungen bei Rechten, Software etc.) waren und eigentlich nie so funktionierten, wie sie sollten. Hinzu kam, dass die Hotline komplett überlaufen war, wenn mal wieder ein Fehler auftrat. Laut einer Studie von der Standish Group aus dem Jahr 2015 verbringen IT-Abteilungen bis zu 30 % ihrer Zeit mit der Behebung von Problemen, die durch mangelnde Flexibilität in der IT-Infrastruktur entstehen (Standish Group 2015).

Der Ansatz, technologische Möglichkeiten zu nutzen, um die Unternehmensziele Kostensenkung, Standardisierung, Sicherheit und IT-Governance umzusetzen, ist erst einmal richtig und nachvollziehbar. Allerdings wurde hier die Rechnung – wie so oft – ohne die Mitarbeitenden gemacht. Natürlich haben mein Team und ich dieses System entwickelt, aber eben zusammen mit der IT-Abteilung und nicht mit den Anwendenden aus den verschiedenen Bereichen wie Vertrieb, Marketing, Produktion, Forschung, Entwicklung, Finanzen usw.

Die Studie der Standish Group (CHAOS Report 2015) fand auch heraus, dass Projekte, die Endanwender in die Entwicklung miteinbeziehen, eine um 35 % höhere Chance auf Erfolg haben (Standish Group 2015). Die Vernachlässigung dieser Einbindung führte zu Akzeptanzproblemen und zur Entstehung von »Schatten-IT«, also selbst betriebenen Rechnern, an den globalen Standards vorbei. Daraus entwickelte sich sehr schnell der Modebegriff »Bring your own Device« – also die Möglichkeit für Mitarbeitende, ihren eigenen Rechner zu nutzen. Und damit waren die alten Herausforderungen wieder da: Kostensenkung, Standardisierung, Sicherheit und IT-Governance. Eine Studie des Ponemon Institute aus dem Jahr 2018 zeigt, dass die durchschnittlichen Kosten für IT-Sicherheitsverletzungen in Unternehmen mit BYOD-Richtlinien um bis zu 34% höher sind als in Unternehmen ohne solche Richtlinien (Ponemon Institute 2018). Dies verdeutlicht die wirtschaftlichen und sicherheitstechnischen Herausforderungen, die sich aus der mangelnden Anpassungsfähigkeit von IT-Systemen ergeben.

Die Kosten explodierten, da auf einmal verschiedene Umgebungen unterstützt werden mussten bzw. sich Sicherheitsregularien nicht konsequent durchsetzen ließen. Es begann ein Kampf zwischen IT-Abteilungen und den Nutzenden. Wir alle wissen, dass Letztere am Ende die Gewinner waren und gerade Flexibilität heute eine große Rolle spielt, wenn es um Mitarbeitergewinnung geht. Wir Menschen wollen uns nicht durch Technologie einschränken lassen, wollen so mit Technologie arbeiten, wie es uns am besten passt.

Dennoch blieben die Herausforderung der Gewährleistung der Sicherheit, Kostensenkung und der IT-Governance. Diese Anforderungen und die Macht der Menschen, Technologie zu akzeptieren oder eben nicht, führte zu innovativen technologischen Konzepten wie z. B. der Zero-Trust-Architektur (also einem Konzept, bei dem man erst einmal nichts und niemandem vertraut und versucht, direkt auf die Signale, Bedrohungen etc. zu reagieren), automatisierten Management-Systemen für verschiedene Betriebssysteme, die globale Standards ermöglichen, und nicht zuletzt auch zu einem Umdenken in den IT-Abteilungen, die sich nun als Dienstleister für ihre Kunden, sprich die Mitarbeitenden, verstanden. Eine Studie von Forrester Research (The Definition of Modern Zero Trust) aus dem Jahr 2022 zeigt, dass Unternehmen, die eine Zero-Trust-Architektur implementieren, die Wahrscheinlichkeit von Datenschutzverletzungen um bis zu 50% reduzieren können (Forrester 2022).

Aber wie schaffen wir denn nun eine Technologie, die uns Menschen nicht einschränkt? Die Antwort auf diese Frage ist komplex und vielschichtig. Das oben genannte Beispiel illustriert aber auf anschauliche Weise, dass wir den Einsatz von Technologie zusammen mit den betroffenen Menschen definieren müssen, uns die Frage stellen müssen: Was hilft uns bei der Erledigung der täglichen Aufgaben und was schränkt uns ein? Technologie kann zu extrem viel Mehrarbeit führen: offensichtlich sinnlose Prozesse, nicht funktionierende Software, digitalisierte Prozesse, die vorher schon schlecht waren, oder neue Systeme, die keiner nutzt, weil niemand weiß, wie und wofür. Ein Bericht der IDM Business School in Zusammenarbeit mit Cisco aus dem Jahr 2017 hebt hervor, dass 92% der Führungskräfte der Meinung sind, dass reaktive Technologien, die sich an die Bedürfnisse der Mitarbeitenden anpassen, in den nächsten fünf Jahren wesentlich für den Geschäftserfolg sein werden (Neubauer/Tarling/Wade 2017).

Wir Menschen reagieren auf Situationen, in denen wir mit neuen technologischen Möglichkeiten oder Veränderungen konfrontiert werden, ganz natürlich – mit Übereifer, Flucht, Überforderung. Gerade in den letzten Jahren sind die Burnout-Raten deutlich gestiegen, die Bindung an Unternehmen hat deutlich abgenommen und ich glaube fest daran, dass es u. a. daran liegt, dass technologischer Fortschritt in den Chefetagen beschlossen wird, ohne die Mitarbeitenden mitzunehmen, ohne sie daran zu beteiligen. Dieses Thema werden wir ebenfalls noch später genauer beleuchten.

1.6 Die Zeit ist reif – oder auch nicht

Ich durfte viele spannende Herausforderungen in meiner Karriere angehen, viele Produkte und Lösungen mit kreieren, vermarkten und verkaufen. Anfang der 2000er hatte ich die Gelegenheit, ein Start-up innerhalb eines großen Technologiekonzerns aufzubauen. Wir hatten große Pläne, waren mit unendlicher Leidenschaft bei der Sache und arbeiteten Tag und Nacht. Unser Produkt würde man heute als Software-as-a-Service bezeichnen, damals nannte man es ASP – Application Service Providing. Wir stellten unseren Kunden also Applikationen über zentrale Rechenzentren zur Verfügung, von einfachen Verwaltungsprogrammen bis hin zu komplexen Knowledge-Management-Systemen.

Die anfängliche Kundenresonanz war riesig, ermutigend und wir befanden uns im Höhenflug. Dann kamen die sogenannte Dotcom-Krise und der abscheuliche Angriff auf das World Trade Center in den USA. Ich weiß noch genau, wie ich damals in einem Besprechungsraum in Paderborn saß und ein Mitarbeiter von mir plötzlich vollkommen aufgelöst hereingestürmt kam – er war Amerikaner. Wir konnten es alle nicht fassen und brauchten ein paar Tage, um wieder einigermaßen konzentriert weiterarbeiten zu können. Dieser Angriff, der folgende Krieg und die Dotcom-Krise führten dazu, dass sich das Unternehmen dagegen entschied, das Start-up zu gründen, und beschloss, es im Konzern zu belassen und es quasi als interne Serviceeinheit zu positionieren. Das war natürlich ein großer Schock für uns als Team, wir hatten schon so große Pläne geschmiedet.

Dennoch schafften wir es nach anfänglichem Frust, unser Thema zu positionieren und erfolgreich zu machen. Wie? Mit viel Teamgeist, Support von außen und einem tollen Leader, der damals mein Chef war.

Die Erkenntnis, die ich aus dieser Situation ziehen konnte, ist einfach: Ideen können noch so gut sein – wenn Zeitpunkt und Umfeld nicht passen, wird sich eine Innovation nicht durchsetzen können. In diesem Fall ist es ratsam, die Idee zurückzuhalten und es später oder unter anderen Umständen noch einmal damit zu versuchen. Und wer sich erinnern kann, der weiß, dass ASP nie in der Breite den Durchbruch schaffte, weil die Zeit dafür noch nicht reif war. Das schaffte erst später Software-as-a-Service, die wir wahrscheinlich alle täglich wie selbstverständlich nutzen. Dieser Durchbruch war möglich, weil Cloud-Computing, die Grundlage für SaaS, mehrheitsfähiger wurde und an Akzeptanz gewann. Aber auch, weil die Kosteneinsparungen gemessen an eigenen Lösungen signifikant waren. Und: weil wir Menschen die Einfachheit der neuen Anwendungen liebten. Als Beispiele seien hier der Aufstieg von Salesforce und der Untergang von Siebel zu erwähnen: Salesforce als Anbieter von standardisierter Software, die über das Internet bereit gestellt wird, versus Siebel als Anbieter einer komplexen, individuell zugeschnittenen Software, die nie so funktionierte, wie es die Nutzenden wollten.

Wir brauchen also manchmal Misserfolge, um dann erfolgreich zu sein. Wir brauchen Innovationen, die gebremst werden, um dann wieder Grundlage für neue Innovationen zu sein. Und wir brauchen das richtige Umfeld, um diese Innovationen erfolgreich nutzen zu können. Zu diesem Umfeld gehören wir Menschen in entscheidender Weise dazu.

1.7 Digitale Blindheit und die Verlangsamung von Innovationen

Wir lieben Technologie, aber nur, wenn wir sie verstehen, sie selbst beherrschen und unter Kontrolle haben. Das haben wir in den Jahren ab 2009 sehr deutlich im Bereich Cloud-Computing erlebt. Während andere Länder die Cloud-Technologie umarmten, herrschte in Deutschland Skepsis. Laut einer Studie von Bitkom aus dem Jahr 2010 nutzten nur 28% der deutschen Unternehmen Cloud-Dienste im Vergleich zu 48% in den USA (Bitkom 2010). Wir hatten Cloud-Computing in den Bereich des Bösen verbannt, unzählige Studien beauftragt, die belegen sollten, warum Cloud-Computing teurer ist als das eigene Rechenzentrum. Und dann noch das Thema Sicherheit, dass alle Argumente im Keim erstickt, weil sich natürlich niemand nachsagen lassen will, dass die eigene Unternehmensinfrastruktur nicht sicher sei. Eine Studie von KPMG aus dem Jahr 2023 ergab, dass 66% der deutschen Unternehmen Sicherheitsbedenken als Hauptgrund gegen die Nutzung von Cloud-Computing angaben (KPMG 2023).

Hier zeigt sich eine grundsätzliche Ablehnung von Technologie nicht nur durch einzelne Menschen, die bestimmte Rollen ausüben, sondern durch große Teile der Gesellschaft. Es war erstaunlich zu beobachten – und die Auswirkungen spüren wir immer noch –, wie wir in Deutschland durch Ablehnung einer technologischen Innovation immer mehr Wettbewerbsvorteile einbüßten. Dabei hatten wir im privaten Umfeld ein ganz anderes Verständnis vom Umgang mit neuen Technologien: App Stores, Social Media – alles wurde geladen, gelikt, geteilt. Sicherheit? Kontrollverlust? Ach, woher denn! Schnelle Kommunikation und kleine Helferchen für die alltäglichen Herausforderungen waren wichtiger. Aber im wirtschaftlichen Kontext waren die neuen Technologien der Buhmann.

Viele Unternehmen waren der Ansicht, es selber und besser machen zu können: Sie haben eigene Cloud-Infrastrukturen gebaut, sie betrieben und sind an den Kosten fast erstickt. Eine Analyse von McKinsey (Cloud Adoption to Accelerate IT-Modernization) zeigte, dass die Gesamtbetriebskosten für Unternehmen, die eigene Cloud-Lösungen entwickelten und betrieben, um bis zu 40% höher waren als bei der Nutzung von externen Cloud-Diensten (Bommadevara/Del Miglio/Jansen 2018). Heute wissen wir (hoffentlich), dass die Sicherheit in Cloud-Computing-Umgebungen eher gegeben ist als im eigenen Rechenzentrum, da hier ganz andere Technologien mit ganz anderen

Skaleneffekten genutzt werden können als in den eigenen vier Wänden. Eine Studie von RightScale aus dem Jahr 2019 (State oft he Cloud Report) fand dann tatsächlich auch heraus, dass bei 94% der befragten Unternehmen die Sicherheitsbedenken im Laufe der Nutzung von Cloud-Diensten abgenommen hatten (RightScale 2019).

Ich verkaufte damals Hardware für Rechenzentren und ich kann nicht sagen, dass uns diese Sicherheitsbedenken nicht in die Hände gespielt hätte. Wir waren erfolgreich getrieben von der »German Angst«. Doch sehr bald übernahm ich die Verantwortung für Cloud-Computing in Europa und meine Euphorie wich schnell Ernüchterung. Trotz der vielen Vorteile sträubten sich unsere Kunden, Cloud-Computing einzusetzen. Klar, wir hatten Erfolge hier und da, aber nur, weil wir »Private Cloud Computing« verkauften – eine bessere Bezeichnung für das eigene Rechenzentrum, ergänzt mit Management- und Deployment-Werkzeugen.

Ich wechselte damals die Firma – dachte, der geringe Verkaufserfolg hätte etwas mit der alten Firma zu tun. Aber die Skepsis bei den Kunden blieb. Auch heute gibt es immer noch diese Angst vor Cloud-Computing, Software-as-a-Service und allem, das irgendwo herkommt und sich der direkten Kontrolle entzieht.

Was war der Grund für diese Skepsis? IT hat sich zum wesentlichen Bestandteil von Unternehmen entwickelt und garantiert deren Wettbewerbsfähigkeit. In Deutschland haben wir unseren wirtschaftlichen Erfolg bisher immer über herausragende Ingenieursleistungen definiert – und nun kamen plötzlich Wettwerber aus dem Ausland, bei denen Technologie diese herausragende Leistung darstellt. Also schufen wir uns unsere eigene kleine IT-Bubble. Und scheiterten. Wir scheiterten, weil wir – aus Angst, die Kontrolle zu verlieren – versuchten, alles selbst zu machen, und dadurch Innovationen verpassten. Dieses sehr menschliche Phänomen führte dazu, dass wir in Deutschland erst in den letzten Jahren wieder Innovationen umsetzen und aufstrebende Start-ups haben – zum Glück. Zwischen 2000 und 2015 hatten wir in Deutschland aus meiner Sicht das Zeitalter der digitalen Blindheit. Laut einer Analyse von Ernst & Young aus dem Jahr 2014 (Venture Capital and Start-ups in Germany) war die Anzahl der Start-ups in Deutschland in diesem Zeitraum im Vergleich zu den USA und China signifikant niedriger (Ernst & Young 2014).

Diese Zurückhaltung in der Innovationsbereitschaft drückt sich noch heute in unserem Schulsystem, in den Unternehmenskulturen und auch in der Führung aus. Während Amerika und andere Länder die Rolle von Leadership und Kultur im digitalen Zeitalter längst erkannt haben, bauen wir immer noch rein auf unsere Ingenieursleistungen, die – und da soll kein Zweifel aufkommen – herausragend waren und auch immer noch sind. Aber eben größtenteils »waren«, abgesehen von einigen wirklich ermutigenden Beispielen aus dem Mittelstand.

Diese Entwicklung zeigt, wie sehr tief verwurzelte Ängste und kulturelle Vorbehalte gegenüber neuen Technologien die digitale Transformation eines Landes beeinflussen können, und unterstreicht die Notwendigkeit, Angst vor dem Unbekannten abzubauen und eine offenere Haltung gegenüber technologischen Innovationen zu fördern, um im globalen Wettbewerb bestehen zu können.

1.8 Leadership entscheidet über Erfolg oder Misserfolg

Im Jahr 2015 verkaufte ich mit meinem Team ein komplettes Rechenzentrums-Outsourcing an einen großen Automobilhersteller. Der Verkaufsprozess war ein Paradebeispiel für gutes Teaming: Wir hatten unsere Hochs und Tiefs, haben um die beste Lösung gerungen, haben unterschiedliche Charaktere zusammengebracht, Entscheider »bespielt«, hart gearbeitet. Wir haben persönliche Differenzen ausgefochten und waren am Ende ein Team, das zusammenhielt wie Pech und Schwefel. Was machte dieses Team zu einem Team? Es waren die unterschiedlichen Charaktere, die verstanden hatten, wie jeder und jede Einzelne zum Gesamterfolg beitragen kann. Es war das gemeinsame Ziel, es war die Leidenschaft und natürlich der Hunger nach Erfolg.

Selbst die Tatsache, dass wir uns bei der Hauptverhandlung in einem fensterlosen Besprechungsraum ohne Getränke wiederfanden und unter Zeit- und psychischen Druck gesetzt wurden, konnte uns nicht auseinanderbringen. Wir hielten zusammen und bekamen den Zuschlag. Gegenüber unserem Management hatten wir von Anfang an betont, dass ein Outsourcing in dieser Größenordnung in den ersten ein bis zwei Jahre nicht profitabel sein wird, bevor man die notwendigen Optimierungen implementiert hat. Das war Bestandteil unseres Businessplans, der von allen Beteiligten genehmigt wurde. Und natürlich ist die Tatsache, dass ein Dienstleister in den ersten Jahren dem Innovationsstau und der über die Jahre gewachsenen Komplexität mit erhöhten Investitionen entgegentreten muss, auch ein Argument für die Kunden, Outsourcing zu betreiben, um so diese Kosten und den Aufwand zu sparen.

Umso erstaunlicher war es, dass unser Management bereits nach einem halben Jahr in der Implementierungsphase erheblichen Druck aufbaute. Verständlich auf der einen Seite, aber nicht förderlich, insbesondere weil die Verbesserung der Profitabilität nicht vor Ablauf eines Jahres möglich war. Wir gaben unser Bestes und waren wochenlang vor Ort beim Kunden, um die verschiedenen Interessen zu managen: die Steigerung der Profitabilität auf der einen und die schnelle Implementierung auf der anderen Seite, inklusive Kundenzufriedenheit. Ungünstig war, dass sich unser direktes Management damals nicht hinter uns stellte, sondern vielmehr noch Öl ins Feuer goss und uns Inkompetenz vorwarf.

Laut einer Studie der American Psychological Association (Compounding Pressure: The impact of leadership on employee well-beeing) führt anhaltender Druck ohne Unterstützung durch die Führung zu einer Verringerung der Mitarbeiterzufriedenheit um bis zu 50% (American Psychological Association 2021). Dieser Druck kann die Moral eines Teams schädigen und zu Konflikten führen. Eine Studie des Center for Creative Leadership zeigt, dass Teams, die sich von ihrem Management im Stich gelassen fühlen, eine um bis zu 40% geringere Bindung zum Unternehmen aufweisen (Center for Creative Leadership 2024).

Den Druck aufrechtzuerhalten kann durchaus sinnvoll sein – das spornt an, zumindest in einigen Fällen. Aber die Balance zwischen Druck und Unterstützung muss stimmen. Was meine ich damit? In einer Situation wie unserer hat der Leader immer mindestens zwei Optionen: Er kann den Druck, dem er ausgesetzt ist, weitergeben oder gar verstärken (was in unserem Fall passierte) – oder ihn abfedern und dem Team maximale Unterstützung geben. Er hätte also mit uns einen Plan erarbeiten können, wie wir die unterschiedlichen Interessen zusammenbringen. Stattdessen sorgte sein Verhalten für Frust und Resignation und dafür, dass wir als Team uns auf die Seite des Kunden schlugen. Richtig so, werden jetzt einige denken. Aber auch als kundenverantwortliches Team darf man nie vergessen, für wen man arbeitet und welche wirtschaftlichen Interessen das eigene Unternehmen verfolgt. Dennoch hat das Verhalten unseres Managements erheblich dazu beigetragen, dass wir mit aller Macht den Kunden zufriedenstellen wollten – denn der gab uns die notwendige Bestätigung, die unser Management uns verweigerte. Eine Untersuchung der Harvard Business Review (Global Leadership Development Study) ergab, dass Teams, die von ihren Führungskräften effektiv unterstützt werden, um bis zu 20% produktiver sein können als andere Teams (Harvard Business Review 2023).

Das Projekt war übrigens nach zwei Jahren immer noch nicht profitabel und unser direktes Management verlor den Job. Was lernen wir hieraus? Gutes Leadership bedeutet, Druck aufzunehmen, zu verarbeiten und nicht direkt weiterzugeben. Gutes Leadership bedeutet, das Team zu unterstützen und natürlich einzugreifen, wenn notwendig. Das darf auch mal hart und kompromisslos sein, aber immer so, dass alle Interessen, alle Perspektiven zumindest berücksichtigt werden. Gerechtigkeit und Transparenz der Entscheidungen spielen hier eine wesentliche Rolle. Gutes Leadership entscheidet über Erfolg bzw. Misserfolg. Forschende der University of California fanden heraus, dass Leadership, das die richtige Balance findet, die Leistung des Teams um bis zu 30% steigern kann (Bø/Wolff 2020). Führungskräfte müssen erkennen, wann es angebracht ist, Druck auszuüben, und wann Unterstützung erforderlich ist.

1.9 Menschen und Unternehmen brauchen Lösungen, keine Technologie

In all den Jahren habe ich viel Zeit damit verbracht, Kunden Technologie zu verkaufen – Hardware, Software, Infrastruktur, Rechenzentren, Cloud-Lösungen. Und ich habe dies mit viel Leidenschaft und sehr gern getan. Als ich dann 2017 bei einem großen Technologiekonzern die Aufgabe bekam, den technologisch geprägten, lizenzorientierten Vertrieb zu transformieren, musste ich selbst erst einmal lernen, von »Lösungen« und nicht von »Technologie« zu sprechen. Wo genau liegt der Unterschied?

Technologie zeichnet sich durch Funktionalitäten, durch Features, durch Leistungsparameter und durch Kosten aus. Technologische Lösungen zielen auf eine konkrete Herausforderung des Kunden ab – in seiner Branche, in seinem Kontext, in seiner Umgebung. Dazu muss man sich insbesondere im Vertrieb mehr mit den Kunden beschäftigen – ihre Herausforderungen, ihr Geschäftsumfeld, ihre Wettbewerber und ihre Trends verstehen. Und natürlich kann man kein Experte in jedem Bereich werden, aber die Art und Weise, wie man technologische Lösungen verkauft, unterscheidet sich grundlegend vom reinen Technologieverkauf.

Ich schaute mir am Anfang mein Team an – ein sehr erfahrenes Team mit vielen schlauen Menschen, die in ganz vielen Bereichen besser waren als ich. Ich brauchte denen nicht zu erklären, wie man verkauft. Daher habe ich zunächst einmal ein paar Ansätze definiert, um die Herausforderung anzugehen:
1. vom Verkaufen zum Problemlösen
2. vom Planen zum proaktiven Handeln
3. von Vertriebsreviews zu Vertriebscoaching
4. von Kontrolle zu Vertrauen
5. von »Wir wissen alles besser« zu »Wir wollen lernen«

Diese fünf Punkte werden wir uns später genauer anschauen, wenn es um Leadership geht. Allerdings möchte ich an dieser Stelle schon einmal betonen, wie wichtig das Umdenken zur Lösungsorientierung ist. Das betrifft alle Branchen und alle Unternehmensgrößen. Egal ob ich Software verkaufe, Dienstleistungen oder Baumaschinen – die Kunden möchten damit eine Herausforderung in den Griff bekommen, sie wollen eine Lösung, die möglichst schnell positive Auswirkungen auf ihr Geschäft hat.

Bei diesem Umdenken spielt nicht nur eine Veränderung im Vertriebsprozess, im vertrieblichen Angang, eine Rolle. Auch Produktentwicklung, Marketing, Finance, Kultur und Leadership sind von entscheidender Bedeutung. Ich hätte diese Transformation damals nicht erfolgreich meistern können, wenn ich nicht zusammen mit dem Team eine ganzheitliche Transformation vollzogen wäre. Dazu haben wir viel Zeit in das Warum investiert und uns einen Purpose gegeben. Des Weiteren habe ich Erfolg nie vom Erreichen irgendwelcher Zahlen abhängig gemacht – vielmehr habe wir uns am Wachstum der Marktanteile und der Kundenzufriedenheit orientiert. Allein dies definiert Erfolg. Die Rolle von Leadership muss sich in diesem Prozess radikal ändern. Leader müssen Coaches sein, müssen zuhören können, Diversität zulassen und fördern.

Ich habe in den ersten sechs Monaten mehr als 20 % meines Teams gehen lassen müssen, weil sie diese Reise entweder nicht mitmachen wollten oder konnten. Dabei sind auch Führungskräfte gegangen. Obwohl ich mich schon vorher von Menschen trennen musste, war diese Erfahrung eine einschneidende und prägende für mich. Diese Menschen machten keinen schlechten Job – sie machten ihn nur so, wie es für die Zukunft nicht mehr erforderlich bzw. akzeptabel war. Die Rolle der Menschen im Unternehmen – gerade bei einer Transformation – ist geprägt von der Erkenntnis, dass wir Menschen anpassungsfähig und -willig sein müssen. Auch Führungskräfte können sich nicht mehr darauf ausruhen, dass sie gute Führungskräfte sind oder Kompetenzen besitzen, die gebraucht werden. Führungskräfte sind die Treiber, die Enabler oder die Bremser von Transformation und somit von Innovation.

Nach diesen ersten sechs Monaten und den darauf folgenden Neueinstellungen wuchs das Team auf die fast doppelte Größe an und machte den Erfolg, den wir in Deutschland hatten, erst möglich. Wir waren ein Team, ein Teil des Systems im Gesamtunternehmen, und wir spielten gemeinsam die Unternehmensmelodie, aber mit unseren eigenen Instrumenten und auf unsere eigene Art und Weise. Das machte uns so erfolgreich, dass wir unseren Umsatz in den ersten drei Jahren fast verdreifachen konnten.

Hier wird deutlich, dass es manchmal erforderlich ist, einen radikalen Wandel herbeizuführen, um erfolgreich sein zu können. Arbeitskräfte müssen die Notwendigkeit für den Wandel erkennen, ihn wollen und selbst tragen. Insbesondere die Führungskräfte sind hier entscheidend.

Es wird auch deutlich, dass der in der Wirtschaft in allen Branchen notwendige Wandel weg von singulären Produkten hin zu Lösungen eine andere Herangehensweise erfordert, die die Menschen in den Mittelpunkt stellt und nicht das Produkt oder die Technologie. Menschen müssen den Impact der Lösung – ihre Mehrwerte – verstehen, sonst wird sie nicht gekauft. Es geht nicht mehr um Features, sondern um eine Problemlösung.

Ich werde später noch auf die Rolle der Menschen in diesem Veränderungsprozess eingehen.

1.10 Gefangen in der erfolgreichen Vergangenheit

Während meiner ersten Monate als Gründer einer Advisory Boutique durfte ich ein großes deutsches Unternehmen beraten, das durch die Bereitstellung von Ressourcen – im Wesentlichen spezialisierte Personalgestellung für bestimmte technische Leistungen – groß und erfolgreich geworden war. Der anhaltende Fachkräftemangel und der Kostendruck auf Personaldienstleistungen hatten allerdings dazu geführt, dass das Geschäftsmodell nicht mehr so profitabel war wie in der Vergangenheit. Laut einer Studie des Instituts der deutschen Wirtschaft (IW) wurde schon im Jahr 2009 der Fachkräftemangel in Deutschland als eines der größten Risiken für die Wirtschaft angesehen (Koppel/Plünnecke 2009). Der Vorstand des Unternehmens war sich nicht einig, ob »weitermachen und hoffen« der richtige Weg war oder ob eine koordinierte und angepasste Transformation die Zukunft des Unternehmens besser beeinflussen konnte. Die internen Grabenkämpfe nahmen zu, die Mitarbeitenden merkten dies natürlich und alles resultierte in einer noch schwierigeren wirtschaftlichen Situation.

Einzelne Bereiche dieses Unternehmens gingen ihren eigenen Weg, schwenkten um auf Lösungen im Gegensatz zur reinen Personalgestellung. Diese Lösungen adressierten konkrete Herausforderungen ihrer Kunden und stellten einen ganzheitlichen Ansatz dar, anstatt »nur« Personen mit Kompetenzen bereitzustellen. Einige dieser Bereiche waren erfolgreicher, andere weniger. Woran aber all diese kleinen und dennoch wichtigen und bemerkenswerten Initiativen immer wieder scheiterten, war die Unterstützung aus dem Gesamtunternehmen. Obwohl es positive Beispiele und tolle Erfolge gab, waren der Raum und die notwendigen Freiheiten nicht gegeben, um diese Lösungen erfolgreich zu machen. Das zeigte sich an unflexiblen Prozessen, überholten finanziellen Kennzahlen, starren Messkriterien, fehlenden Vertriebsstrukturen und schwachem Leadership.

Ein Unternehmen bei einer Transformation zu unterstützen bedeutet vor allem erst einmal, dessen Transformationsfähigkeit und Willen zur Transformation festzustellen. Ich glaube fest daran, dass Transformation nur von innen heraus erfolgreich sein kann – fehlt die Bereitschaft, so helfen auch keine teuren externen Berater, Zukäufe oder Strategien. Das liegt auch daran, dass ein Unternehmen zur Umsetzung von Strategien Klarheit in der Kommunikation und vor allem breites Verständnis und Akzeptanz in den Teams benötigt. Da sind unklare Verhältnisse, verschiedene Meinungen oder gar Streit im Vorstand Gift, weil dadurch die nötige Klarheit fehlt. Viel schlimmer noch – Uneinigkeit befeuert Gerüchte, fördert eigene Interpretationen und führt dann zu Einzelinitiativen, die zwar richtig, aber für das Gesamtunternehmen nicht günstig sind.

Nehmen wir an, dass die Transformationsfähigkeit und der Wille gegeben sind, alte Prozesse die Transformation aber dennoch behindern. Ein Beispiel wären IT-Prozesse aus dem Bereich der Personalgestellung oder Finanzkennzahlen und Messkriterien, die die Auslastung, aber eben nicht das Lösungsgeschäft messen. Dann hemmen genau diese Prozesse die Transformation, weil der Erfolg nicht transparent messbar ist, da sich die finanziellen Maßstäbe nach wie vor an der Vergangenheit orientieren und somit die Steuerung der Bereiche nicht günstig erfolgen kann. Daraus resultieren Unklarheit, Frust und Ernüchterung. Oft treten in solchen Fällen die Kritiker auf die Bühne und sagen: Wir haben es ja gleich gesagt – das »Neue« funktioniert nicht.

Ein weiterer entscheidender Faktor ist die Frage danach, wie die Neuausrichtung an die Kunden kommuniziert werden soll. Diese Frage sollte man sich gleich zu Beginn stellen – ich habe viel zu oft Beispiele erlebt, in denen Neuerungen gar nicht kommuniziert und Kunden verwirrt zurückgelassen wurden. Das ist nicht nur für das Marketing und den Vertrieb wichtig, sondern auch für die Mitarbeitenden. Denn genau diese treten jeden Tag in Kontakt mit Kunden und Partnern und werden angesprochen, ausgefragt und bekommen ggf. Frust zu spüren. Laut einer Studie von McKinsey & Company (Changing Change Management) scheitern 70% der Unternehmensveränderungen an mangelnder Kommunikation und unzureichender Berücksichtigung von Mitarbeitenden (Ewenstein/Smith/Sologar 2015).

Ihr werdet es ahnen: Diese Themen in dem Griff zu bekommen erfordert nicht nur ggf. andere Technologien – wie CRM-, ERP-, MES-Systeme, IoT-Lösungen, KI-Anwendungen oder Ähnliches –, sondern vor allem Leadership. Und damit meine ich nicht nur den Vorstand, sondern jeden einzelnen Leader und jede einzelne Leaderin im Unternehmen und ganz besonders die Führungskräfte, die keine Leadership-Strukturen mehr in ihren Bereichen haben, sondern individuelle Kontributoren, sprich: die Experten, durch die das Unternehmen Geld verdient. Nach meiner Erfahrung sind es genau diese Führungskräfte, die über Erfolg oder Misserfolg entscheiden, da sie die direkte Kommunikation in den Händen halten. Eine Studie der Harvard Business School (2018 State of Leadership Development Report) bestätigt genau dies: dass Unternehmen mit starkem Leadership eine um 30% höhere Erfolgswahrscheinlichkeit bei großen Veränderungsprojekten haben (Harvard Business School 2018).

Halten wir also fest: Transformation bedeutet, die Vergangenheit als Vergangenheit zu akzeptieren und die Entwicklung des Marktes und der Kundenanforderungen als Chance zu begreifen. Darüber muss Einigkeit herrschen – im Vorstand, in der Führung. Dann braucht es Transformationsfähigkeit und -willen, damit die Veränderung positiv gestaltet werden kann. Eine transparente Kommunikation – intern wie extern – sowie die Anpassung von Prozessen sind für eine nachhaltig erfolgreiche Transformation grundlegend. Wir werden uns später noch mit genau dieser notwendigen Transformation von innen beschäftigen. An dieser Stelle möchte ich auf eine Analyse von Deloitte aus dem Jahr 2018 (Accelerating Digital Innovation) verweisen, die belegt, dass interne Transformationen, die von den Mitarbeitenden und dem Management getragen werden, eine um 33% höhere Erfolgsquote aufweisen als solche, die von außen aufgezwungen werden (Kane et al. 2018).

Das Unternehmen, das ich am Anfang dieses Kapitels erwähnt habe, ist übrigens immer noch mit der Transformation des Geschäftsmodells beschäftigt und die wirtschaftliche Situation hat sich weiter verschlechtert. Während die Unternehmensbereiche, die frühzeitig Veränderungen angestoßen haben, wirtschaftlich besser dastehen als anderen Bereiche, sind dennoch die Auswirkungen der fehlenden konsequenten Umsetzung im Gesamtunternehmen in allen Geschäftsbereichen spürbar.

1.11 Die Geister, die ich rief

Das Wissen eines Unternehmens, das IP (Intellectual Property), ist das größte Asset! Diese These wird keinen Widerspruch ernten, da bin ich mir relativ sicher. Das Wissen eines Unternehmens befindet sich aber meist in einigen wenigen Mitarbeiterköpfen und, wenn überhaupt, dann in zahlreichen Datentöpfen unterschiedlicher Formate. Wenn also die wenigen Köpfe mit dem geballten Wissen und der Fähigkeit, diese Datentöpfe so anzuzapfen, dass auch etwas Anständiges dabei rauskommt, das Unternehmen verlassen, dann hat das Unternehmen ein großes Problem. Eine Studie von Ocean Tomo (Intangible Asset Market Value Study) zeigt, dass der Anteil immaterieller Vermögenswerte, zu denen auch Wissen und IP gehören, in den letzten zwei Jahrzehnten weltweit von 17% auf 84% des Gesamtwerts von Unternehmen gestiegen ist (Ocean Tomo 2015). Das unterstreicht die Bedeutung von Wissensmanagement sehr deutlich.

Die Erkenntnis, dass der Weggang von Wissensträgern verheerende Auswirkungen auf ein Unternehmen haben kann, ist an sich nicht neu, aber viele Unternehmen bereiten sich auf diesen Fall, der definitiv eintreten wird – entweder altersbedingt oder weil der Wettbewerber mehr zahlt –, nicht ausreichend vor. Eine Untersuchung von Deloitte (Future of Work in Government) ergab, dass der unerwartete Verlust von Schlüsselpersonal die Produktivität um bis zu 7% senken und die Einarbeitung neuer Mitarbeitender bis zu zwei Jahre dauern kann (Eggers/Datar/O'Leary 2019). Entweder wird diese Herausforderung geleugnet oder sie wird abgeschwächt (da ist noch so viel Zeit, bis dahin wird sich eine Lösung ergeben). Umso bemerkenswerter ist es, dass dieses Problem an mich herangetragen wurde, bevor es in dem anfragenden Unternehmen akut werden konnte. Initiator war der Vorstand des Unternehmens, der aber auch von Kostendruck, Innovationsdruck und Time-to-Market-Optimierungen getrieben war, die er mit Digitalisierung in den Griff zu bekommen hoffte.

Wir hatten also einen Workshop in Hamburg mit dem gesamten F&E-Team und die Mitarbeitenden waren kritisch erwartungsvoll. Ein Mitarbeiter war von Anfang an gegen alles: gegen diesen Workshop, gegen eine Lösung, gegen die Einsicht, dass das Unternehmen ein handfestes Problem hat, wenn genau er das Unternehmen verlässt. Warum war er dagegen? Er hatte Angst um seinen Job, Angst, nicht mehr gebraucht zu werden, Angst, die Kontrolle zu verlieren. Er war es doch, der über all die Jahre die komplizierten Kundenanforderungen in Lösungen übersetzt hatte. Er war es, der von seinen Kolleginnen und Kollegen gebraucht, geschätzt und hofiert wurde, weil jeder und jede natürlich um eine schnelle Problemlösung kämpfte.

Während des Workshops fragten wir diesen Mitarbeiter immer wieder, was genau er tut, warum er das tut, was ihm Energie gibt, was er gern macht und was er nervig findet, was ihm Energie entzieht. Und schließlich fanden wir eine Schnittmenge zwischen dem, was ihm Energie entzieht, und der Möglichkeit, die grundsätzlichen Herausforderungen des Unternehmens in den Griff zu bekommen. Wir konnten ihm die Sorge nehmen, dass er in Zukunft nicht mehr gebraucht werden würde, indem wir ihn in die Problemidentifikation und -lösung einbanden. Am Ende war er sogar einer der größten Befürworter der Lösung, die ihm die Arbeit erleichterte, die ihm mehr Freiraum für Kreativität und auch mehr Zeit gab. Auch seine Rolle konnten wir aufwerten: Er war fortan als Botschafter im eigenen Unternehmen unterwegs, um dafür zu sorgen, dass die Lösung auch genutzt wurde. Diese erste Lösung sollte Grundlage für viele weitere Lösungen sein, die am Ende mehr Geschwindigkeit, geringere Kosten und mehr Mitarbeiterzufriedenheit brachte.

»Die Geister, die ich rief« – damit spiele ich auf lang akzeptierte, aber verschleppte Herausforderungen an, die zu einem großen Problem für Unternehmen werden können. Gerade in einem Umfeld von anhaltenden technologischen Innovationen, die auch in Traditionsbranchen neue Wettbewerber entstehen lassen, muss ständig die Wettbewerbsfähigkeit infrage gestellt werden. Und ein wichtiger Bestandteil dieser Wettbewerbsfähigkeit ist das Wissen im eigenen Unternehmen, also die Mitarbeitenden. Eine Studie des McKinsey Global Institute aus dem Jahr 2012 (The social economy: Unlocking value and productivity through social technologies) zeigt, dass Unternehmen, die effektives Wissensmanagement und digitale Tools nutzen, eine bis zu 25% höhere Produktivität aufweisen können (Chui et al. 2012). Sorgt man nicht dafür, dass Wissen transparent geteilt werden kann, dann nützt auch keine Digitalisierung, weil dennoch der Mensch der limitierende Faktor ist.

Wie holt man aber genau diese Wissensträger auf seine Seite und schafft ein Umfeld für Wissensteilung, für Transformation, für Digitalisierung? Hierauf werde ich in den folgenden Kapiteln detaillierter eingehen.

2 Technologischer Wandel: Herausforderungen und Chancen

Die technologischen Entwicklungen und Fortschritte der letzten 25 Jahre haben die Art und Weise, wie Unternehmen handeln und wie wir Menschen leben, tiefgreifend verändert. Sie haben zu einer deutlich vernetzteren, effizienteren und informationsreicheren Welt geführt, stellen aber auch neue Herausforderungen in Bezug auf Datenschutz, Sicherheit und die Rolle der Menschen in einer zunehmend automatisierten, technisierten Welt dar. Im vorangegangenen Kapitel habe ich beleuchtet, welche Erfahrungen ich in den letzten mehr als 25 Jahren in dieser Welt, in der Technologie immer mehr zu einem festen Bestandteil unseres Lebens wurde, machen durfte. Ich habe erläutert, welche Beobachtungen ich beim Verkauf und beim Einsatz von Technologie gemacht habe und welche Herausforderungen insbesondere in Bezug auf Kultur und Führung bestehen. Ich möchte euch in diesem Kapitel kurz die grundlegenden Veränderungen darlegen und die Herausforderungen und Chancen herausarbeiten.

2.1 Internet und Web-Technologien

Mitte der 1990er-Jahre hat sich das Internet rasant verbreitet, damit den Zugang zu Informationen demokratisiert und die globale Vernetzung gefördert. Ich hätte mir Mitte der 1980er-Jahre niemals vorstellen können, dass ich einmal unbegrenzten Zugang zu Wissen haben würde, dass ich einmal so schnell und unkompliziert kommunizieren könnte. Ich war zwar bei den ersten Mailbox-Systemen dabei, wir haben Amiga- und X86-PCs über Modem und später ISDN vernetzt und kostenlose Boards für Diskussionen, Bilder und Software bereitstellt. Damals war ich noch Teenager. Die Zeit war verdammt aufregend und hat mich bis heute geprägt. Aber wer hätte damals gedacht, dass wir heute sämtliche »Dinge« vernetzen und von überall auf der Welt her steuern können?

Unternehmen haben sehr schnell den Wert des Internets, des World Wide Web, erkannt. Erste E-Commerce-Plattformen entstanden und revolutionierten den Handel. Amazon startete 1994 mit dem Verkauf von Büchern und ist heute als Handelsplattform für alle möglichen Produkte nicht mehr wegzudenken.

Das Beispiel Amazon zeigt aber mindestens zwei Herausforderungen:

1. Die Revolution in allen Branchen durch Technologie ist gnadenlos.
2. Durch Technologien entstehen neue Geschäftsmodelle.

Amazon hat durch den Online-Verkauf von Büchern den Buchhandel revolutioniert. Das war eine Bedrohung für etablierte Buchhandlungen in den Städten, ermöglichte es aber Autoren und Verlagen, Inhalte einem wesentlich breiteren Publikum zugänglich zu machen. Durch die Einführung von E-Books (Kindle) setzte Amazon Maßstäbe und brachte andere Marktbegleiter unter Zugzwang. Auf dieser erfolgreichen Basis wurde sehr schnell eine Handelsplattform aufgebaut, über die heute fast alles zu erwerben ist. Wiederum bedrohte dies stationäre Händler in den Städten (viele gingen bankrott), aber es ermöglichte auch ganz neue Absatzmärkte und eine unvorstellbare Reichweite für Händler, die sich frühzeitig damit auseinandergesetzt hatten. Man kann sicherlich geteilter Meinung über Amazon und die Bedrohung für den Handel sein, aber Amazon hat durch Technologie den gesamten Handel revolutioniert und es für die Verbraucherinnen und Verbraucher einfacher gemacht, schnell an das gewünschte Produkt zu kommen. Ist das immer fair, umweltbewusst und effizient? Sicherlich nicht, aber da wartet bestimmt die nächste Revolution auf uns.

Nun kann man sagen, dass durch Amazon andere Mitbewerber ebenfalls das Geschäftsmodell des Online-Handels oder der E-Books für sich entdeckten, was absolut richtig ist. Allerdings hat Amazon durch die Notwendigkeit von skalierbaren und performanten Rechenkapazitäten das Cloud-Computing für sich entdeckt und ist mit Amazon Web Services (AWS) einer der erfolgreichsten Cloud-Anbieter weltweit.

Technologien schaffen Herausforderungen – nicht nur für uns Menschen, sondern natürlich auch für Unternehmen. Insbesondere dann, wenn sich Unternehmen zu spät, zu naiv und zu stiefmütterlich mit den Trends und Möglichkeiten auseinandersetzen. Technologien schaffen aber insbesondere die Möglichkeit, ein Unternehmen zu transformieren, erfolgreicher und resilienter zu machen.

Hier ein paar Beispiele, wie Unternehmen in den letzten Jahrzehnten vom Internet und den Web-Technologien profitieren konnten:

1. **Geschäftsmodelle und Marktzugang**
   Unternehmen können ihre Produkte und Dienstleistungen online verkaufen, was den Zugang zu globalen Märkten ermöglicht und den Umsatz steigert. Das Internet hat die Entstehung neuer Geschäftsmodelle wie Abonnementdienste, digitale Plattformen und Online-Marktplätze ermöglicht.
2. **Marketing und Kundenbeziehungen**
   Unternehmen nutzen SEO, Content-Marketing, Social-Media-Marketing und andere Online-Strategien, um ihre Zielgruppen effektiv zu erreichen und zu binden. Web-Technologien ermöglichen eine direkte Kommunikation mit Kunden über E-Mail, soziale Medien, Live-Chats und Foren, was die Kundenzufriedenheit und -loyalität erhöht.

3. **Betriebsabläufe und Effizienz**
   Webbasierte Anwendungen und Cloud-Dienste (siehe nachfolgendes Kapitel) ermöglichen die Automatisierung von Geschäftsprozessen, was die Effizienz und Genauigkeit verbessert. Unternehmen können ihre Lieferketten über das Internet besser verwalten und optimieren, was die Kosten senkt und die Lieferzeiten verkürzt.

Das Internet und Web-Technologien haben das Geschäftsumfeld und die Arbeitsweise von Unternehmen und Mitarbeitenden revolutioniert. Sie bieten zahlreiche Vorteile wie erhöhte Flexibilität, bessere Kommunikation, verbesserte Effizienz und erweiterte Marktchancen. Gleichzeitig bringen sie Herausforderungen mit sich, insbesondere in den Bereichen Sicherheit, Datenschutz und Gesundheit. Unternehmen und Mitarbeitende müssen sich kontinuierlich anpassen und geeignete Strategien entwickeln, um die Vorteile zu maximieren und die Risiken zu minimieren.

Das Internet benötigte ca. acht Jahre, um auf eine Nutzeranzahl von 100 Millionen zu kommen, was zu dieser Zeit einen dramatischen und bemerkenswerten Anstieg bedeutet. Aber zuerst weiter zum Thema der technologischen Entwicklungen der letzten 25 Jahre, die maßgeblich zu einer Veränderung von Führung und Kultur beitragen.

2.2 Mobile Technologien und Smartphones

Während das klassische Telefon 75 Jahre benötigte, um 100 Millionen Menschen das Telefonieren zu ermöglichen, brauchte das Mobiltelefon nur ca. 16 Jahre. Mobile Apps, die wir heute auf Smartphones benutzen, benötigen eine wesentlich kürzere Zeitspanne, um 100 Millionen Nutzende zu erreichen. So brauchte TikTok nur 9 Monate, um 100 Millionen Userinnen und User zu zählen. Mobile Technologien und Smartphones haben unser Leben verändert, bereichert, schneller, aber auch komplizierter gemacht.

Mit der Vorstellung des iPhones 2007 hat Apple nicht nur den Telekommunikationsmarkt revolutioniert, sondern auch den Zugang zu Wissen und Information und die Geschwindigkeit in der Arbeitswelt neu definiert. Mobile Internetzugänge und mobile Apps haben unser Smartphone zum zentralen Kommunikationstool, Arbeitsgerät und Alltagstool gemacht.

Mein erstes Mobiltelefon war ein Siemens S10. Was war ich glücklich und stolz! Schnell war ich in der Lage, SMS über T9 fast blind zu schreiben, und es wurde zu meinem primären Kommunikationstool, insbesondere im privaten Umfeld. Die ersten Smartphones mit Windows CE waren – na ja – toll, aber auch nicht wirklich zu gebrauchen. Mein Killertool war der Blackberry: E-Mails einfach und von überall her beantworten zu können und jederzeit komfortablen Zugriff auf den Kalender zu haben – das war für mich beruflich ein echter Produktivitätsgewinn. Mit dem ersten iPhone veränderte sich das berufliche sowie private Verhalten dramatisch: Soziale Netzwerke schufen Verbindungen zu Menschen, die ich lange nicht gesehen oder gesprochen hatte. Apps ermöglichten mir Zugriff auf alle möglichen sinnvollen und weniger sinnvollen Informationen.

Heute steuern wir unser Zuhause, unser Auto – ja, unser ganzes Leben – mit dem Smartphone. Jede Information zu jeder Zeit an jedem Ort der Welt. Auch in der Berufswelt ist das Smartphone nicht mehr wegzudenken. Mobile Datenerfassung, Kommunikation über Videotelefonie und Zugriff auf Unternehmensinformationen sind wichtige Grundlagen einer modernen Unternehmensführung und werden von den meisten Mitarbeitenden erwartet. Aber gerade diese permanente Erreichbarkeit, dieser Informations-Overflow hat zu einem dramatischen Anstieg von Burnout und anderen mentalen Erkrankungen geführt. Technologie kann also im wahrsten Sinne des Wortes krank machen.

Wie schaffen wir es also als Beteiligte, egal ob Mitarbeitende oder Vorgesetzte, uns in dieser immer komplexeren, fast End-to-End-digitalisierten Welt so zu bewegen, dass wir selbst resilient sind und bleiben und dabei andere, sprich: unsere Mitarbeitenden, resilienter machen? Wie erreichen wir, dass uns die Technologie als Werkzeug zur Verfügung steht, ohne dabei den Drang zu verspüren, ständig und überall auf bereitstehenden Informationen zuzugreifen, und ohne bei unseren Mitarbeitenden den Eindruck zu erwecken, sie müssten ständig und immer erreichbar sein und alles wissen?

In meiner ersten Zeit bei großen IT-Unternehmen war es ein ungeschriebenes Gesetz, dass Führungskräfte jederzeit über Trends, Umsatz, Ergebnisse, Auftragseingang etc. Bescheid wissen mussten. Zu dieser Zeit waren die unterschiedlichen Informationen noch in verschiedenen Systemen, in den Köpfen der Menschen und oft auch durch das eigene Bewerten und Beurteilen der Information erst verfügbar. Das änderte sich nicht zuletzt durch mobile Technologien, Cloud-Computing (siehe Kapitel 2.3) und Smartphones. In einer Zeit, in der wir alles jederzeit, von jedem Ort aus und quasi mit einem Knopfdruck abrufen können, ist diese Erwartungshaltung überholt. Denn auch Vorgesetzte können auf diese Informationen zugreifen und müssen ihre Teams nicht mehr damit beschäftigen, endlose Excel-Tabellen oder PowerPoints zu erstellen. Zudem sind diese Excel-Tabellen und PowerPoints in dem Moment veraltet, in dem sie fertig sind. Denn die Daten – Unternehmensdaten – ändern sich ständig.

Für mich war es deshalb wichtig, eine Verantwortungsumkehr zu etablieren: Der Chef hat selbst Transparenz über die Daten und braucht nicht sein Team dafür. Dafür kann sein Team sich wesentlich intensiver um Kunden, um Partner und um wertschöpfende Aktivitäten kümmern. Denn Daten aufzubereiten, die eh in einem System stehen, ist definitiv das Gegenteil von produktiv.

Smartphones und mobile Technologien haben also tiefgreifende Auswirkungen auf Unternehmen und die Menschen, die in ihnen arbeiten. Ich möchte die wichtigsten Aspekte noch einmal zusammenfassen:

1. **Erhöhte Produktivität und Effizienz**
   Mitarbeitende können von überall aus auf Unternehmensressourcen zugreifen, was die Produktivität erhöht und flexible Arbeitsmodelle unterstützt. Unternehmensspezifische mobile Apps ermöglichen es Mitarbeitenden, Aufgaben effizienter zu erledigen, sei es im Bereich Vertrieb, Kundenservice oder Projektmanagement.
2. **Verbesserte Kommunikation und Zusammenarbeit**
   Mobile Technologien ermöglichen Echtzeit-Kommunikation über Messaging-Apps, Videokonferenzen und E-Mails, was die Zusammenarbeit und Entscheidungsfindung beschleunigt. Tools wie Microsoft Teams, Slack und Google Workspace bieten mobile Versionen, die die Zusammenarbeit erleichtern, unabhängig davon, wo sich die Teammitglieder gerade befinden.
3. **Kundenerfahrung und -bindung**
   Unternehmen können personalisierte Marketingkampagnen und Kundeninteraktionen über mobile Kanäle durchführen, was die Kundenbindung stärkt. Mobile Technologien ermöglichen es Unternehmen, rund um die Uhr Kundenservice anzubieten, z. B. durch Chatbots und mobile Support-Apps.
4. **Vertriebs- und Marketingmöglichkeiten**
   Unternehmen können gezielte Werbekampagnen über mobile Kanäle durchführen, um ihre Reichweite zu erhöhen und potenzielle Kunden direkt anzusprechen. Mobile Commerce (M-Commerce) ermöglicht es Kunden, jederzeit und überall Produkte zu kaufen, was den Umsatz steigert.
5. **Datenanalyse und Entscheidungsfindung**
   Mobile Technologien ermöglichen den Zugriff auf Echtzeitdaten und -analysen, die fundierte Geschäftsentscheidungen unterstützen. Mobile Geräte sammeln umfangreiche Daten, die zur Verbesserung von Geschäftsstrategien und zur Personalisierung von Angeboten genutzt werden können.

Die Auswirkungen auf die Mitarbeitenden sind ebenfalls vielschichtig und haben sowohl positive als auch negative Aspekte. Während der von überall her mögliche Zugriff auf Daten und mobile Kommunikation flexibles Arbeiten ermöglichen, erzeugen sie auch einen erhöhten Stresslevel. Das Gefühl, ständig erreichbar sein zu müssen, kann zu Stress und Burnout führen. Die Trennung von Arbeit und Privatleben wird ebenfalls schwieriger. Ständige Benachrichtigungen und Ablenkungen durch mobile Geräte können die Konzentration und Produktivität beeinträchtigen.

Smartphones bieten schnellen Zugang zu Informationen und Ressourcen, die für die berufliche Entwicklung nützlich sind. Allerdings können lange Bildschirmzeiten zu gesundheitlichen Problemen wie Augenbelastung, Nackenschmerzen und schlechter

Schlafqualität führen. Die verstärkte Nutzung von mobilen Geräten geht oft zulasten der Bewegung und hat somit Auswirkungen auf die allgemeine Fitness und Gesundheit von Mitarbeitenden.

2.3 Cloud-Computing

Cloud-Computing war lange Zeit ein Unding in Deutschland: zu unsicher, zu teuer, zu ineffizient, Kontrollverlust, Spionage – all das haben wir mehr oder weniger mit Cloud-Computing verbunden. War das gerechtfertigt und sinnvoll? Wenn man den Stand der Digitalisierung in Deutschland mit dem anderer Länder vergleicht, muss man leider sagen, dass wir hinterherhinken. Digitale Verwaltung, die Digitalisierung des Mittelstands – alles Themen, in denen wir im Vergleich zu anderen Ländern eher zurückliegen. Jetzt mag der eine oder die andere sagen, diese Behauptung sei überzogen. Zum Glück stehen wir im Mittelstand mittlerweile besser da und der Mut nimmt zu, allerdings ist die öffentliche Verwaltung gefühlt noch Jahrzehnte hinterher.

Ordnen wir Cloud-Computing erst einmal ein. Durch zentralisierte Infrastrukturen, also Rechenkapazität und Speicherkapazität, und ein intelligentes Management können fast unbegrenzte Rechenpower und Speicherkapazität für einen beliebigen Zeitraum gemietet werden. Das fördert Skalierbarkeit, Flexibilität und Kosteneffizienz. Skalierbarkeit ist leicht erklärt: Brauche ich in Spitzenzeiten, beispielsweise bei einem Produktlaunch oder bei einem Jahresabschluss, viele Ressourcen, dann buche ich sie dazu und kann sie danach wieder freigeben und brauche nicht mehr dafür zu bezahlen. Die Flexibilität ist insbesondere dann wichtig, wenn ich schnell und unkompliziert etwas testen möchte oder aufgrund eines großen Kundenansturms schnell mehr Ressourcen brauche: Früher musste ich lange warten, bis neue Services oder Speichersysteme geliefert wurden, dann mussten diese integriert und getestet werden. Bei Cloud-Computing stehen mir diese Ressourcen sofort zur Verfügung. Die Kosteneffizienz ist im Prinzip ein Resultat der ersten beiden Themen – Skalierbarkeit und Flexibilität –, aber hat auch noch andere Aspekte: Dadurch, dass große Cloud-Anbieter ihre Infrastrukturen ganz anders absichern können, muss ich das als Firma nicht allein machen, sondern profitiere von der Security-Kompetenz der Hersteller. Ähnlich verhält es sich mit technischen Innovationen: Ich kann mich darauf verlassen, dass ich immer die neueste Technologie nutze, und brauche nicht selbst Zeit und Geld zu investieren, um meine Infrastruktur aktuell zu halten. Natürlich hat jedes Unternehmen die Aufgabe, seine Anwendungen effizienter zu gestalten und ressourcenschonender zu implementieren. Allerdings gibt es hier gerade für die großen Cloud-Anbieter ein breites Angebot an Partnern, die sich genau darauf spezialisiert haben.

Damit kann ich mich als Unternehmen auf meine Kernkompetenzen konzentrieren und nicht auf den Betrieb von IT-Infrastruktur. Ich brauche nicht in teure Rechenzentren zu investieren, sondern nutze die hocheffizienten Rechenzentren der großen Anbieter. Damit kann ich unter anderem wesentlich schneller auf Marktveränderungen, Trends oder Kundenwünsche reagieren.

Cloud-Computing war quasi der Katalysator der modernen IT-Systeme, denn insbesondere Anwendungen, die einen Zugriff jederzeit und von überall her erfordern, benötigen diese Technologien. Die insbesondere in Deutschland erfundenen Begriffe wie »Private Cloud Computing« sind Versuche, die Technologie der großen Cloud-Anbieter auf wesentlich kleinere IT-Infrastrukturen anzuwenden, für ein spezifisches Unternehmen im eigenen oder gemieteten Rechenzentrum. Können diese kleinen Cloud-Umgebungen so effizient sein wie die großen? Nein, natürlich nicht. Allerdings spielen sehr oft Datenschutzaspekte eine Rolle.

Welche Rolle spielte der Mensch bei der Akzeptanz von Cloud-Computing? Wir Menschen, gerade in Europa und insbesondere in Deutschland, sind erst einmal skeptisch, wenn es um Veränderungen und Innovationen geht, die unseren Arbeitsplatz, unser Leben betreffen. So ist es durchaus verständlich, dass viele Verantwortliche in Unternehmen versuchten, gute Argumente gegen Cloud-Computing zu finden. Es standen Kontrolle, Macht, oft sogar der Arbeitsplatz selbst auf dem Spiel. Die großen und auch die kleinen Cloud-Anbieter haben aus meiner Sicht (und ich war Beteiligter) einen großen Fehler insbesondere in Bezug auf die europäische Wirtschaft und deren Wettbewerbsfähigkeit gemacht: Sie haben zu sehr die Technologie, die Innovation und weniger die Vorteile und Möglichkeiten betont. Und sie haben vergessen, genau die interessierten und passionierten Mitarbeitenden abzuholen mit der einfachen Frage: Was bedeutet das für sie? Was machen diese Menschen in der Zukunft? Erst in den letzten Jahren haben große Cloud-Anbieter »Reskilling-Programme« angeboten, womit man aus meiner Sicht wesentlich früher hätte anfangen müssen. Ja, Innovationen – auch Cloud-Computing – zerstören Arbeitsplätze. Allerdings haben das auch die Dampfmaschine, die Globalisierung und das Automobil getan. Die Frage ist doch, welche zusätzlichen Arbeitsplätze dadurch geschaffen werden. Und wenn man sich anschaut, welche Ausmaße der Fachkräftemangel angenommen hat, dann waren die Sorgen nicht berechtigt.

Lasst uns also die Auswirkungen von Cloud-Computing auf die Unternehmen einmal zusammenfassen:

1. **Kosteneinsparungen**
   Unternehmen können durch die Nutzung von Cloud-Diensten die Ausgaben für Hardware, Software und Wartung erheblich reduzieren. Cloud-Anbieter bieten skalierbare Lösungen, die je nach Bedarf angepasst werden können. Pay-as-you-go-Modelle ermöglichen es Unternehmen, nur für die genutzten Ressourcen zu zahlen, was die Effizienz und Kostenkontrolle verbessert.

2. **Skalierbarkeit und Flexibilität**
   Cloud-Computing ermöglicht es Unternehmen, ihre IT-Ressourcen schnell und einfach an die aktuellen Anforderungen anzupassen. Dies ist besonders nützlich für Unternehmen mit saisonalen oder unvorhersehbaren Schwankungen in der Nachfrage. Unternehmen können neue Anwendungen und Dienste schnell einführen, ohne umfangreiche Investitionen in die Infrastruktur tätigen zu müssen.
3. **Zugänglichkeit und Zusammenarbeit**
   Mitarbeitende können von überall auf der Welt auf Cloud-Dienste zugreifen, was die Remote-Arbeit und Zusammenarbeit über verschiedene Standorte hinweg erleichtert. Tools wie Google Workspace und Microsoft 365 ermöglichen es Teams, in Echtzeit an Dokumenten zu arbeiten, was die Produktivität und Effizienz steigert.
4. **Innovation und Wettbewerbsvorteil**
   Cloud-Computing ermöglicht es Unternehmen, schnell auf neue Technologien zuzugreifen und diese zu implementieren. Dies fördert Innovationen und bietet einen Wettbewerbsvorteil. Unternehmen können neue Ideen und Konzepte mit minimalem Risiko testen, indem sie die skalierbaren und flexiblen Ressourcen der Cloud nutzen.
5. **Sicherheit und Compliance**
   Cloud-Anbieter investieren erheblich in Sicherheitsmaßnahmen und bieten umfassende Sicherheitsprotokolle, die den Schutz sensibler Daten gewährleisten. Viele Cloud-Anbieter unterstützen die Einhaltung gesetzlicher und branchenspezifischer Vorschriften, was Unternehmen hilft, ihre Compliance-Anforderungen zu erfüllen.
6. **Business Continuity und Disaster Recovery**
   Cloud-Dienste bieten automatische Backups und Wiederherstellungsmöglichkeiten, die die Geschäftskontinuität bei Ausfällen sicherstellen. Cloudbasierte Disaster-Recovery-Lösungen sind kostengünstig und bieten kurze Wiederherstellungszeiten im Falle eines Datenverlusts oder einer Katastrophe.
7. **Effizienz und Automatisierung**
   Cloud-Computing-Dienste bieten Automatisierungsmöglichkeiten, die repetitive Aufgaben und Prozesse effizienter gestalten. Cloud-Management-Tools ermöglichen eine zentralisierte Verwaltung und Überwachung von IT-Ressourcen, was den Verwaltungsaufwand reduziert.
8. **Datenanalyse und Entscheidungsfindung**
   Cloud-Plattformen bieten leistungsstarke Tools für die Analyse großer Datenmengen. Dies ermöglicht es Unternehmen, wertvolle Erkenntnisse zu gewinnen und fundierte Entscheidungen zu treffen. Cloud-Dienste ermöglichen die Echtzeit-Verarbeitung und -Analyse von Daten, was schnelle Reaktionen auf Marktveränderungen und Kundenanforderungen ermöglicht.
9. **Umweltfreundlichkeit**
   Cloud-Computing-Anbieter nutzen hochgradig optimierte Rechenzentren, die oft energieeffizienter sind als traditionelle On-Premises-Rechenzentren. Durch die Konsolidierung von IT-Ressourcen und den Einsatz erneuerbarer Energien tragen viele Cloud-Anbieter zur Reduzierung des CO_2-Fußabdrucks bei.

Cloud-Computing bietet Unternehmen zahlreiche Vorteile, darunter Kosteneinsparungen, Skalierbarkeit, Flexibilität, effizientere Zusammenarbeit, verbesserte Sicherheit und schnellere Innovationszyklen. Diese Vorteile ermöglichen es Unternehmen, effizienter zu arbeiten, schneller auf Veränderungen zu reagieren und einen Wettbewerbsvorteil zu erzielen. Angesichts dieser Vorteile wird Cloud-Computing weiterhin eine transformative Rolle in der Geschäftsstrategie moderner Unternehmen spielen, wenn die Unternehmen und die Menschen in den Unternehmen dies zulassen und selbstkritisch die Vorteile und die Nachteile abwiegen.

Cloud-Computing hat auch erhebliche Auswirkungen auf die Menschen, sowohl im beruflichen als auch im privaten Kontext. Ich möchte an dieser Stelle auf die wichtigsten Auswirkungen im beruflichen Kontext – in der Arbeitswelt – eingehen.

Cloud-Computing hat das ortsunabhängige Arbeiten deutlich beschleunigt, weshalb Remote-Arbeit und Homeoffice einen erheblichen Aufschwung erlebt haben. Die notwendigen Daten, Applikationen und die Kommunikation sind jederzeit für jeden abrufbar. Das ermöglicht auch das flexible Arbeiten, angepasst an den jeweiligen Tagesablauf, und lässt eine bessere Integration in den Alltag zu. Moderne cloudbasierte Tools, wie Google Workspace, Microsoft 365 und Slack, ermöglichen Zusammenarbeit in Echtzeit, was wiederum zur Effizienz- und Produktivitätssteigerung beiträgt. Kommunikationsplattformen wie Zoom oder Microsoft Teams erleichtern Videokonferenzen, was die Zusammenarbeit und den Wissensaustausch fördert.

Cloud-Computing hat aber auch den Zugang zu IT-Ressourcen demokratisiert, da jeder Zugriff auf fortschrittliche Technologien hat, ohne sie selbst erst beschaffen und integrieren zu müssen. Dies war vorher nur für große Unternehmen möglich und finanzierbar. Das fördert Kreativität und treibt Innovationen voran. Die Eintrittsbarrieren für Start-ups und Unternehmen sinken, weil sie dank Cloud-Computing kostengünstigen, transparenten und planbaren Zugang zu IT-Ressourcen und Plattformen erhalten, die für die Entwicklung neuer Produkte und Dienstleistungen genutzt werden können.

Cloudbasierte Lernplattformen ermöglichen einen einfachen Zugang zu hochwertigen Bildungsressourcen und Kursen und fördern so kontinuierliches Lernen und berufliche Weiterbildung. Dadurch wird Bildung für mehr Menschen zugänglich und trägt enorm zur Etablierung einer Bildungsgleichheit bei. Die zunehmende Nutzung von Cloud-Diensten hat das Bewusstsein für Datenschutz und -sicherheit erhöht und damit zur Sensibilisierung für den Umgang mit persönlichen Daten geführt.

Natürlich bringt Cloud-Computing auch einige Herausforderungen mit sich. Einerseits gibt es gerade bei webbasierten Anwendungen meist eine hohe Abhängigkeit von der Internetverfügbarkeit und -geschwindigkeit. Ein leistungsfähiges Netzwerk, egal ob im Büro oder zu Hause, wird ein immer wichtigerer Erfolgsfaktor für effizientes Arbeiten. Datenschutz- und Sicherheitsbedenken bleiben natürlich nicht aus, allerdings habe ich schon dargestellt, dass die Aufwendungen der großen Cloud-Anbieter und Software-Firmen in diese Themen immens sind, was zu einer höheren Sicherheit und einem besseren Datenschutz führt, als man sich als Person oder als Unternehmen leisten kann.

2.4 Soziale Medien und Plattformökonomie

Soziale Medien haben neue Formen der Kommunikation und des Marketings geschaffen. Plattformen wie Facebook, Twitter/X und LinkedIn haben verändert, wie wir interagieren und Informationen teilen. Unternehmen nutzen soziale Medien für Marketing, Kundenservice und als Vertriebskanal. Für uns Menschen haben soziale Medien die Art und Weise verändert, wie wir Beziehungen pflegen und Informationen teilen. Sie bringen jedoch auch Herausforderungen in Bezug auf Datenschutz und Informationsqualität mit sich. Eine der größten Herausforderungen ist allerdings die »richtige« Nutzung.

Wie oft bist du in sozialen Netzwerken aktiv? Lässt du dich »fangen« von den Fotos, Geschichten, Videos? Wie viel Zeit verbringst du damit? Diese Zeit ist oft unproduktive Zeit, da das Schauen von Katzenvideos nicht wirklich einen Mehrwert bringt. Ganz im Gegenteil, man vergeudet Zeit, die man wesentlich produktiver verbringen könnte. Sind also soziale Medien ein Produktivitätskiller? So einfach ist es sicherlich nicht, allerdings ist diese Aussage auch nicht ganz falsch. Soziale Medien können oft zu einem Suchtfaktor werden, gerade bei empfänglichen Menschen. Dabei besteht weiterhin die Gefahr, dass Organisationen und politische Gruppierungen diese Plattformen für gezieltes Marketing oder gar Falschinformationen nutzen. Wenn wir diese Möglichkeiten der Manipulation nicht kennen bzw. unsere Kinder nicht davor warnen, können wir davon ausgehen, dass Naivität und der Konsumfaktor siegt.

Auch im Bereich der Unternehmen spielen soziale Netzwerke eine immer größere Rolle. Nicht nur im Marketing im B2C-Bereich, sondern auch zunehmend im B2B-Bereich. Fast jeder Mensch, der in einem Unternehmen arbeitet, ist auf einer sozialen Plattform unterwegs und wird somit durch die Werbung »gecatcht«. Aber auch die sogenannten Corporate Influencer, also Mitarbeitende eines Unternehmens, die über die sozialen Netzwerke Nützliches und weniger Nützliches teilen, werden immer wichtiger und gleichzeitig schwieriger.

Bei der Omnipräsenz einiger Personen könnte man meinen, dass das heute unbedingt so sein muss, dass das notwendig und wichtig ist. Die Fragestellung, wann und wie diese Personen ihren Content kreieren (neben Arbeit, Familie, Freunden, Freizeit), wird sehr oft mit »Marketingagenturen« oder eben mit »KI« beantwortet. Ist das sinnvoll? Aus meiner Sicht: nein. Denn hier geht Authentizität verloren (mehr dazu in Kapitel 6 »Das unschlagbare Team«). Die Frage, die sich anschließt, ist die Frage nach dem Impact dieser Corporate Influencer. Während es eine Zeit gab (um 2020), in der es gefördert und auch gefordert wurde, als Corporate Influencer (Markenbotschafter) aufzutreten, ist es heutzutage immer schwieriger, in der Flut an geteilten Informationen wirklich Wichtiges und Informatives zu erkennen. Ich glaube fest daran, dass Markenbotschafter, Prominente, Sportler oder eben auch Mitarbeitende nach wie vor dazu beitragen können, die Bekanntheit eines Unternehmens zu steigern, auf Trends oder neue Produkte aufmerksam zu machen oder die kulturellen Werte nach außen zu tragen. Aber ich glaube auch daran, dass der geteilte Inhalt sinnvoll sein und einen Wert haben muss. Diesen Wert zu erkennen fällt leider immer schwerer, und genau da trennt sich die Spreu vom Weizen – lieber weniger, aber dafür inhaltlich relevantere Beiträge. Das umfasst nicht nur LinkedIn als größtes Business-Netzwerk, sondern auch Facebook, Instagram und TikTok.

TikTok brauchte lediglich neun Monate, um die Schwelle von 100 Millionen Nutzenden zu überschreiten. Es wird aus meiner Sicht sehr berechtigt darüber diskutiert, welchen negativen Einfluss, welches Suchtpotenzial soziale Medien haben, insbesondere TikTok. Und ich glaube, dass wir alle uns schon einmal dabei ertappt haben, wie wir »sinnlos« die Timeline von Facebook oder Instagram durchgescrollt, uns lustige Videos angeschaut oder sinnfreie Beiträge beschmunzelt haben.

Wie bei anderen Technologien auch gilt es hier, das richtige Maß zu finden. Ich kann nicht sagen, was das richtige Maß ist – das ist sicherlich für jeden individuell –, aber die Zeit, die wir heute statistisch laut dem Digital 2023 Global Overview Report (We Are Social 2023) auf sozialen Plattformen verbringen, beträgt weltweit durchschnittlich etwa 2 Stunden und 31 Minuten pro Tag, und das über alle Regionen und alle Altersgruppen, wobei die tägliche Nutzung bei Jugendlichen deutlich höher ist. Diese zweieinhalb Stunden könnten wir wesentlich besser für Produktivität, Familienzeit, Lernen oder Freizeit verwenden. Jetzt werden einige von euch sagen, dass soziale Medien ja auch ein Teil von Freizeit sind, was ich stark infrage stelle. Wir Menschen sind Rudeltiere – wir leben von der Interaktion mit anderen Menschen im echten Leben und dazu gehören soziale Medien nun mal nicht. Wir Menschen vereinsamen, werden depressiv, wenn wir keinen Kontakt mit anderen Menschen haben, was auch durch Ärzte und Psychologen bestätigt ist. Darum kann ich euch nur raten, euren eigenen Social-Media-Konsum immer wieder infrage zu stellen und auch für eure Kinder ein Vorbild zu sein.

Die Auswirkungen von sozialen Medien und der Plattformökonomie auf Unternehmen sind vielfältig und tiefgreifend. Hier sind einige der wichtigsten Auswirkungen und Beispiele für beide Bereiche, die ich in der Vergangenheit gesehen habe und die auch weiterhin für die Zukunft relevant sind:

1. **Marketing und Markenbildung**
   Soziale Medien ermöglichen es Unternehmen, eine breite und diverse Zielgruppe zu erreichen und globale Märkte zu erschließen. Unternehmen können gezielte Marketingkampagnen basierend auf demografischen Daten und Nutzerverhalten durchführen, was die Effektivität von Werbung erhöht. Plattformen wie Instagram, YouTube und TikTok ermöglichen es Unternehmen, visuell ansprechende Inhalte zu erstellen und zu teilen, die die Markenbekanntheit und Kundenbindung fördern.
2. **Kundeninteraktion und -bindung**
   Unternehmen können direkt mit ihren Kunden interagieren, Feedback einholen und Kundenservice in Echtzeit bieten. Plattformen wie Twitter und Facebook sind hierfür besonders nützlich. Soziale Medien ermöglichen es Unternehmen, Gemeinschaften rund um ihre Marken zu schaffen, was die Kundenloyalität stärkt und die Mundpropaganda fördert. Soziale Plattformen können über Datenanalysen und Algorithmen dazu genutzt werden, personalisierte Empfehlungen und Dienstleistungen anzubieten, was die Kundenerfahrung verbessert.
3. **Marktforschung und Datenanalyse**
   Unternehmen können in Echtzeit Feedback zu ihren Produkten und Dienstleistungen erhalten und Trends und Kundenpräferenzen erkennen. Durch die vorhandenen Daten können datenbasierte Entscheidungen getroffen werden, die zur Verbesserung von Marketingstrategien, Produktentwicklungen und Geschäftsentscheidungen genutzt werden können.
4. **Krisenmanagement und Öffentlichkeitsarbeit**
   Unternehmen können schnell auf Krisen und negative Publicity reagieren und Maßnahmen zur Schadensbegrenzung ergreifen. Eine transparente und offene Kommunikation über soziale Medien kann das Vertrauen der Kunden stärken und das Unternehmensimage verbessern.
5. **Geschäftsmodelle und Einnahmequellen**
   Unternehmen wie Amazon, Uber und Airbnb haben neue Geschäftsmodelle mithilfe von Plattformen etabliert, die auf der Vermittlung zwischen Anbietern und Nutzern basieren. Dies ermöglichen es Unternehmen aus allen Bereichen, skalierbare Geschäftsmodelle zu entwickeln, die mit geringen zusätzlichen Kosten wachsen können.
6. **Wettbewerbsdynamik**
   Plattformen können hohe Markteintrittsbarrieren schaffen, da sie Netzwerkeffekte nutzen und große Nutzerbasen aufbauen. Plattformen haben traditionelle Geschäftsmodelle in Branchen wie Einzelhandel, Transport und Gastgewerbe disruptiv verändert.
7. **Ressourcen- und Effizienzgewinne**
   Plattformunternehmen benötigen oft weniger physische Vermögenswerte, da sie als Vermittler zwischen Anbietern und Nutzern fungieren. Plattformen optimieren die Ressourcennutzung und Logistik durch effiziente Matching- und Verteilungsmechanismen.

Sowohl soziale Medien als auch die Plattformökonomie haben tiefgreifende Auswirkungen auf Unternehmen. Soziale Medien revolutionieren die Art und Weise, wie Unternehmen mit ihren Kunden und Kundinnen interagieren, Marken aufbauen und Marketingstrategien umsetzen. Die Plattformökonomie verändert traditionelle Geschäftsmodelle, schafft neue Einnahmequellen und erhöht die Effizienz. Unternehmen, die diese Trends erfolgreich nutzen, können signifikante Wettbewerbsvorteile erzielen.

2.5 Internet der Dinge (IoT)

Das Internet of Things (IoT) vernetzt physische Objekte mit dem Internet, sodass sie Daten sammeln und austauschen können. Dies reicht von Haushaltsgeräten bis hin zu Industriemaschinen. Unternehmen können effizienter arbeiten und neue Geschäftsmodelle entwickeln, indem sie IoT für die Überwachung und Steuerung von Prozessen nutzen. Für Menschen bedeutet IoT mehr Komfort und Effizienz im Alltag, aber auch neue Datenschutz- und Sicherheitsfragen.

Wir alle kennen wahrscheinlich aus dem privaten Bereich die zahlreichen Haushaltsgeräte, technologischen Spielzeuge und Vernetzungsmöglichkeiten von quasi jedem Gegenstand – vom Backofen über die Kaffeemaschine und den Saugroboter bis hin zu komplett vernetzten Häusern. Datenschutz- und Sicherheitsfragen sind nur zum Teil ausreichend geklärt und manchmal bin ich selbst erstaunt, mit welcher Selbstverständlichkeit hier Technologie genutzt wird, während im Unternehmensumfeld genau diese Sicherheitsbedenken oft Ausreden sind, um Innovation und Fortschritt zu umgehen. Warum ist das so?

Während wir uns immer noch mit zahlreichen sogenannte Standards, die untereinander nicht vernetzt werden können, herumschlagen, was zu zahlreichen unterschiedlichen Apps oder nicht durchgängigen Funktionalitäten führt, ist IoT in der Industrie nicht mehr wegzudenken.

Im produzierenden Gewerbe können Maschinen mittlerweile so viele Daten sammeln, dass auf deren Basis neue Geschäftsmodelle entwickelt und Produktionsprozesse verändert und mehr und mehr automatisiert werden können. Diese Entwicklung ist für die Unternehmen meist sehr positiv, für Mitarbeitende jedoch oft eine große Herausforderung. Unsicherheit macht sich breit, weil vergessen wird, die Menschen bei den veränderten Produktionsabläufen mitzunehmen, weil Tätigkeiten »wegrationalisiert« werden, ohne den Betroffenen Alternativen zu bieten, oder weil das Wissen derer, die die Arbeit jahrelang gemacht haben, für neue Geschäftsmodelle nicht genutzt wird. Diese Erfahrungen führen dazu, dass Menschen den Einsatz neuer Technologie im Unternehmen häufig als Bedrohung wahrnehmen. Das ist ein Grund dafür, warum wir oft sehr zögerlich vorgehen, wenn es um den Einsatz von Technologie geht.

Kommen wir aber zurück zu IoT im Speziellen: Die großen Datenmengen, die hier gesammelt werden, können mithilfe künstlicher Intelligenz auf vielfältige Weise genutzt werden. Hier lassen sich Trends ablesen und präventive Maßnahmen, wie zum Beispiel Predictive Maintenance, also die vorausschauende Wartung von Maschinen, initiieren. Durch die Analyse dieser Daten können Kosten reduziert und die Kundenzufriedenheit gesteigert werden. Wenn zum Beispiel ein Aufzug aufgrund der Analyse bestimmter Betriebsdaten präventiv gewartet werden kann, bevor er kaputt geht, erhöht sich seine Betriebszeit und die Kundenzufriedenheit steigt, da der Aufzug nie defekt ist oder gar stecken bleibt. So können auch ganz neue Geschäftsmodelle entstehen: Beispielsweise könnte der Aufzug nicht mehr verkauft, sondern den Kunden pro Fahrt oder Betriebsstunde in Rechnung gestellt werden. Das senkt die Fixkosten, die sogenannten CAPEX, bei den Kunden und macht die Kosten flexibler, indem sie als Operating Expenses (OPEX) je nach Leistung abgerechnet werden.

Weitere Anwendungsbeispiele für IoT sind folgende:

1. **Intelligente Fertigung (Industrie 4.0)**
   IoT-Sensoren überwachen Maschinen und Anlagen in Echtzeit und erkennen Abnutzung oder Funktionsstörungen frühzeitig, um ungeplante Ausfallzeiten zu vermeiden (Predictive Maintenance). Vernetzte Geräte und Roboter arbeiten zusammen, um Produktionsprozesse zu automatisieren und zu optimieren, was die Effizienz und Qualität verbessert.
2. **Versorgungsunternehmen und Smart Grids**
   Intelligente Zähler und vernetzte Geräte helfen, den Energieverbrauch zu überwachen und zu steuern, um die Energieeffizienz zu maximieren. Smart Grids verwenden IoT-Technologien, um die Stromverteilung zu optimieren, Ausfälle zu minimieren und den Energiefluss in Echtzeit zu steuern.
3. **Smart Cities**
   Vernetzte Sensoren und Kameras überwachen den Verkehr in Echtzeit, optimieren Ampelschaltungen und reduzieren Staus. IoT-Geräte messen Luftqualität, Lärmbelastung und andere Umweltparameter, um die städtische Lebensqualität zu verbessern.
4. **Gesundheitswesen**
   Wearables und vernetzte medizinische Geräte überwachen Vitalparameter von Patienten und senden Daten in Echtzeit an Ärzte, um eine kontinuierliche Gesundheitsüberwachung zu ermöglichen – dies sehen wir verstärkt auch im privaten Bereich durch z.B. Smartwatches. IoT-Systeme verwalten den Bestand an medizinischen Geräten, überwachen den Medikamentenverbrauch und verbessern die Betriebsabläufe in Krankenhäusern.

5. **Einzelhandel**
IoT-Sensoren überwachen den Bestand in Echtzeit und senden automatisch Nachbestellungen, wenn die Bestände zur Neige gehen. Beacons und andere IoT-Technologien ermöglichen personalisierte Angebote und Werbung basierend auf dem Verhalten und den Vorlieben der Kunden.
6. **Logistik und Supply-Chain-Management**
IoT-Geräte verfolgen den Standort und Zustand von Waren und Fahrzeugen in Echtzeit, um die Lieferkette effizienter zu gestalten. Vernetzte Sensoren überwachen Temperatur und Feuchtigkeit von verderblichen Waren während des Transports, um die Qualität zu gewährleisten.

Die wirtschaftlichen Auswirkungen auf Unternehmen sind vielfältig und in den oben genannten Bereichen kaum noch wegzudenken. Durch die Automatisierung von Prozessen und vorausschauende Wartung können Unternehmen Betriebskosten senken und Ausfallzeiten minimieren. IoT -Systeme ermöglichen eine präzisere Überwachung und Steuerung des Ressourcenverbrauchs, was zu Einsparungen bei Energie, Wasser und Rohstoffen führt. Durch die Integration von IoT können Unternehmen ihre Arbeitsabläufe automatisieren und optimieren, was die Produktivität erhöht. Echtzeitdaten und -analysen ermöglichen fundierte Entscheidungen und schnellere Reaktionen auf Marktveränderungen.

Auch neue Geschäftsmodelle, wie oben schon dargestellt, eröffnen Unternehmen ganz neue Möglichkeiten. Weiterhin ermöglicht IoT die Entwicklung personalisierter Produkte und Dienstleistungen z. B. im Handel, die auf den individuellen Bedürfnissen und Vorlieben der Kunden basieren. Unternehmen, die IoT-Technologien effektiv einsetzen, können innovative Produkte und Dienstleistungen entwickeln und sich von der Konkurrenz abheben. Durch die Bereitstellung verbesserter Kundenerlebnisse und personalisierter Dienstleistungen können Unternehmen die Zufriedenheit und Loyalität ihrer Kunden steigern.

Auch zur Risikominimierung können IoT-Systeme beitragen. So überwachen und schützen IoT-Sicherheitslösungen physische und digitale Assets in Echtzeit, um Sicherheitsrisiken zu minimieren. Des Weiteren können diese Systeme dabei helfen, die Einhaltung gesetzlicher Vorschriften und Standards durch kontinuierliche Überwachung und Berichterstattung sicherzustellen.

IoT ist für die weitere Digitalisierung in der verarbeitenden Industrie eine wichtige Grundvoraussetzung, da durch die Daten, die direkt von den Maschinen, den Produkten ermittelt werden, zum Beispiel auch Produktverbesserungen erreicht werden können und Produktionsabläufe flexibler planbar werden. Diese Daten stellen auch eine wichtige Grundlage für maschinelles Lernen und künstliche Intelligenz da.

2.6 Security

Die soeben genannten Themen machen deutlich, dass der technologische Wandel der letzten Jahrzehnte Unternehmen und Gesellschaften in eine Ära beispielloser Vernetzung und technologischer Abhängigkeit geführt hat, was allerdings viele Innovationen erst ermöglicht hat. Doch parallel zu diesen Fortschritten hat sich auch die Bedrohungslage in der digitalen Welt dramatisch verschärft. Die Entwicklung der Sicherheitstechnologien und -strategien, die oft unter »Security« zusammengefasst werden, ist eng mit dem technologischen Fortschritt verknüpft und spielt heute eine zentrale Rolle, insbesondere für kritische Infrastrukturen in Unternehmen.

In den frühen Phasen der Digitalisierung, als Computer und Netzwerke noch in den Kinderschuhen steckten, war das Thema Security eher von geringerer Bedeutung. Die ersten Computer waren isolierte Systeme, die kaum miteinander vernetzt waren. Sicherheitsrisiken beschränkten sich hauptsächlich auf physische Bedrohungen wie den unbefugten Zugang zur Hardware. Doch mit dem Aufkommen des Internets und der zunehmenden Vernetzung von Computern begann sich das Bedrohungsbild zu ändern. Die Verbreitung von Computerviren, wie dem berüchtigten »Morris Worm« im Jahr 1988, machte erstmals deutlich, wie anfällig vernetzte Systeme sein können.

In den 1990er-Jahren, als das Internet in den Unternehmen Einzug hielt, wurde die Bedeutung von Security noch offensichtlicher. Unternehmen begannen, Firewalls und Anti-Viren-Software einzusetzen, um ihre Netzwerke zu schützen. Doch während die IT-Sicherheit in Unternehmen langsam an Bedeutung gewann, entwickelte sich parallel dazu eine immer ausgefeiltere Bedrohungslandschaft. Hacker, die zunächst aus ideologischen Gründen oder zum Spaß handelten, erkannten zunehmend die finanziellen Anreize ihrer Aktivitäten. Cyberkriminalität entwickelte sich zu einer lukrativen Industrie, was Unternehmen dazu zwang, ihre Sicherheitsstrategien weiterzuentwickeln.

Mit dem Aufstieg des E-Commerce und der digitalen Kommunikation wurde klar, dass Security nicht nur ein technisches Problem war, sondern auch ein unternehmerisches Risiko darstellte. Datendiebstahl, Betrug und die Manipulation von Informationen konnten erheblichen Schaden anrichten, sowohl finanziell als auch hinsichtlich des Vertrauens in die betroffenen Unternehmen. In den 2000er-Jahren reagierten viele Unternehmen darauf mit der Einführung komplexerer Sicherheitsmaßnahmen wie Intrusion Detection Systems (IDS) und Verschlüsselungstechnologien. Diese Entwicklungen wurden durch die wachsende Regulierung und die Einführung von Datenschutzgesetzen wie der Datenschutz-Grundverordnung (DSGVO) in Europa weiter verstärkt.

Die letzten Jahre waren, wie schon dargestellt, geprägt von einem explosionsartigen Wachstum digitaler Technologien und der zunehmenden Verlagerung kritischer Unternehmensprozesse in die Cloud. Diese Entwicklung brachte neue Herausforderungen für die IT-Sicherheit mit sich. Die Cloud brachte zwar Flexibilität und Skalierbarkeit, stellte aber auch neue Anforderungen an den Schutz von Daten und Systemen. Gleichzeitig nahmen gezielte Cyberangriffe auf kritische Infrastrukturen zu. Der berüchtigte Angriff auf das Stromnetz der Ukraine im Jahr 2015 oder die Attacke auf Colonial Pipeline in den USA im Jahr 2021 sind nur zwei Beispiele für die zunehmende Bedrohungslage.

Kritische Infrastrukturen – darunter Energieversorgung, Gesundheitswesen, Verkehrssysteme und Finanzdienstleistungen – sind heute mehr denn je auf robuste Sicherheitslösungen angewiesen. Ein erfolgreicher Cyberangriff auf diese Infrastrukturen könnte nicht nur enorme wirtschaftliche Schäden verursachen, sondern auch das Leben vieler Menschen gefährden. Dies hat dazu geführt, dass Security zu einem zentralen Thema auf der Agenda von Unternehmensführungen und Regierungen weltweit geworden ist. Die Einführung von Technologien wie künstlicher Intelligenz und maschinellem Lernen zur Erkennung und Abwehr von Bedrohungen hat das Sicherheitsniveau in vielen Bereichen zwar erhöht, doch die Herausforderung bleibt bestehen, sich gegen immer raffiniertere Angriffe zu wappnen.

Daher ist Security in der heutigen digitalen Welt nicht mehr nur eine technische Notwendigkeit, sondern ein strategischer Faktor, der über den Erfolg oder Misserfolg eines Unternehmens entscheiden kann. Unternehmen, die ihre Sicherheitsmaßnahmen kontinuierlich an die sich ändernden Bedrohungen anpassen und dabei auf eine enge Zusammenarbeit zwischen IT, Management und Regulierungsbehörden setzen, sind besser in der Lage, ihre kritischen Infrastrukturen zu schützen und die langfristige Resilienz ihres Unternehmens zu sichern. Die Entwicklung von Security ist daher nicht nur eine Geschichte technischer Innovationen, sondern auch ein Spiegelbild des ständigen Kampfes zwischen den Fortschritten der Technologie und den Kräften, die versuchen, diese zu untergraben. In einer Welt, in der Cyberangriffe zunehmend die Schlagzeilen bestimmen, wird die Fähigkeit, Sicherheitsrisiken proaktiv zu managen und auf neue Bedrohungen zu reagieren, zu einem unverzichtbaren Bestandteil der Unternehmensstrategie.

Allerdings spielt auch den Mensch eine zentrale Rolle in der Cybersicherheit, und oft wird gesagt, dass der Mensch das »schwächste Glied« in der Sicherheitskette sei. Diese Aussage basiert auf der Tatsache, dass viele Cyberangriffe durch menschliche Fehler ermöglicht werden, sei es durch mangelndes Bewusstsein, Fahrlässigkeit oder bewusste Täuschung (z. B. durch Social Engineering).

Da es in diesem Buch um das Zusammenwirken von Menschen und Technologie geht, möchte ich kurz auf die sogenannten menschlichen Schwachstellen eingehen:

1. **Social Engineering**
   Social Engineering ist eine Taktik, bei der Angreifer menschliche Eigenschaften wie Vertrauen, Unsicherheit oder Neugierde ausnutzen, um Informationen zu erhalten oder Zugang zu Systemen zu erlangen. Phishing-Angriffe sind ein klassisches Beispiel dafür, wie leicht Menschen dazu verleitet werden können, sensible Informationen preiszugeben oder Schadsoftware herunterzuladen, indem sie gefälschte E-Mails öffnen oder auf schädliche Links klicken.
2. **Mangel an Schulung und Bewusstsein**
   Ein weiterer Grund, warum der Mensch oft als das schwächste Glied betrachtet wird, ist das fehlende Bewusstsein für Cyberbedrohungen. Wenn Mitarbeitende nicht ausreichend geschult sind, können sie Sicherheitsprotokolle missachten oder nicht erkennen, wenn sie Ziel eines Angriffs sind. Regelmäßige Schulungen und Sensibilisierungsprogramme sind daher entscheidend, um das Risiko menschlicher Fehler zu minimieren.
3. **Passwort-Management**
   Schwache Passwörter oder die Wiederverwendung von Passwörtern über verschiedene Plattformen hinweg sind ein weiterer Schwachpunkt. Menschen neigen dazu, einfache Passwörter zu verwenden, die sich leicht merken lassen, was sie anfällig für Brute-Force-Angriffe macht. Selbst mit den besten technischen Sicherheitsmaßnahmen kann eine unachtsame Handhabung von Passwörtern den Schutz von sensiblen Systemen gefährden.
4. **Insider-Bedrohungen**
   Nicht alle Sicherheitsrisiken entstehen durch unachtsames Verhalten. Es gibt auch die Gefahr von Insider-Bedrohungen, bei denen Mitarbeitende absichtlich sensible Informationen weitergeben oder Systeme sabotieren. Dies kann aus Unzufriedenheit, finanziellen oder anderen persönlichen Gründen geschehen.

Trotz dieser Schwachstellen darf man die Rolle des Menschen in der Cybersicherheit nicht nur negativ sehen. Menschen sind auch die Schlüsselakteure, wenn es darum geht, Bedrohungen zu erkennen und darauf zu reagieren. Während Maschinen und Algorithmen viele Aspekte der Cybersicherheit automatisieren können, bleibt die menschliche Intuition und Entscheidungsfähigkeit in Krisensituationen unerlässlich. Sicherheitsverantwortliche müssen oft unter hohem Druck Entscheidungen treffen, die weitreichende Konsequenzen haben können. Experten sind erforderlich, um umfassende Sicherheitsstrategien zu entwickeln, die auf die spezifischen Bedürfnisse eines Unternehmens zugeschnitten sind. Diese Strategien müssen kontinuierlich überwacht und angepasst werden, um mit der sich ständig verändernden Bedrohungslandschaft Schritt zu halten. Menschen spielen auch eine zentrale Rolle bei der Schulung und Sensibilisierung anderer Mitarbeitenden. Sicherheitskultur beginnt beim Menschen, und die effektivsten Schutzmaßnahmen sind oft solche, die das Verhalten der Mitarbeitenden positiv beeinflussen.

Technologie und insbesondere künstliche Intelligenz (KI), um die es im nächsten Kapitel gehen wird, können die Bedrohung durch Cyberangriffe erheblich reduzieren.

1. **Erkennung und Reaktion auf Bedrohungen in Echtzeit**
   KI-Systeme können große Mengen an Daten in Echtzeit analysieren und Anomalien oder ungewöhnliche Muster erkennen, die auf einen Cyberangriff hindeuten könnten. Durch den Einsatz von maschinellem Lernen (ML) können diese Systeme ständig lernen und sich an neue Bedrohungen anpassen. Sie können beispielsweise verdächtige Netzwerkaktivitäten oder abnormales Nutzerverhalten sofort identifizieren und entsprechende Maßnahmen einleiten, um potenzielle Angriffe abzuwehren, bevor sie Schaden anrichten.
2. **Automatisierung von Sicherheitsprozessen**
   KI kann routinemäßige Sicherheitsaufgaben automatisieren, wie das Patch-Management oder das Monitoring von Sicherheitssystemen. Dadurch werden menschliche Ressourcen freigesetzt, die sich auf komplexere Aufgaben konzentrieren können. Außerdem kann KI durch Automatisierung die Reaktionszeiten erheblich verkürzen, was entscheidend ist, um die Auswirkungen von Angriffen zu minimieren.
3. **Vorhersage von Angriffen**
   Durch die Analyse historischer Daten kann KI vorhersagen, wann und wo Angriffe stattfinden könnten. Predictive Analytics können Unternehmen helfen, proaktive Sicherheitsmaßnahmen zu ergreifen, indem sie potenzielle Schwachstellen identifizieren und beheben, bevor sie von Angreifern ausgenutzt werden.
4. **Verstärkung der Authentifizierung**
   Technologie kann verwendet werden, um Authentifizierungssysteme zu verstärken, indem sie beispielsweise biometrische Daten wie Gesichtserkennung oder Verhaltensbiometrie nutzt. Dies erhöht die Sicherheit, da biometrische Authentifizierungssysteme schwerer zu umgehen sind als herkömmliche Passwörter.
5. **Erkennung von Phishing-Angriffen**
   Phishing-Angriffe, die oft auf die Schwäche des Menschen abzielen, können durch KI-basierte Lösungen effizienter erkannt und blockiert werden. KI kann verdächtige E-Mails oder Links identifizieren, indem sie nach typischen Merkmalen von Phishing-Angriffen sucht, wie ungewöhnliche URLs, untypische Absender und gefälschte Nachrichteninhalte.
6. **Verteidigung gegen Zero-Day-Angriffe**
   Zero-Day-Angriffe, bei denen Schwachstellen ausgenutzt werden, die noch nicht erkannt worden sind, stellen eine erhebliche Bedrohung dar. KI kann helfen, solche Angriffe durch Anomalieerkennung frühzeitig zu erkennen, auch wenn keine spezifischen Signaturen für diese Bedrohungen existieren. Durch den Einsatz von KI können Unternehmen potenziell gefährliche Aktivitäten identifizieren und schnell darauf reagieren.

7. **Adaptive Sicherheitssysteme**
   Sicherheitssysteme können dynamisch angepasst werden, um auf neue Bedrohungen zu reagieren. Dies kann beispielsweise durch das dynamische Blockieren von IP-Adressen, die Verstärkung von Firewalls oder das Isolieren infizierter Systeme in einem Netzwerk geschehen. Diese Anpassungsfähigkeit macht es schwieriger für Angreifer, erfolgreich zu sein, da die Verteidigungslinien ständig weiterentwickelt werden.

Technologie ist ein mächtiges Werkzeug im Kampf gegen Cyberangriffe. Allerdings ist es wichtig, diese Systeme ständig zu überwachen und weiterzuentwickeln, um sicherzustellen, dass sie mit den sich ständig verändernden Bedrohungslandschaften Schritt halten. Genau hier wird die bedeutende Kombination von Menschen und Technologie deutlich.

2.7 Künstliche Intelligenz (KI) und maschinelles Lernen (ML)

Wir haben in den vorangegangenen Kapiteln über die Adoption Rate, sprich die Adaptionsgeschwindigkeit der Nutzung, beim Internet und bei Smartphones gesprochen. Künstliche Intelligenz (KI) hat mit ChatGPT von OpenAI innerhalb von zwei Monaten eine Nutzerzahl von 100 Millionen erreicht. Das Interesse ist also groß, aber wie sieht es mit den Möglichkeiten aus? Welche Auswirkungen hat KI auf unsere Arbeitswelt, auf unser Leben?

Um diese Fragen besser beantworten zu können, möchte ich an dieser Stelle KI und maschinelles Lernen sowie deren Entwicklung kurz einordnen. Ich verzichte bewusst darauf, auf die neuesten Innovationen, Entwicklungen und erstaunlichen Möglichkeiten einzugehen, da diese bereits überholt sein werden, wenn dieses Buch erscheint. 2023 war für die KI ein unglaubliches Jahr. All das, was allein 2023 passiert ist, hätte auch in einem Jahrzehnt passieren können, ohne dass uns das langsam vorgekommen wäre. Deshalb widme ich mich diesem Thema etwas ausführlicher – auch weil es für das Verständnis weiterer Kapitel wichtig ist.

»Künstliche Intelligenz« ist aus meiner Sicht ein nicht ganz zutreffender Begriff, aber er hat sich nun einmal durchgesetzt. Es geht nämlich nicht um die künstliche Schaffung von Intelligenz, sondern im Wesentlichen darum, wie uns Mathematik, Daten und Technologie dabei helfen können, unsere menschliche Intelligenz zu unterstützen.

Wer kennt noch den Spruch der Mathelehrer aus der Schule: »Später werdet ihr auch nicht immer einen Taschenrechner dabeihaben«? Doch, haben wir – unser Smartphone. Wir haben auch immer eine Kamera dabei, die wesentlich leistungsfähiger ist, als wir uns das noch vor 20 Jahren vorgestellt haben. Wir haben immer eine Enzyklopädie dabei, können jederzeit auf das ganze Wissen der Welt zugreifen. Dennoch müssen wir Menschen diese Möglichkeiten bedienen können, einordnen können, interpretieren können.

Das maschinelle Lernen, das fälschlicherweise oft schon als KI (künstliche Intelligenz) bezeichnet wird, geht bis in die 1950-Jahre zurück:

- 1950: Alan Turing veröffentlichte »Computing Machinery and Intelligence«, in dem er das Konzept des »Turing-Tests« einführte, ein Kriterium zur Beurteilung der Intelligenz einer Maschine.
- 1952: Arthur Samuel entwickelte das erste Computerprogramm, das Schach spielen konnte. Samuel prägte später den Begriff »maschinelles Lernen«.
- 1957: Frank Rosenblatt entwickelte das Perzeptron, ein einfaches Modell eines künstlichen Neurons, das als Grundlage für künstliche neuronale Netze diente.

1960er-Jahre

- 1960: Bernard Widrow und Marcian Hoff entwickelten das ADALINE (Adaptive Linear Neuron) und das MADALINE (Multiple ADALINE), frühe Modelle für neuronale Netze.
- 1967: Das Buch »Perceptrons« von Marvin Minsky und Seymour Papert zeigte die Grenzen des Perzeptron-Modells auf und führte zu einer vorübergehenden Zurückhaltung in der Forschung an neuronalen Netzen.

1970er- und 1980er-Jahre

- 1970er-Jahre: Entwicklung von Algorithmen für Entscheidungsbäume und die Einführung von Konzepten wie »overfitting« und »underfitting«. Vereinfacht gesagt: Lernt ein Modell zu gut auf Basis von Trainingsdaten, kann es schlecht generalisieren und kann Fehler schlechter identifizieren, so ist das ein »overfitting«. Ist ein Modell zu einfach, kann es Muster weniger gut erkennen und somit auf Basis neuer Daten eher schlechtere Rückschlüsse ziehen (underfitting).
- 1980: Einführung des Backpropagation-Algorithmus für das Training tiefer neuronaler Netze, der von Paul Werbos, David E. Rumelhart, Geoffrey E. Hinton und Ronald J. Williams unabhängig voneinander entwickelt wurde.

1990er-Jahre

- 1995: Vladimir Vapnik und Kollegen entwickelten die Support Vector Machines (SVMs), eine leistungsstarke Technik für Klassifikationsaufgaben.

2000er-Jahre und darüber hinaus

- 2006: Geoffrey Hinton und seine Kollegen führten den Begriff »Deep Learning« ein und entwickelten Algorithmen für das Training tiefer neuronaler Netze, die den Durchbruch in der Leistung von KI-Systemen markierten.

Nach 2006 wurde es etwas ruhiger, weil konkrete Anwendungsfälle fehlten und eine Ernüchterung einsetzte, eine Entwicklung, die wir zurzeit wieder sehen. Um an diese Fortschritte anzuknüpfen, brauchte es ein paar technologische Fortschritte, auf die ich später eingehen werde.

Bis dahin haben wir KI bzw. in diesem Fall maschinelles Lernen in vielen Bereichen gesehen, die sich im Wesentlichen auf Mustererkennung zurückführen lassen. Als Beispiel möchte ich hier die Foto-App auf unseren Smartphones nennen, wo wir sehr leicht nach Personen, Tieren und Gegenständen sortieren können. Die Technologie »weiß« bzw. erkennt aufgrund von gelernten Strukturen Muster und kann zum Beispiel ein und dieselbe Person erstaunlich gut auf Fotos identifizieren. Weitere Beispiele sind die Automatisierung von Prozessen, Systeme zur automatischen Analyse von Daten und zur Verbesserung der Kundeninteraktion. All diese Systeme helfen uns bereits heute, Entscheidungen zu treffen, und unterstützen uns in vielen Bereichen.

Was hat nun aber dazu geführt, dass wir in den letzten zwei Jahren einen wirklichen Durchbruch im Bereich der KI erlebt haben? Im Wesentlichen ist dies auf vier Faktoren zurückzuführen, die diese Entwicklung, diese Beschleunigung maßgeblich beeinflusst haben:

1. **Algorithmen:** Die Algorithmen für maschinelles Lernen wurden im Laufe der Jahre immer mehr verfeinert, verbessert und neue Algorithmen wurden entwickelt. Diese lassen sich in drei grobe Kategorien aufteilen: überwachtes Lernen, unüberwachtes Lernen und bestärkendes Lernen.
2. **Fast unbegrenzte Speicher- und Rechenkapazität:** Durch den Einsatz und die stätige Verbesserung von Cloud-Technologien stehen uns fast unbegrenzte Speicher- und Rechenkapazitäten zur Verfügung. Der Bedarf an diesen Kapazitäten wurde immer größer und wird auch immer größer werden, da die neuronalen Netze, die für maschinelles Lernen verwendet werden, immer mehr Parameter, immer mehr Daten und immer komplizierte Algorithmen verwenden.
3. **Verfügbarkeit von Daten:** Durch das Internet, die verschiedenen Datenbanken, die sozialen Netzwerke und die Digitalisierung haben wir einen unglaublich großen Wissensschatz (sprich: Daten), der zum Training der Algorithmen verwendet werden kann. Dadurch werden die Systeme immer besser, immer genauer, sind allerdings auch mit einigen Schwierigkeiten behaftet (siehe Kapitel 6.11 »Risiken und ethische Fragestellungen«).
4. **Neue Computerchips:** Zum Zeitpunkt der Entstehung dieses Buchs war NVIDIA ganz klar der wichtigste und größte Chiphersteller für künstliche Intelligenz, mit einem Quasi-Monopol. Das wird sicherlich nicht so bleiben. Aber der Bedarf an leistungsfähigen Chips, die ganz speziell für die Algorithmen im Bereich der künstlichen Intelligenz ausgelegt sind, wird immer größer werden. Die große Herausforderung für die Zukunft wird sein, diese Chips immer energieeffizienter zu machen, da wir davon ausgehen müssen, dass der wachsende Energiebedarf weltweit zu großen Teilen von Produkten oder Lösungen kommen wird, die diese Chips benötigen.

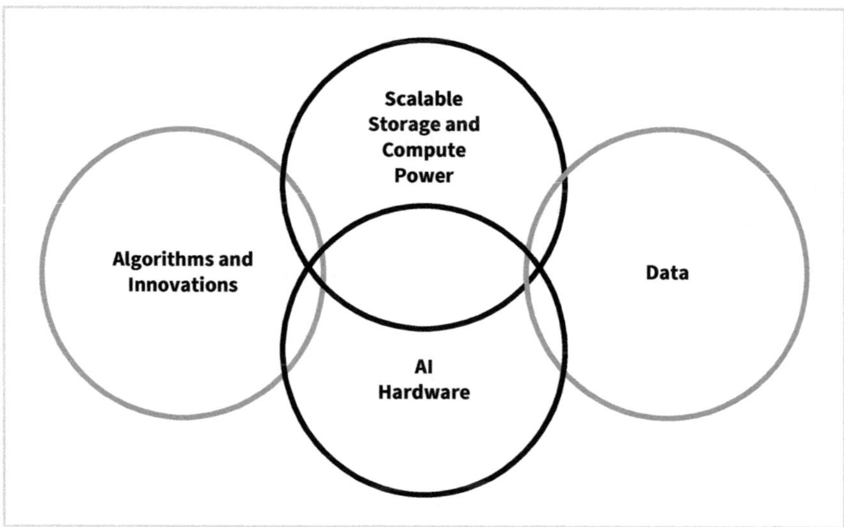

Abb. 1: Faktoren zur Beschleunigung von KI

An dieser Stelle müssen wir festhalten, dass alle vier Punkte von Menschen, von Wissenschaftlern, von Unternehmen entwickelt und immer weiter verbessert werden. Das ist deshalb wichtig zu betonen, weil die Innovation und die Weiterentwicklung durch uns Menschen getrieben wird und bei Weitem nicht selbstständig funktioniert.

Ein wichtiges Beispiel für die Wechselwirkung zwischen Menschen und Technologie ist der erste Punkt »Algorithmen«. Wir unterscheiden zwischen überwachtem Lernen, unüberwachtem Lernen und bestärkendem Lernen:

1. **Überwachtes Lernen (Supervised Learning)**
   Überwachtes Lernen ist der häufigste Ansatz im maschinellen Lernen. Bei diesem Ansatz wird das Modell mit einem Datensatz trainiert, der aus Eingabedaten (Features) und den zugehörigen Ausgabedaten (Labels oder Zielvariablen) besteht. Das Ziel ist es, eine Funktion zu lernen, die Eingaben auf die korrekten Ausgaben abbildet. Dieses überwachte Lernen ist ein kollaborativer Prozess, da Menschen die Datenaufbereitung übernehmen, das Labelling durchführen, die Ergebnisse evaluieren und Feedback geben. Durch immer leistungsfähigere KI-Systeme sehen wir allerdings auch immer mehr, dass dieses überwachte Lernen verstärkt durch Technologie stattfindet, allerdings überwacht und bestärkt durch den Menschen (siehe bestärkendes Lernen). Das überwachte Lernen eignet sich besonders gut für die Klassifizierung von Daten z. B. bei der Spam-Erkennung von E-Mails. Überwachtes Lernen ist vergleichsweise einfach zu implementieren und kann für bestimmte Aufgaben optimiert werden.
2. **Unüberwachtes Lernen (Unsupervised Learning)**
   Unüberwachtes Lernen wird verwendet, wenn die Daten keinen gelabelten Output enthalten, also nur die Eingabedaten vorhanden sind. Das Ziel ist es, Muster

oder Strukturen in den Daten zu finden, ohne dass explizite Labels gegeben sind. So könnte beispielsweise ein solches Modell angewendet werden, um in einem Datensatz von Kundentransaktionen ähnliche Transaktionen zu finden, um daraus Kunden mit einem ähnlichen Kaufverhalten zu ermitteln. Auch Anomalieerkennung, z.B. bei betrügerischen Transaktionen, kann somit ermöglicht werden. Unüberwachtes Lernen kann immer dann nützlich sein, wenn gelabelte Daten (also der gewünschte Output) nur schwer zu bekommen oder nicht verfügbar sind. Unüberwachtes Lernen kann Strukturen und Muster erkennen, die vorher nicht deutlich geworden sind, und unterstützt uns Menschen wiederum dabei, neue Erkenntnisse zu gewinnen.

3. **Bestärkendes Lernen (Reinforcement Learning)**
   Bestärkendes Lernen ist ein Ansatz, bei dem ein KI-System lernt, durch Interaktion mit einer Umgebung – einem Menschen – optimale Handlungen auszuführen, um eine Belohnung zu maximieren. Das KI-System erhält Feedback in Form von Belohnungen oder Bestrafungen, je nachdem, wie gut seine Aktionen das Ziel erreicht haben. Dieses Lernen ist iterativ und das KI-System verbessert seine Strategie im Laufe der Zeit. Ein berühmtes Beispiel ist das Training eines Systems, um ein bestimmtes Spiel erfolgreich zu bewältigen und zu gewinnen. Dabei lernt ein KI-System, wie ein Spiel gewonnen werden kann, indem Punkte gesammelt und Niederlagen und Erfolge analysiert werden. Das KI-System bekommt direktes Feedback durch den Gegenspieler und lernt durch Versuch und Irrtum, welche Aktionen zum Erfolg führen. Dieses Feedbacksystem wird auch im Bereich der modernen KI-Systeme genutzt, um Menschen die Möglichkeit zu geben, eine Antwort oder ein Ergebnis zu bewerten und somit das KI-System zu trainieren. Weitere Einsatzmöglichkeiten sind die Optimierung von Empfehlungssystemen oder autonome Fahrzeuge.

Jeder dieser Ansätze hat seine spezifischen Anwendungsbereiche und Herausforderungen, und die Wahl des richtigen Ansatzes hängt von der Natur des Problems und den verfügbaren Daten ab. Aber insbesondere beim überwachten Lernen und beim bestärkenden Lernen ist immer noch der Mensch derjenige, der die Überwachung und die Bestärkung herbeiführt, nämlich durch seine »Superpower« (siehe Kapitel 5 »Unsere menschliche Superpower«). Beim unüberwachten Lernen ist der Mensch derjenige, der die Erkenntnisse verarbeiten, interpretieren und Rückschlüsse ziehen muss. Es wird also deutlich, dass auch KI die Rolle des Menschen nicht verändert, aber seine Fähigkeiten ergänzt. Wir werden später noch genauer darauf eingehen.

Die oben genannten Faktoren zur Beschleunigung von KI haben die generative KI, also die Möglichkeit, dass KI-Systeme etwas generieren, wie Texte, Bilder, Videos, Musik, erst möglich gemacht. Schauen wir uns die weiteren Innovationen an, die dazu geführt haben.

2017 haben Forschende von Google ein Whitepaper veröffentlicht – »Attention is all you need« (Vaswani et al. 2017) –, das ich als wegweisend im Bereich der generativen KI sehe. Vereinfacht ausgedrückt war die Erkenntnis der Forschenden, dass KI-Systeme einen Aufmerksamkeitsmechanismus brauchen, so wie wir Menschen. Wir Menschen wissen, wenn wir einen Text lesen, meist, welches Wort sehr wahrscheinlich als Nächstes kommt. Wir verarbeiten mehrere Wörter gleichzeitig und erhöhen damit unsere Lesegeschwindigkeit. Wir Menschen assoziieren mit einem Wort, beispielsweise einer Stadt wie Barcelona, verschiedene andere Begriffe wie z. B. romantischer Urlaub, schönes Hotel, toller Strand etc. Diese Fähigkeit, Verbindungen herzustellen, indem wir unseren Aufmerksamkeitsmechanismus auf ein Wort, eine Situation, ein Gefühl, eine Person, ein Bild usw. fokussieren, war aus meiner Sicht eines der entscheidenden Puzzleteile für die Entwicklung generativer KI und die Entstehung sogenannter GPTs (Generative Pre-trained Transformers), die die menschliche Sprache und damit auch Bilder, unsere Umwelt, Musik usw. verstehen. Damit wird Technologie in die Lage versetzt, auch zu kreieren – daher der Begriff »generative KI«. GPTs sind also Sprachmodelle, die trainiert wurden, um bestimmte Aufgaben zu verstehen bzw. zu erstellen.

Während ich dieses Buch schreibe, gibt es fast jede Woche eine neue Revolution und selbst ausgewiesene KI-Experten sind sich nicht einig, ob diese Entwicklung irgendwann mal abgeschwächt wird oder in diesem Tempo weitergeht.

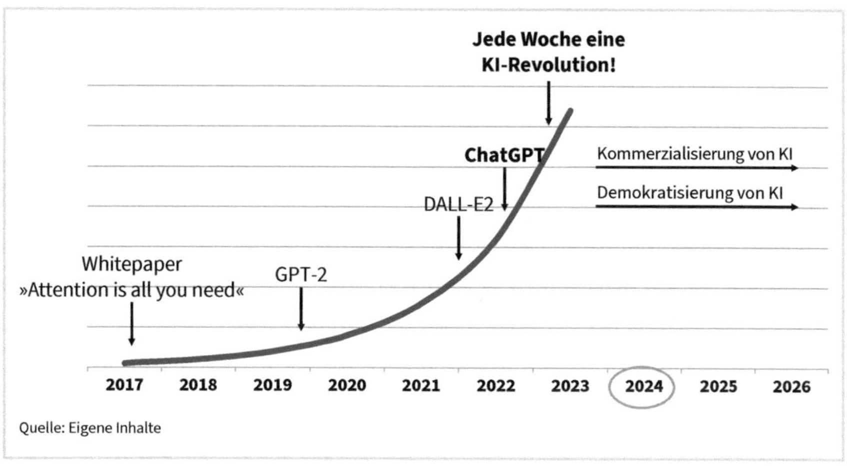

Abb. 2: Geschwindigkeit der KI-Entwicklung

Die Bedeutung dieser Entwicklungen ist für uns Menschen deshalb wichtig, weil sie einerseits die Geschwindigkeit der Innovationen erhöht und die erstaunlichen Fortschritte uns immer mehr Sorgen und Ängste bereitet. Anderseits haben wir Menschen dadurch die wahrscheinlich größte Chance, unsere Superpower zusammen mit Technologie so einzusetzen, dass wir wirklich große Herausforderungen lösen, die Komplexität reduzieren, endlich wieder zufriedener und energiegeladener sein können. Details dazu werde ich in Kapitel 5 »Unsere menschliche Superpower« näher erläutern.

Ich habe mir oft die Frage gestellt, wie diese Entwicklung wohl weitergehen mag, und ich muss zugeben, dass ich darauf keine Antwort habe. Selbst ausgewiesene KI-Experten haben keine einheitliche Meinung dazu. Dennoch können wir grundsätzlich zwei Möglichkeiten in Betracht ziehen: die Singularität (dazu weiter unten mehr) und die Möglichkeit, dass die Entwicklung abgeschwächt wird bis zur nächsten Innovation.

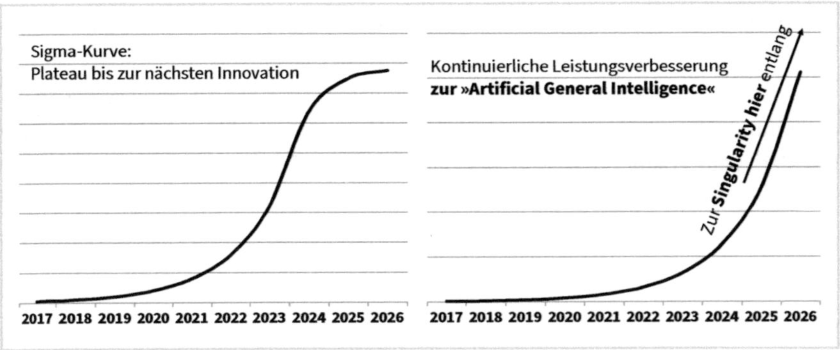

Abb. 3: Wie geht es weiter mit der KI?

Die sogenannte »Artificial General Intelligence« (vgl. Abb. 3) beschreibt einen Zustand, in dem KI-Systeme in der Lage sind, jede intellektuelle Aufgabe zu verstehen, zu lernen und auszuführen, die ein menschliches Gehirn bewältigen kann. Mit den heute bekannten modernen Large-Language-Modellen sind wir auf einem guten Weg dorthin.

Ich möchte die Artificial General Intelligence (AGI) etwas näher beschreiben und einordnen, da es für die weiteren Kapitel wichtig erscheint:

1. **Breite Anwendungsmöglichkeit:** AGI kann in verschiedenen Domänen und Aufgabenbereichen gleich gut performen, im Gegensatz zu Narrow AI (enger KI), die auf spezifische Aufgaben beschränkt ist, wie z. B. Sprachübersetzung oder Bildklassifikation.
2. **Lernfähigkeit:** AGI-Systeme können aus Daten lernen, sich an neue Situationen anpassen und sich ohne menschliche Anleitung weiterentwickeln. Die Systeme besitzen die Fähigkeit, Wissen und Fähigkeiten von einer Aufgabe auf eine andere zu übertragen. Somit würden die oben dargestellten verschiedenen Lernmöglichkeiten (überwachtes Lernen, unüberwachtes Lernen, bestärkendes Lernen) immer mehr von KI-Systemen selbst übernommen werden.
3. **Verständnis und Vernunft:** AGI kann tiefgehende Zusammenhänge und Abstraktionen verstehen, die über einfache Regelanwendungen hinausgehen. AGI kann logisch und vernünftig denken, Schlüsse ziehen und komplexe Probleme lösen.

4. **Bewusstsein und Selbstbewusstsein:** AGI könnte in der Lage sein, ein Bewusstsein über die eigenen Prozesse und Zustände zu entwickeln. Diese Systeme besitzen die Fähigkeit, sich Ziele zu setzen und Strategien zu entwickeln, um diese Ziele zu erreichen.
5. **Emotionale Intelligenz:** AGI könnte in der Lage sein, menschliche Emotionen zu erkennen und darauf angemessen zu reagieren. AGI könnte sich in sozialen Kontexten anpassen und menschliches Verhalten nachvollziehen.

Wenn man bedenkt, was heute im Jahr 2024 schon alles machbar ist, so sind wir eigentlich nur noch in den Punkten 4 und 5 von einer AGI entfernt. Auch die Lernfähigkeit ist immer noch geknüpft an die menschlichen Fähigkeiten wie Intuition, Kreativität, Urteilsvermögen usw. Wenn wir uns allerdings vorstellen, dass insbesondere die Punkte 4 und 5 in naher Zukunft möglich wären, könnten wir berechtigt die Frage stellen, ob es den Menschen zur Weiterentwicklung von KI-Systemen überhaupt noch braucht. Allerdings bin ich vor dem Hintergrund unserer einzigartigen menschlichen Fähigkeiten skeptisch, dass wir das noch erleben werden (mehr dazu in Kapitel 5 »Unsere menschliche Superpower«).

Dennoch dürfen wir nicht außer Acht lassen, dass es durchaus ein paar weitere Herausforderungen gibt, die mit der Entwicklung einer AGI zusammenhängen. Neben der technologischen Komplexität, der notwendigen Rechenleistung und der riesigen benötigten Datenmenge müssen wir zu Recht die Sicherheitsaspekte und ethische und soziale Implikationen betrachten.

Wer kontrolliert die entstehenden Systeme, wer gibt Gewährleistung für die Nutzung und für die Richtigkeit der Ergebnisse? Wie verhindern wir Missbrauch und die bösartige Nutzung dieser Systeme? Welche Regulierung ist hier notwendig und wer verantwortet diese Regulierung? Welche Auswirkungen haben AGI-Systeme auf den Arbeitsmarkt, auf den Wohlstand, auf den Sinn und Zweck unseres menschlichen Daseins? Hat ein KI-System damit automatisch ein Bewusstsein und damit Rechte? Viele dieser Fragen werde ich im letzten Kapitel (Kapitel 6 »Das unschlagbare Team«) zu beantworten versuchen. Ich möchte an dieser Stelle schon einmal eine Lanze brechen für die großen Technologiekonzerne, die KI-System entwickeln und bereitstellen: Noch nie gab es so viele Diskussionen, Regulierungen, Beschränkungen und selbst auferlegte Pflichten wie im Bereich der künstlichen Intelligenz. Das lässt mich hoffen, dass wir hier auch vor dem Hintergrund der ethischen, sozialen und sicherheitsrelevanten Diskussionen in die richtige Richtung steuern.

Gehen wir auf den nächsten Begriff ein – die Singularität, die nach Meinung von Wissenschaftlerinnen und Wissenschaftlern die nächste Stufe nach der AGI sein könnte. »Singularität« beschreibt einen hypothetischen Punkt in der Zukunft, an dem technologische Fortschritte so rasant und tiefgreifend werden, dass sie die menschliche Gesellschaft und den menschlichen Alltag radikal und unumkehrbar verändern.

Die Antwort auf die berechtigte Frage, wann dieser Punkt erreicht ist, ist aus meiner Sicht durchaus subjektiv, weswegen ich die wesentlichen Merkmale einmal genauer beschreiben möchte:

1. **Exponentielles Wachstum:** Technologische Fortschritte beschleunigen sich exponentiell, was bedeutet, dass jede neue Generation von Technologien schneller und leistungsfähiger ist als die vorherige. Systeme, insbesondere künstliche Intelligenz (KI), erreichen die Fähigkeit zur Selbstverbesserung, was zu einer endlosen Schleife von Verbesserung und Weiterentwicklung führt.
2. **Übermenschliche Intelligenz:** Die Entwicklung von künstlicher Intelligenz erreicht oder übertrifft die menschliche Intelligenz in allen Bereichen. Diese Superintelligenz könnte in der Lage sein, Probleme zu lösen und Technologien zu entwickeln, die für den Menschen unvorstellbar sind. Ab dem Punkt der Singularität wird es schwierig bis unmöglich, zukünftige technologische Entwicklungen und ihre Auswirkungen vorherzusagen.
3. **Radikale Veränderungen der Gesellschaft:** Viele traditionelle Arbeitsplätze könnten durch automatisierte Systeme und KI ersetzt werden, was grundlegende Veränderungen in der Wirtschaft und Gesellschaft zur Folge hätte. Soziale, politische und wirtschaftliche Strukturen könnten sich drastisch verändern, um sich an die neuen Realitäten anzupassen, die durch die Singularität geschaffen werden.

Singularität wird in vielen Berichterstattungen als sehr dystopische, düstere Zukunft gesehen, was aus meiner Sicht verständlich ist, weil wir Menschen damit die Kontrolle über die Welt, über die Zukunft, über unsere Zukunft aus der Hand geben würden. Ich glaube daran, dass wir mit unserer menschlichen Intelligenz immer überlegen sein werden, weshalb ich nicht an diese düstere Zukunft glaube. Dennoch liegt es an uns, sorgfältig und vorausschauend zu planen, ethische Überlegungen anzustellen, Regeln zu definieren und in die Weiterentwicklung unserer menschlichen Fähigkeiten zu investieren.

Wir sollten die Augen vor dieser Entwicklung nicht verschließen und uns frühzeitig mit den Chancen und Risiken beschäftigen, denn der technologische Fortschritt wird weitergehen und es liegt an uns, wie wir diesen für uns und unser Unternehmen nutzen.

2.8 Was ist eigentlich menschliche Intelligenz?

In diesem Kapitel möchte ich nun auf die menschliche Intelligenz eingehen. Versucht man eine Definition von Intelligenz zu finden, so trifft man im Internet auf zahlreiche, teilweise wissenschaftlich fundierte Varianten. Nachdem ich mich mit den verschiedenen Definitionen beschäftigt habe, möchte ich auch einen Versuch wagen, die verschiedenen Sichtweisen zusammenzubringen und vor allem einzuordnen, wenn es um das Thema Technologie geht.

Was ist menschliche Intelligenz?

Intelligenz ist ein komplexes Konzept, dass immer verschiedene Fähigkeiten und Eigenschaften einschließt, die es uns Menschen ermöglichen, Informationen zu verstehen, zu verarbeiten und darauf basierend sinnvolle Entscheidungen zu treffen. Sie umfasst die Fähigkeit, logische Schlüsse zu ziehen, Zusammenhänge zu erkennen, Probleme zu lösen und sich an veränderte Umstände anzupassen. Intelligenz ist nicht nur auf kognitive Fähigkeiten beschränkt, sondern kann auch emotionale, soziale, praktische, kreative und analytische Aspekte umfassen.

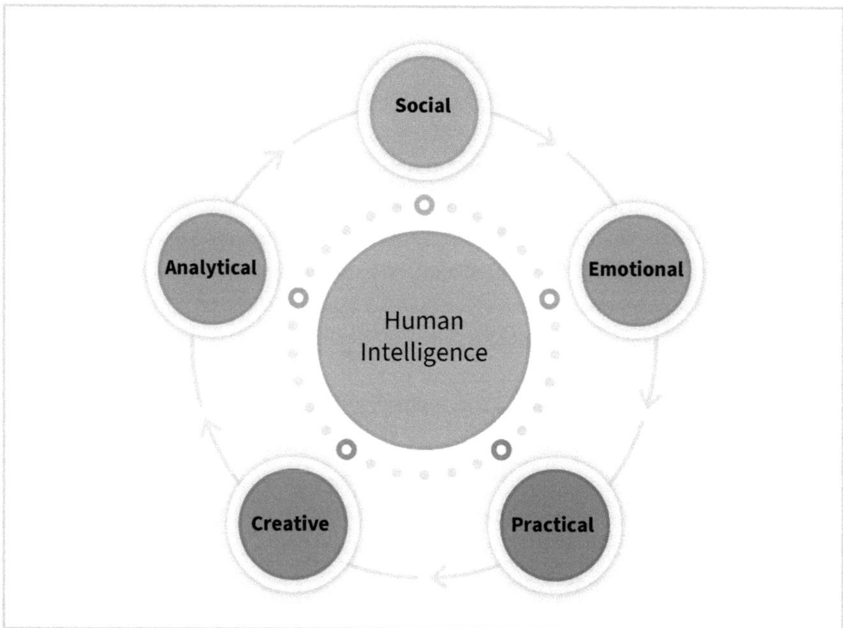

Abb. 4: Menschliche Intelligenz

Analytische Intelligenz ist die Fähigkeit, logisch zu denken, zu analysieren und aus Informationen Schlussfolgerungen zu ziehen, sowie die Fähigkeit, neue oder komplexe Probleme zu erkennen und kreative Lösungen zu entwickeln. Dabei spielt unser Gedächtnis eine wichtige Rolle, also die Fähigkeit, Informationen zu speichern und bei Bedarf abzurufen, sei es kurz- oder langfristig.Auch unsere Fähigkeit, uns auf relevante Informationen zu konzentrieren und Ablenkungen auszublenden, gehört dazu. Diese kognitiven Fähigkeiten können, wie im vorherigen Kapitel beschrieben, mittlerweile gut durch KI-basierte Systeme abgedeckt werden. Insbesondere dieser Aufmerksamkeitsmodus, die Fähigkeit, sich auf bestimmte Dinge zu fokussieren, wurde durch die Erkenntnis »Attention is all you need« (Vaswani et al. 2017) in den letzten Jahren deutlich in den technischen Systemen verankert. Die Fähigkeit, Informationen zu speichern und abzurufen, ist bei technischen Systemen weitaus besser ausgeprägt als bei uns Menschen, da deren Speicherplatz fast unbegrenzt ist – im Gegensatz zu unserem Gehirn.

Anpassungsfähigkeit ist im Kontext der menschlichen Intelligenz die Fähigkeit, sich an neue Umstände anzupassen, innovative Lösungen zu finden und Verhaltensweisen je nach Kontext und Möglichkeiten zu verändern. Anpassungsfähigkeit bedeutet auch Lernfähigkeit, also aus Erfahrungen zu lernen, sich Wissen anzueignen und dieses Wissen in neuen Situationen anzuwenden, eine Transferleistung zu erbringen. Technisch geprägte Systeme tun sich noch schwer mit dieser Transferleistung, mit der Anpassung an neue Umstände, da sie beim Lernen (noch) auf uns Menschen angewiesen sind. Die Wahl des richtigen Verhaltens bleibt aus meiner Sicht aufgrund unserer Intuition und unseres Gerechtigkeitssinns uns Menschen vorbehalten.

Intelligenz hat, wie bereits angedeutet, auch immer etwas mit Kreativität zu tun, also der Fähigkeit, originelle und kreative Lösungen für Probleme zu finden, oder der Fähigkeit, verschiedene Perspektiven einzunehmen und alternative, unbekannte Lösungswege zu erkunden. Diese menschliche Kreativität wird weiterhin eine Superpower von uns Menschen bleiben (vgl. Kapitel 5 »Unsere menschliche Superpower«) und unterscheidet uns von IT- oder KI-Systemen.

Der Begriff »emotionale Intelligenz« beschreibt Fähigkeiten wie Selbstwahrnehmung, Empathie und soziale Kompetenz. Wir Menschen können weitaus besser als Technologie Emotionen erkennen und deren Auswirkungen abschätzen, und zwar intuitiv. Technologie kann zwar darauf trainiert werden, Gefühle zu erkennen, jedoch ist die Fähigkeit, einfühlsam und mit Empathie zu reagieren, nur schwer authentisch nachzuahmen. Empathie hilft uns dabei, zwischenmenschliche Beziehungen effektiv zu gestalten, gewinnbringend zu kommunizieren und Konflikte zu lösen.

Bei der praktischen Intelligenz geht es um die Bewältigung der alltäglichen Probleme und darum, dies so effektiv wie möglich zu gestalten. Es geht darum, theoretisches Wissen in konkrete Handlungen zu übersetzen, es geht darum, wirksam zu sein. Wir haben in Kapitel 2.7 »Künstliche Intelligenz (KI) und maschinelles Lernen (ML)« die AGI (Artifical General Intelligenz) beschrieben und über die derzeitigen Hürden und Gefahren gesprochen. Die praktische Intelligenz könnte erst durch die AGI von Technologie nachgeahmt werden und bleibt – zumindest bis zu deren Umsetzung – erst einmal uns Menschen vorbehalten.

Die soziale Intelligenz umfasst die Fähigkeit, soziale Situationen zu verstehen und effektiv zu steuern. Sie umfasst das Verständnis sozialer Dynamiken, die Fähigkeit, nonverbale Hinweise zu lesen, sowie das Wissen um soziale Normen und Erwartungen. Menschen mit hoher sozialer Intelligenz sind in der Lage, zwischenmenschliche Beziehungen effektiv zu gestalten, Einfluss zu nehmen und in sozialen Gruppen erfolgreich zu agieren.

Auf diesen fünf wesentlichen Merkmalen aufbauend lässt sich der Begriff der menschlichen Intelligenz noch weiter ausführen. Die im Folgenden genannten Fähigkeiten – nennen wir sie »Talente« – können von Technologie heute schon sehr gut nachgebildet werden. Da jedoch jedes dieser Talente immer auch auf den fünf Kerneigenschaften menschlicher Intelligenz basiert, sind wir der Technologie in vielen Bereichen nach wie vor überlegen, insbesondere wenn es um Kreativität, Emotionen und soziale Zusammenhänge geht:

- Musik
- räumliche Wahrnehmung
- Linguistik
- Mathematik
- Kinästhetik

Beim musikalischen Talent geht es um die Fähigkeit, musikalische Muster zu erkennen, zu verstehen und zu produzieren. Diese Art der Intelligenz umfasst das Erkennen von Tonhöhen, Rhythmen und Timbres sowie die Fähigkeit, Musik zu komponieren, zu spielen und zu interpretieren. Das musikalische Talent ist eng mit kreativen und künstlerischen Fähigkeiten verbunden. Wir sehen heute KI-Systeme, die sehr gut Musik produzieren können – neue Musik, der aus meiner Sicht aber die Emotion fehlt.

Das Talent der räumlichen Wahrnehmung bezieht sich auf die Fähigkeit, räumliche Muster und Beziehungen zwischen Objekten in der Umwelt zu erkennen und zu verstehen. Dieses Talent ist wichtig für Tätigkeiten, die ein gutes räumliches Vorstellungsvermögen erfordern, wie z. B. Architektur, Design, bildende Kunst und Ingenieurwesen. Es ermöglicht es Menschen, sich in physischen Räumen zurechtzufinden und dreidimensionale Objekte mental zu manipulieren. Bei dieser Eigenschaft ist Technologie sehr, sehr gut und kann uns Menschen helfen, diese meist komplexen Aufgaben besser und schneller zu erledigen. Dieses Talent spielt auch bei künstlerisch tätigen Menschen wie Malern, Bildhauerinnen usw. eine große Rolle.

Auch beim linguistischen Talent, also der Fähigkeit, Sprache effektiv zu nutzen, um Gedanken und Gefühle auszudrücken, komplexe Ideen zu kommunizieren und verschiedene Sprachstile zu verstehen, sind KI-Systeme mittlerweile überragend gut. Menschen mit einem hohen linguistischen Talent sind oft talentierte Schriftsteller, Rednerinnen oder Dichter und zeichnen sich durch ihre Fähigkeit aus, Sprache kreativ und präzise einzusetzen. Und genau diese Kreativität, Dinge neu zu schaffen und mit Emotionen zu versehen, kann eine Technologie (noch) nicht leisten.

Das logisch-mathematische Talent umfasst die Fähigkeit, mathematische Probleme zu lösen, logisch zu denken und abstrakte Konzepte zu verstehen. Dieses Talent ist besonders wichtig in den Bereichen Mathematik, Wissenschaft und Technik und ermöglicht es Menschen, quantitative Analysen durchzuführen und systematische Theorien zu entwickeln. Auch hier sind KI-Systeme sehr gut und können sehr komplexe Aufgaben wesentlich schneller lösen als wir Menschen. Sobald es hier aber um Innovation geht, sind wir Menschen mit diesem Talent der Technologie überlegen. Wir können zusammen mit der Technologie wesentlich besser Muster erkennen und Aufgaben lösen, aber neue, innovative Zusammenhänge und Ideen werden von den Menschen beigesteuert.

Menschen mit einem körperlich-kinästhetischen Talent können den eigenen Körper geschickt und präzise bewegen, um physische Aufgaben zu bewältigen oder künstlerische Darbietungen zu liefern. Dieses Talent ist entscheidend für Sportlerinnen, Tänzer, Chirurginnen und Handwerker, die ein hohes Maß an Körperbeherrschung und Koordination benötigen. Auch wenn wir schon über humanoide Roboter diskutieren und schon erste Versuche erleben, sind wir Menschen in dieser Disziplin (noch) weit überlegen und ich gehe davon aus, dass es noch einige Jahre dauern wird, bis wir mit Technologie auch nur annähernd an die Leistungsfähigkeit und die Kreativität von Sportlerinnen und Sportlern herankommen werden. Roboter in der Produktion sind heute Standard, aber auch hier ist der menschliche Tastsinn, die Haptik, bis heute einzigartig und führt dazu, dass viele Aufgaben in der Produktion weiterhin von Menschen übernommen werden.

Ich möchte deutlich machen, dass künstliche Intelligenz noch in vielen Bereichen recht weit von unseren menschlichen Fähigkeiten, von unserer menschlichen Intelligenz entfernt ist. Natürlich wissen wir heute nicht (siehe oben), wie die Entwicklung der künstlichen Intelligenz im Rahmen des technologischen Fortschritts weitergeht, aber wir sollten auch nicht vergessen, dass wir Menschen den Schlüssel zu diesem Fortschritt selbst in der Hand halten. Daher möchte ich mich nun im folgenden Kapitel näher mit uns Menschen beschäftigen.

3 Der Mensch im Mittelpunkt der Transformation

Die technologische Entwicklung der letzten Jahrzehnte hat die Welt tiefgreifend verändert. Die Herausforderung besteht darin, diese Technologien so zu nutzen, dass sie menschliche Fähigkeiten ergänzen und nicht ersetzen. Unternehmen müssen sich auf eine Kultur des kontinuierlichen Wandels einstellen und gewährleisten, dass ihre Mitarbeitenden bereit und fähig sind, neue Technologien zu nutzen und weiterzuentwickeln.

Eine solche Transformation kann nicht verordnet werden – sie muss gelebt werden. Die Transformation ist auch kein Projekt, das ein Ende hat – Transformation ist ein Mindset, ein Mindset von kontinuierlichem Wandel. Und sie läuft in jedem Unternehmen anders ab. Bevor eine Transformation überhaupt in Angriff genommen werden kann, muss erst einmal die Transformationsfähigkeit eines Unternehmens sichergestellt werden.

Ich treffe bei meinen Klienten oft auf folgende Haltung: »Wir müssen transformieren. Du kommst von Microsoft und hast dort die Transformation erfolgreich umgesetzt. Hilf uns, mach mit uns die Transformation!«

Meine erste Reaktion ist immer: Ihr seid nicht Microsoft und das ist auch gut so! Denn ihr habt ganz andere Herausforderungen und gleichzeitig Chancen. Zweitens kann ich euch gern helfen, aber transformieren müsst ihr euch selbst – Leadership, Kultur, Business und Mitarbeitende. Nur durch diese Einstellung erreicht man den Zustand einer potenziellen Transformationsfähigkeit. Denn der Berater ist irgendwann weg und das Unternehmen ist auf sich allein gestellt. Und wer nicht transformationsfähig ist, wird danach wieder in den Zustand des Ausharrens, Abwartens und Verneinens zurückfallen.

Ich habe in meiner beruflichen Laufbahn viele Berater und Beraterinnen gesehen, die mit mehr als 100 Folien Unternehmen aufzeigen wollten, wie sie transformieren. Alle, sowohl die Unternehmen als auch die Berater, sind gescheitert und haben dafür viel Geld ausgegeben. Transformation muss Teil der DNA eines Unternehmens sein, Beratende können Impulse geben, als Coach den Prozess begleiten, unangenehme Dinge ansprechen und sicherlich auch bei der Lösung helfen. Aber der Erfolg eines Unternehmens wird vom Unternehmen selbst bestimmt.

Man kann auch nicht einfach zehn Bücher über Transformation lesen, das Beste daraus anwenden und dann ein Häkchen dahinter setzen. Eine Transformation muss an die spezifische Situation, die Herausforderungen, das Umfeld, die Ziele und die Menschen im Unternehmen angepasst werden.

Daher möchte ich in den folgenden Kapiteln ein paar meiner Erfahrungen, Rezepte und Vorgehensweisen teilen, aber vor allem möchte ich zum Nachdenken anregen. Ab diesem Kapitel führe ich zu relevanten Themen den »DLC-Check« ein, den Digital. Leadership.Culture-Check. Der Check soll euch eine Liste von Themen mitgeben, die im jeweiligen Kapitel behandelt wurden, und kann sowohl als Checkliste als auch als Gedankenstütze dienen.

3.1 Transformation als Kulturwandel

Eine Transformation ist immer mit einem Kulturwandel verbunden, weil sie eine Transformationsfähigkeit voraussetzt, die historisch nicht in unseren Unternehmen – in den Führungskräften und in den Mitarbeitenden – verankert ist. Warum dies so ist und wie wir diese Transformationsfähigkeit schaffen, möchte ich im Folgenden erläutern.

Die folgende Definition zeige ich oft Kunden, wenn sie mich fragen, was eigentlich Transformation ist. Danach gibt es viel Kopfnicken, viel Bestätigung.

Was ist Transformation?

Transformation ist ein tiefergehender Prozess des Neuerfindens und Neudefinierens, der es uns ermöglicht, uns von dem zu lösen, was wir sind, und zu dem zu werden, was wir sein wollen. Es geht darum, Veränderungen zu begrüßen, um neue Möglichkeiten zu erschließen und beispiellosen Erfolg zu erzielen.

Aber: Wenn Transformation ein Prozess ist, dann könnte man annehmen, dass sie irgendwann endet. Wenn Transformation uns zu einem gewünschten Zustand führen soll, dann müssten wir ja wissen, wie dieser Zustand aussieht.

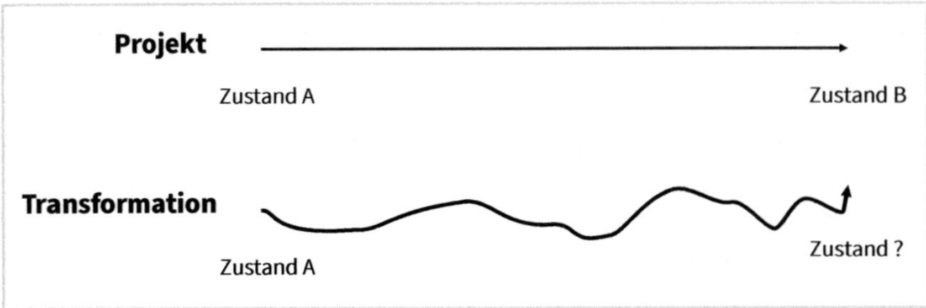

Abb. 5: Projekt vs. Transformation

In der Realität und bei den rasanten technologischen, aber auch geopolitischen Veränderungen und Veränderungen der sonstigen Rahmenbedingungen müssen wir erst einmal akzeptieren, dass wir mit großer Wahrscheinlichkeit den gewünschten Zustand nicht kennen. Und wir müssen genau das nicht als Risiko, sondern als Chance sehen. Denn wenn wir weiterhin akzeptieren, dass Transformation eben kein Prozess, kein Projekt ist, sondern ein Mindset – ein Mindset, sich damit abzufinden, dass man sich ständig verändert muss, ständig neu erfinden muss –, dann sehen wir Transformation auf einmal ganz anders:

Noch einmal: Was ist Transformation?

Transformation ist eine Denkweise, die uns dabei hilft, den kontinuierlichen proaktiven Wandel als Chance für uns zu nutzen. Transformation ist ein Commitment zu Veränderung, dazu, den jetzigen Zustand ständig infrage zu stellen, zu experimentieren und sich ständig weiterzuentwickeln.

Diese Definition fordert viele Unternehmen, viele Führungskräfte heraus, und ich empfinde das als richtig und wichtig. Transformation kann nicht outgesourct werden – Ärmel hochkrempeln und selbst anpacken heißt die Devise! Es bedeutet auch, sich selbst Fehler zuzugestehen und eine Fehlertoleranz für das eigene Team zu entwickeln. Diese Fehlertoleranz ist nicht nur eine Einstellung, sondern insbesondere ein Leadership-Skill. Diese Fähigkeiten kann man trainieren, allerdings gehören eine gewisse Offenheit, eine selbstkritische Wahrnehmung, kein übermäßiges Geltungsbedürfnis und vor allem Bereitschaft dazu.

Wachstum durch Kulturwandel erfordert, dass Unternehmen die Diskrepanz zwischen ihrem Zielbild und der aktuellen Wirklichkeit angehen, Dysfunktionalitäten erkennen und zugeben. Unternehmen müssen ihre Mitarbeitenden in den Wandel einbeziehen. Führungskräfte spielen eine entscheidende Rolle dabei, den Wandel erfolgreich umzusetzen und sicherzustellen, dass die Mitarbeitenden bereit und fähig sind, den Wandel aktiv mitzugestalten. Es geht also um die Verankerung der Transformationsfähigkeit in der Kultur eines Unternehmens und die Bereitschaft eines Unternehmens – der Menschen im Unternehmen –, sich darauf aktiv einzulassen.

DLC-Check A: Kulturwandel vorantreiben

- ☑ Transformation ist ein Mindset, es gibt kein Rezept, keine Blaupause, jede Transformation ist anders.
- ☑ Transformation setzt eine Transformationsfähigkeit voraus – schaffe die Bereitschaft zur Transformation.
- ☑ Akzeptiere, dass Transformation kein Ende hat, akzeptiere, dass der gewünschte Zustand nicht bekannt ist.
- ☑ Erkenne und akzeptiere Dysfunktionalitäten, nur so schaffst du die Grundlage für eine Transformationsfähigkeit.

3.2 Kultur beginnt an der Spitze

Kultur ist harte Arbeit. Sie besteht aus vielen Elementen wie Strategie, Vision und natürlich den Menschen. Aber auch Leadership, Kommunikation, Werte und Erfolg gehören dazu – um nur einige zu nennen.

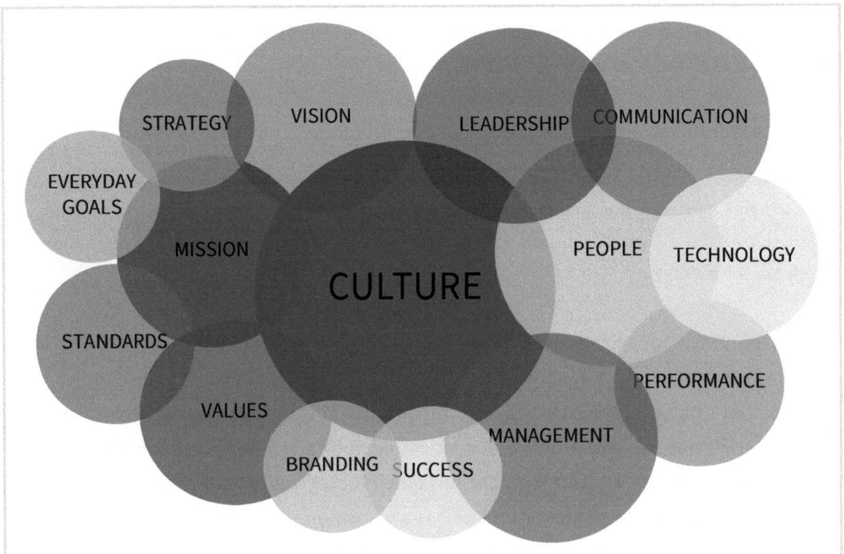

Abb. 6: Dimensionen von Kultur

Ein oft zitierter Satz von Peter Drucker lautet: »Culture eats strategy for breakfast.« Jahrelang war ich ein großer Fan dieses Satzes und ich glaube auch, dass er teilweise heute noch seine Berechtigung hat. Allerdings können Kultur und Strategie aus meiner Sicht nicht getrennt betrachtet werden. Sie bedingen einander, müssen Hand in Hand gehen, können nicht separat gedacht werden. Die Verbindung beider ist tief und komplex:

1. **Kultur formt die Strategie**
   Geteilte Normen, Werten und Überzeugungen der Mitarbeitenden bestimmen, welche Strategien als akzeptabel und erstrebenswert angesehen werden. Ein Unternehmen mit einer Kultur der Innovation und Risikobereitschaft wird eher eine entsprechende Wachstumsstrategie verfolgen. Genauso bestimmt die Kultur, wie Entscheidungen getroffen werden. Eine Kultur der Offenheit und Zusammenarbeit führt zu einem strategischen Ansatz, der mehr auf Teamarbeit und Konsensbildung basiert.
2. **Strategie prägt die Kultur**
   Die Umsetzung einer Strategie erfordert spezifische Richtlinien und Praktiken, die wiederum die Kultur formen. Eine Strategie, die auf Kundenzufriedenheit abzielt, wird Praktiken fördern, die Kundenorientierung und exzellenten Service

belohnen. Strategische Entscheidungen, wie Ressourcen zugewiesen werden, beeinflussen die Unternehmenskultur. Investitionen in Mitarbeiterentwicklung und Weiterbildung können eine Kultur des Lernens und der kontinuierlichen Verbesserung fördern.

Diese gegenseitige Abhängigkeit lässt sich gut in folgenden Beispielen weiter beschreiben:

- **Anpassungsfähigkeit:** Eine flexible und anpassungsfähige Kultur ermöglicht es einem Unternehmen, seine Strategie schnell und effektiv zu ändern, um auf Marktveränderungen zu reagieren. Umgekehrt kann eine starre Kultur die Umsetzung einer neuen Strategie behindern.
- **Einklang und Kohärenz:** Eine erfolgreiche Strategie muss im Einklang mit der Kultur des Unternehmens stehen. Wenn die Strategie nicht zur bestehenden Kultur passt, stößt sie auf Widerstand und wird wahrscheinlich scheitern. Eine Kultur, die die strategischen Ziele unterstützt, erleichtert die Umsetzung und erhöht die Erfolgschancen.

So haben beispielsweise Apple oder Google eine Innovationskultur geschaffen, die Innovation und Kreativität fördert. Diese kulturellen Elemente sind tief in die Strategie integriert, die auf Innovations- und Technologieführerschaft abzielt. Andererseits hat Amazon eine sehr stark kundenzentrierte Kultur etabliert, die sämtliche Entscheidungen – von der Produktentwicklung bis zum Kundenservice – dieser Strategie unterordnet.

Diese Beispiele zeigen, warum Kultur und Strategie – sowie die anderen in Abbildung 6 genannten Elemente – nicht getrennt voneinander gesehen werden können.

Ich möchte kurz noch auf einige der anderen Kreise in der Abbildung eingehen. Technologie ist heutzutage ein entscheidender Wettbewerbsfaktor, wenn es darum geht, Talente zu akquirieren und zu halten. Mitarbeitende suchen sich bewusst ein Unternehmen aus, das eine moderne IT-Umgebung bereitstellt und Zugang zu Tools und Systemen bietet, die ein effizienteres Arbeiten ermöglichen. Daher ist es entscheidend, die Technologiestrategie in die Unternehmenskultur zu integrieren.

Branding, das ist für mich nicht nur die Außendarstellung, sondern auch die Darstellung eines Unternehmens in Form von Arbeitsumgebungen und Büros – ist das, was ein Unternehmen präsentiert, nach innen und nach außen. Daher sollte die Markenbotschaft im Einklang mit dem stehen, was den Mitarbeitenden im Unternehmen geboten wird, was natürlich auch das Büro einschließt.

Standards und Werte geben einem Unternehmen und den Mitarbeitenden eine Richtung und klare Grundsätze vor. Diese sollten sehr spezifisch sein und das reflektieren, was man von den Mitarbeitenden und Führungskräften erwartet. Aber auch das gesellschaftliche und soziale Engagement eines Unternehmens sollte sich hier widerspiegeln. Der Sinn und Zweck der Arbeit in einem Unternehmen wird immer entscheidender für die Loyalität und die Leistungsbereitschaft von Mitarbeitenden.

Ich begegne sehr oft Unternehmen, bei denen viele Herausforderung auf mangelnde Kommunikation zurückzuführen sind. Die Einführung eines Zeiterfassungssystems wird grundsätzlich abgelehnt, weil die Mitarbeitenden das Gefühl haben, kontrolliert zu werden. Gegenseitige Erwartungshaltungen, die Zielsetzung oder auch die rechtlichen Rahmenbedingungen des Unternehmens sind nicht transparent – wurden nie kommuniziert. Das schlägt sofort auf die Kultur durch: Misstrauen und Unzufriedenheit sind an der Tagesordnung. Kommunikation ist – und da übertreibe ich nicht – alles. Oder anders ausgedrückt: Ohne Kommunikation ist alles nichts.

Wie etabliert man nun eine erfolgreiche Kultur?

Oft heißt es in Unternehmen: Wir müssen an unserer Kultur arbeiten, unsere Kultur verändern. Grund dafür sind oft eine hohe Mitarbeiterunzufriedenheit oder gar ungewollte Kündigungen von Leistungsträgern. Richtig ist, dass ein Kulturwandel – genauso wie Transformation – fortlaufende Arbeit erfordert. Kultur muss wachsen und lebt von positiven Erfahrungen. Kultur wird im Keim erstickt, wenn sich die Führungskräfte nicht daran halten, sie nicht vorleben. Kultur wird ad absurdum geführt, wenn es tolle Folien, Poster und Sprüche gibt, im Unternehmen aber Tag für Tag etwas anderes gelebt wird.

Daher beginnt Kultur zwar an der Spitze eines Unternehmens, darf dort aber nicht stoppen. Alle müssen verstehen, dass jeder und jede Einzelne im Unternehmen Verantwortung für die Erreichung der kulturellen Ziele trägt – von der Technik bis zur Verwaltung, vom Marketing bis zum Personalwesen, vom Vertrieb bis zum Vorstand.

Daher ist es ratsam, sich erst einmal zu überlegen, wofür ein Unternehmen steht, wofür die Mitarbeitenden stehen, das Produkt, die Dienstleistung. Welche Werte will das Unternehmen kultivieren, welches Bild soll nach innen und vor allem nach außen vermittelt werden? Kultur kann ein starker Magnet für Talente sein, wenn sie richtig gelebt wird.

Kultur sind immer Menschen. Deshalb sollten alle Mitarbeitenden eingebunden werden: Die Kultur, die Werte und die Strategie sollten nicht im kleinen Kreis definiert werden. Kultur muss greifbar gemacht werden, z. B. durch Workshops, die die Unternehmenswerte erarbeiten, oder Projektgruppen, die mithelfen, die Strategie eines Unternehmens zu definieren. Natürlich kann kein Unternehmen, das IT-Dienstleistungen verkauft, eine Strategie definieren, die nichts mit dem Unternehmenskern zu tun hat. Hier müssen Leitplanken gesetzt und ein klarer Projektauftrag vergeben werden. Viele Unternehmen, die dies recht vorbildlich tun, hören danach aber auf. Die Werte sind definiert, die Strategie ist heruntergebrochen – fertig. Doch Kultur lebt – wie schon gesagt – über die Umsetzung, jeden Tag aufs Neue.

Daher ist es empfehlenswert, regelmäßig Workshops zu organisieren, in denen über die Kultur gesprochen wird – über die gewünschte und über die erlebte. Dadurch werden nicht nur die Mitarbeitenden immer wieder eingebunden – die Auseinandersetzung mit der Kultur ermöglicht es auch, Anpassungen vorzunehmen, Defizite aufzudecken und – und das empfehle ich an dieser Stelle ausdrücklich – gute Beispiele zu diskutieren. Diese guten Beispiele müssen nicht nur diskutiert, sondern auch kommuniziert werden. Die sogenannten Culture Heroes sollten gefeiert werden. Es ist empfehlenswert, diese Personen durch einen besonderen Award auszuzeichnen. Damit weiß jeder: Das Leben der Kultur lohnt sich. Auch ist es ratsam, dass zyklisch im Vorstands- und im Führungsgremium über Kultur gesprochen wird. Es gilt hier zu reflektieren und Missstände offen anzusprechen. Nur so können die Dinge oder die Personen, die der Kultur nachhaltig schaden, frühzeitig erkannt werden. Culture Foes, also Personen, die die Kultur buchstäblich mit Füßen treten, müssen identifiziert werden und es muss entsprechende Maßnahmen geben, die sie in die Schranken weisen. Und ja, Personen, die sich wiederholt nicht an die Werte halten, gehören nicht länger in das Unternehmen. Setzt ein Zeichen, zeigt offen und klar, wo die Grenzen sind und vor allem, wie wichtig euch Kultur ist. Ich habe in meiner Laufbahn viele erfolgreiche Menschen erlebt. Einige davon waren allerdings auf Kosten anderer erfolgreich. Diese Menschen haben die Kultur mit Füßen getreten. Ich musste lernen, dass es nicht hilfreich ist, einen guten Vertriebsmitarbeiter nur aufgrund der guten Verkaufszahlen zu halten, wenn er die Werte nicht lebt. Am Ende ist genau das Verhalten verantwortlich dafür, dass andere Mitarbeitende sich beispielsweise nicht entfalten können, resignieren oder gar das Unternehmen verlassen. Diese Kosten und die Konsequenzen daraus sind weitaus größer als der Verlust eines toxischen Mitarbeiters.

Führungskräften kommt eine besondere Bedeutung bei der erfolgreichen Etablierung einer Firmenkultur zu. Auf die Führungskräfte schaut man besonders: Was er oder sie darf, das darf ich auch. Bitte macht euch nichts vor, dass die Mitarbeitenden das schon nicht so ernst nehmen oder dass das doch keiner merkt, wenn ihr als Führungskraft die Kultur nicht lebt und nicht ausreichend vorlebt. In jedem Unternehmen kommt immer alles ans Licht und gerade Führungskräfte sollten mit absolut positivem Beispiel vorangehen. Hier hat es sich bewährt, genau diese Rollen persönlich zu gestalten. Führungskräfte sollten von persönlichen Erlebnissen berichten, von Fails und auch Momenten, auf die man stolz sein kann.

In meiner Laufbahn ging es vielfach um Diversität – ein aus meiner Sicht sehr wichtiger Wert in einer kulturellen Diskussion. Nun ist es vermessen zu glauben oder so zu tun, als hätte man sich noch nie selbst dabei ertappt, eben nicht divers zu denken oder Menschen, die anders sind, ansatzweise in eine Schublade zu stecken. Als ich vor meinem Team über meinen Fail in Bezug auf Diversität berichtet habe, wurde das Thema »anfassbar«, es verlor den Heiligenschein, weil es eben auch darum geht, aus seinen eigenen Fehlern zu lernen.

Ich möchte noch einmal auf das Thema Kommunikation eingehen. Erst kürzlich bin ich in einem Unternehmen vom Vorstand auf seine mangelnde Präsenz und damit Nahbarkeit für die Mitarbeitenden angesprochen worden. Im Unternehmen wurden bereits Ideen für Maßnahmen diskutiert, die den Vorstand nahbarer machen sollten: regelmäßige Besuche in den einzelnen Standorten, monatliche Mitarbeiterversammlungen, bei denen Fragen gestellt werden können, usw. Ich fragte daraufhin, warum der Vorstand denn nicht einfach mal durch die Büros geht, mit den Mitarbeitenden in der Kaffeeküche spricht – und wie eigentlich Kultur vorgelebt wird. Dabei wurde sehr schnell deutlich, dass Besuche in den einzelnen Standorten nicht helfen, wenn sie nicht natürlich sind, wenn sie zu organisiert erscheinen. Organisierte Kommunikationsmeetings sind nicht nahbar – nahbar ist, wenn der Chef einfach mal vorbeikommt.

Mitarbeiterversammlungen sind an sich immer gut, aber wenn vorher Fragen eingereicht werden müssen und dann nur die »bequemen« beantwortet werden, bewirkt die gut gemeinte Maßnahme genau das Gegenteil: Solche Versammlungen werden entweder schlecht besucht – oder gar nicht angenommen – oder noch viel schlimmer: es wird im Nachhinein darüber gelästert.

Kommunikation sollte immer natürlich und selbstverständlich sein. Führungskräfte müssen bei den Mitarbeitenden sein und nicht die Mitarbeitenden bei den Führungskräften.

DLC-Check B: Kultur vorleben

- ☑ Denke ganzheitlich – Strategie ist Teil von Kultur, Kultur ist Teil der Strategie.
- ☑ Achte darauf, dass die Kultur jeden Tag auf Neue gelebt wird – Kultur muss leben.
- ☑ Binde alle Mitarbeitenden ein, mache sie zu Beteiligten und nicht zu Betroffenen.
- ☑ Belohne positive Beispiele, bestrafe negative – Culture Heroes vs. Culture Foes.
- ☑ Sorge für fortlaufende Kommunikation und Integration in Workshops und Meetings, zeig, dass dir persönlich Kultur wichtig ist.
- ☑ Mache Kultur erlebbar – durch Awards, durch Beispiele, durch eigene Erlebnisse und Fehler.
- ☑ Sei selbst ein Culture Hero – jeden Tag.

3.3 Die Kunst von Leadership

Während meiner diversen Leadership-Erfahrungen und sehr stark geprägt von Microsoft haben sich ein paar wesentliche Kompetenzen eines erfolgreichen Leaders herauskristallisiert.

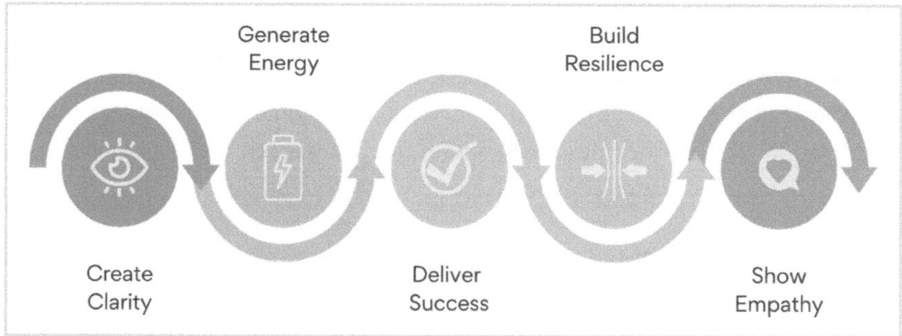

Abb. 7: Was bedeutet Leadership?

Führung bedeutet in allererster Linie, für Klarheit zu sorgen, jederzeit. Nichts ist schlimmer, als wenn ein Team im Unklaren gelassen wird und nicht weiß, wo es hinlaufen soll, was erfolgreich oder was nicht erfolgreich ist. Jeder im Team sollte zu jeder Zeit wissen, was zu tun ist und wofür das Team das tut, was es tut.

Dennoch können durch Klarheit allein auch Frust und ein autoritärer Führungsstil entstehen. Klarheit allein verdeutlicht lediglich das Ziel, löst aber noch keine Motivation, keine Leidenschaft aus. Deshalb brauchen wir auch Energie, und zwar positive Energie. Es gibt einen schönen Spruch: »Bad leaders light a fire under people, good leaders light a fire in people.«

Und genau darauf kommt es an: das Feuer in jedem und jeder Einzelnen zu entfachen, am Brennen zu halten und dafür zu sorgen, dass jeder und jede gemäß seinen bzw. ihren Fähigkeiten und Stärken eingesetzt wird. Dafür zu sorgen, dass jeder und jede einen eigenen Beitrag leisten kann. Dafür zu sorgen, dass das Ziel bekannt ist, das »Warum« und »Wofür«. Dazu gehört auch Feedback – das bedeutet wertschätzende Rückmeldung, Support, konstruktive Kritik, aber eben auch Lob. Lob ist ein stark unterschätztes Werkzeug, mit dem sich Mitarbeitende motivieren lassen und das zu einer besseren Arbeitsmoral beiträgt. Jeder von uns braucht Lob, mal direkt, mal indirekt. Aber ohne diese Rückmeldung wissen wir nicht, ob wir den Erwartungen gerecht werden.

Doch wie lobe ich richtig?

- **Spezifisch sein:** Anstatt allgemeines Lob auszusprechen, sollten Führungskräfte spezifische Leistungen oder Verhaltensweisen anerkennen. Das macht das Lob glaubwürdiger und nachvollziehbarer.
- **Zeitnah loben:** Anerkennung sollte zeitnah erfolgen, um den Zusammenhang zwischen Leistung und Lob herzustellen.
- **Authentisch sein:** Lob sollte aufrichtig und ehrlich sein. Mitarbeitende merken, wenn Anerkennung nicht authentisch ist, was das Vertrauen untergraben kann.
- **Öffentlich und privat:** Je nach Situation kann Lob öffentlich (vor dem Team) oder privat (im persönlichen Gespräch) ausgesprochen werden. Beide Formen haben ihre Vorzüge und sollten situationsgerecht eingesetzt werden.

Nun führen allein Klarheit und Energie nicht automatisch zu Erfolg, so viel ist klar. Aber Klarheit und Energie sind auf jeden Fall nicht schädlich. Erfolgreich zu sein ist natürlich eine sehr wichtige Kompetenz einer Führungskraft. Dafür braucht es aber vor allem ein diverses Team, das auch kontroverse Diskussionen führen kann, ein Team, das gemeinsam Erfolg »will«, erfolgshungrig ist. Und genau das ist Aufgabe der Führungskraft: diese Leidenschaft zu wecken. An dieser Stelle möchte ich anmerken, dass Erfolg durchaus unterschiedlich interpretiert werden kann. Während meiner Laufbahn habe ich viele Situationen erlebt, in denen Teams das Gefühl hatten, erfolgreich gewesen zu sein, aber die Sichtweise des Unternehmens war eine ganz andere. Daher ist – kommen wir zum Beginn zurück – Klarheit notwendig: Was bedeutet Erfolg und wie trägt der Erfolg des Teams zum Gesamterfolg bei?

Bis vor Kurzem hätte ich gesagt, dass Klarheit, Energie und Erfolg die wichtigsten Eigenschaften eines Leaders sind. Allerdings sind aus meiner Sicht noch zwei weitere wichtige Aspekte gerade in den letzten Jahren dazugekommen: Resilienz und Empathie.

Bei Empathie geht es nicht darum, eine harmonische Familie zu sein oder keine harten Entscheidungen zu treffen. Es geht darum, Menschen zu befähigen, die richtigen Leute an die richtigen Stellen zu setzen, sie herauszufordern und die Fähigkeit zu haben, sie zu coachen. Es geht um Interesse am Team, um das Gespür für Stärken und Schwächen jeder einzelnen Person. Ich bin ein großer Freund der Stärkenorientierung und mag Tools wie z. B. den Gallup Strength Finder. Denn jeder von uns arbeitet gern mit und an seinen Stärken. An seinen Schwächen zu arbeiten ist frustrierend und kostet Energie. Zum Glück sind wir Menschen verschieden und jede Führungskraft hat die Chance, ihr Team aus komplementären Stärken zusammenzubauen.

Auch harte Entscheidungen mit entsprechender Empathie zu treffen gehört zu den Aufgaben eines Leaders – ob es nun Personalentscheidungen sind, kritische Projektsituationen oder die Zuweisung von Aufgaben. All das erfordert oft Fingerspitzengefühl. Kündigungen auszusprechen ist wohl die schwierigste Aufgabe einer Führungskraft.

Allerdings gilt es auch hier, die entsprechende Person nicht nur mit Respekt zu behandeln, sondern auch Klarheit in die Entscheidung zu bringen: Warum musst du gehen, was hat dazu beigetragen, was kannst du daraus lernen? Gerade der Umgang mit Kündigungen hilft einem Unternehmen dabei, im Markt ein positives Bild zu behalten. Nehme ich Mitarbeitende mit Respekt aus dem Unternehmen, versuche ich mich in die Person hineinzuversetzen und versuche ich auch Brücken zu bauen, ist die Chance wesentlich höher, dass die betroffene Person auch nach diesem Prozess positiv über das Unternehmen spricht. Es geht also um Respekt und Würde, Transparenz und Ehrlichkeit, Empathie und Verständnis, Fairness und Gerechtigkeit.

Kommen wir zur Resilienz und damit kurz zurück zur Diversität: Verschiedene Ansichten helfen bei der Problemlösung. Resilienz ist gerade in Zeiten von Krisen, geopolitischen Verwerfungen und einer schwierigen oder dynamischen Wirtschaftslage essenziell. Gern spreche ich auch bei meinen Workshops von proaktiver Resilienz, einer Resilienz, die wir als Unternehmen eben proaktiv aufbauen können. Dazu gehört nicht nur Diversität im Team, sondern auch Diversität von Lieferketten, Märkten und Geschäftsmodellen. Aber auch Offenheit und Transparenz gehören dazu.

In vielen Unternehmen wird anhand von sogenannten Scorecards der wirtschaftliche Erfolg und die Erreichung der gesetzten Ziele gemessen, also Key Performance Indicators. Das Problem an vielen dieser Scorecards ist oft die rückwärtsgerichtete Sichtweise: Umsatz, Ergebnis, Lagerbestand etc. Ich empfehle daher Unternehmen, eher vorwärtsgerichtete Performance-Indikatoren einzuführen (Leading Indicators). Das können zum Beispiel neu generierte Verkaufschancen innerhalb der letzten Woche oder neue Kundenanforderungen für Produkterweiterungen etc. sein. Hier ist es auch an der Führungskraft, genau diese vorausschauende Sicht- und Denkweise zu etablieren.

Einen weiteren wichtigen Anteil an Resilienz haben wiederum die kulturellen Werte und Normen. Wenn ich mein Unternehmen und seine Mitarbeitenden zu einer Lernkultur entwickle, dann kann ich relativ schnell neue Fähigkeiten etablieren. Wenn ich meinen Mitarbeitenden keinen Einblick in und keinen Anteil an der Strategieentwicklung gebe, dann verpasse ich unter Umständen eine spannende oder sogar wegweisende Idee bzw. Sichtweise. Genauso verhält es sich, wenn ich Entscheidungen zentralisiere. Damit baue ich mir selbst einen Single Point of Failure auf, weil ggf. nur ich oder nur wenige andere Personen Entscheidungen treffen können. Hier empfiehlt es sich, dezentrale Entscheidungsebenen einzuführen, klar festzulegen, wer welche Entscheidungen bis zu welcher Größenordnung, bis zu welchem Umfang etc. treffen kann und sollte. Damit erhöhe ich die Fähigkeit eines Unternehmens, gerade in schwierigen Situationen schnell zu reagieren.

Jetzt haben wir viel über Führung gesprochen. An dieser Stelle möchte ich sicherheitshalber noch einmal erwähnen, dass Führung nichts mit Management zu tun hat. Management hat aber etwas mit Führung zu tun. Was meine ich damit? Jeder und jede kann im Unternehmen eine Führungskraft (Leader) sein – Klarheit schaffen, positive Energie versprühen, Ergebnisse liefern, empathisch sein und Resilienz aufbauen –, muss aber dazu keine Personalverantwortung haben, sprich ein Manager sein. Ich bin aber fest davon überzeugt, dass jeder Manager ein Leader sein sollte. Gleichzeitig glaube ich, dass man Management lernen kann, Leadership-Potenzial hat im Prinzip auch (fast) jeder, allerdings bleibt es bei vielen unterentwickelt, weil es nie gefordert und gefördert wurde oder weil der entsprechenden Person einfach die Empathie fehlt oder die Fähigkeit, Energie zu erzeugen oder Menschen zu inspirieren.

DLC-Check C: Leadership

- ☑ Sei mit Lob verschwenderisch, aber immer authentisch.
- ☑ Sorge für Klarheit – bei Zielen, bei Erwartungen, bei allem, was du tust.
- ☑ Definiere Leading Indicators, um die für die Zukunft richtigen Entscheidungen zu treffen.
- ☑ Inspiriere dein Team, erzeuge positive Energie und nimm es mit auf die Reise.
- ☑ Schaffe ein Umfeld, in dem jeder und jede gewinnen will, jeder und jede erfolgshungrig ist.
- ☑ Sei fair und sei verlässlich im Handeln.
- ☑ Sorge für Diversität im Denken, lasse Diskussionen zu, schüre Konflikte, wenn es sinnvoll ist.
- ☑ Binde Mitarbeitende ein, gib ihnen Raum zu wachsen und gib ihnen Entscheidungskompetenz.
- ☑ Nicht jeder kann ein Leader sein – setze hohe Maßstäbe.

3.4 Gute Leader und großartige Leader

Wir haben geklärt, in welchem Zusammenhang Leadership und Management stehen und wir haben die Kriterien von Leadership besprochen. Was macht nun eine gute Führungskraft und was eine richtig gute, eine großartige Führungskraft aus?

Ich habe viele Führungskräfte kennengelernt, die fast ausschließlich auf das Erreichen ihrer persönlichen Ziele, ihres persönlichen Erfolgs fokussiert waren – Führungskräfte, die sich vor allem »nach oben hin« – also ihren Führungskräften oder dem Vorstand gegenüber – viel Mühe gaben, um gut dazustehen. Diese Führungskräfte sind in Unternehmen oft hoch angesehen, da sie überall bekannt sind und oft auch gute Ergebnisse liefern. Allerdings geschieht dies oft zulasten des Teams der Führungskraft, da diese viel zu wenig Zeit investiert, um Klarheit im Team zu schaffen, Energie zu erzeugen, Resilienz aufzubauen und empathisch zu sein. Das geht eine Zeit lang gut, allerdings zeigt es sich gerade in schwierigen, dynamischen Situationen, dass genau diese Führungskräfte an ihre Grenzen kommen, da das Team nicht selbstständig agiert, nicht voller Leidenschaft und mit vollem Commitment hinter der Führungskraft steht.

Folgende Eigenschaften zeichnen laut Linda Hill, Professorin an der Harvard Business School, eine richtig gute, eine großartige Führungskraft aus (Knight 2023):

- Authentizität
- Neugier
- analytische Kompetenzen
- Anpassungsfähigkeit
- Kreativität
- geübter Umgang mit Unsicherheit
- Resilienz
- Empathie

Großartige Führungskräfte inspirieren ihr Team, geben den Teammitgliedern Vertrauen und befähigen sie dazu, Fehler zu machen, aus ihnen zu lernen und zu wachsen. Authentizität ist eine der wichtigsten Eigenschaften. Neugier, Interesse an Menschen und Herausforderungen und die Fähigkeit, Resilienz aufzubauen und Empathie zu zeigen, sind weitere Schlüsselaspekte, die wir schon thematisiert haben.

Gehen wir einmal auf die aus meiner Sicht wichtigste Eigenschaft, Authentizität, ein. In vielen Führungsseminaren werden Herangehens- und Verhaltensweisen vermittelt, die eine Führungskraft haben sollte. Ich halte das grundsätzlich nicht für falsch, gebe aber zu bedenken, dass jeder Mensch anders ist und wir den Leader bzw. die Leaderin in uns selbst formen sollten, mit den jeweiligen ganz persönlichen Ecken und Kanten. Menschen werden immer den Personen folgen und gern mit Personen arbeiten, die zu jeder Zeit authentisch sind und bleiben. Gerade in schwierigen Situationen, unter Erfolgs- oder Zeitdruck, fallen wir Menschen ganz natürlich auf unsere wesentlichen, nicht angelernten Charaktereigenschaften zurück. Wenn ich diese also mal zeige und mal überspiele, dann kratzt das an meiner Glaubwürdigkeit.

Allerdings darf nicht unerwähnt bleiben, dass Authentizität in bestimmen Situationen auch ungünstig sein kann. Ich möchte folgende zwei Beispiele anführen, damit diese Einschränkung deutlich wird:

- **Krisensituationen:** In Krisensituationen wird von Führungskräften oft erwartet, Ruhe und Sicherheit auszustrahlen, auch wenn sie sich persönlich unsicher oder sogar ängstlich fühlen. Hier könnte es schädlich sein, zu viel von den eigenen Ängsten preiszugeben, da dies das Team destabilisieren könnte. Dennoch halte ich es für sinnvoll, die eigenen Gefühle nicht ganz zu verstecken, denn eine zu nüchterne Herangehensweise von Führungskräften kann auch dazu führen, dass sie unglaubwürdig werden. Hier kommt es, wie so oft, auf die richtige Dosierung und Sensibilität an.

- **Unangemessene Offenheit:** Authentizität kann zu einer übermäßigen oder ungefilterten Offenheit führen, was problematisch sein kann, wenn sensible Informationen oder persönliche Meinungen geäußert werden, die nicht zur Stärkung des Teams oder der Unternehmenskultur beitragen. Beispielsweise könnte es unangebracht sein, als Führungskraft Unsicherheiten über strategische Entscheidungen zu äußern, die in einem kritischen Moment für das Unternehmen entstehen. Sollte eine Unternehmensentscheidung grundsätzlich nicht die Überzeugung, die Prinzipien oder die Werte einer Führungskraft widerspiegeln, dann sollte sie grundsätzlich über ihre Rolle nachdenken.
  Dies habe ich in meiner Laufbahn einmal erlebt und mich gegen das Unternehmen entschieden, wodurch ich einerseits mir selbst treu geblieben bin – authentisch war. Anderseits war dieser Prozesse ein langer und auch schwieriger, da ich mir die Frage gestellt habe, was richtig und was falsch ist. Diese Frage nach Richtig und Falsch ist immer ein Abwägen verschiedener individueller Faktoren und kann auch in bestimmten Situationen dazu führen, Entscheidungen einfach zu implementieren, wenn es beispielsweise dem Wohl des Gesamtunternehmens mehr hilft als es ggf. Einzelnen schadet.

Ich halte es für sehr wichtig, dass mein Denken und Handeln jederzeit übereinstimmen. Ich nenne das in meinen Vorträgen oft »Audio und Video«, sprich: das, was ich sage, sollte zu dem passen, was ich denke und was mein Gesicht und meine Gesten widerspiegeln. Die Synchronität von Audio und Video kann man sich nicht antrainieren – nicht authentisches Verhalten wird durchschaut, irgendwann von irgendwem. Wenn ich also mir – meinen Werten und meinen Überzeugungen – treu bleibe, sorgt das für Glaubwürdigkeit und erzeugt ein Bild der Integrität. Diese Synchronität wird oft auch als »Walk the Talk« bezeichnet. Führungskräfte sollten nicht nur die Kultur aktiv leben und die Werte und Normen eines Unternehmens verkörpern, sondern auch die Führungsprinzipien jeden Tag aufs Neue üben, erlebbar machen und als Vorbild fungieren.

Neugierde und analytische Kompetenz sind deshalb so wichtig, weil ich als großartige Führungskraft Offenheit gegenüber neuen Ideen, anderen Meinungen und Vorschlägen mitbringen und diese auch analytisch, transparent und ehrlich ohne Befindlichkeiten bewerten können sollte. Dies setzt ein Umfeld voraus, in dem Fehler toleriert werden, und eine Umgebung, in der sich meine Teammitglieder sicher fühlen und sich trauen zu diskutieren, zu streiten und um die beste Lösung zu ringen. Nur so schaffe ich die notwendige Anpassungsfähigkeit und die Fähigkeit, auch in unsicheren Umgebungen zu navigieren – und nur so kann nachhaltiger Erfolg angestrebt werden.

In der Management-Literatur wird auch oft von situativer Führung gesprochen. Diesen Begriff möchte ich hier kurz einordnen. Über die grundsätzlichen Kompetenzen und Charakteristiken eines erfolgreichen Leaders haben wir bereits gesprochen und die Frage, die sich vor dem Hintergrund des situativen Führens stellt, ist, wie ich diese Kompetenzen so anwende, dass ich damit unterschiedliche Mitarbeitende führen kann – Mitarbeitende, die sowohl vom Charakter als auch von den Kompetenzen her unterschiedlich sind. Hierbei unterscheide ich zwischen vier wesentlichen Führungsstilen, die situativ angewendet und auch gern kombiniert werden können:

1. direktive Führung
2. partizipative Führung
3. delegative Führung
4. Coaching

Bei der direktiven Führung ist der Anteil detaillierter Anweisungen hoch und es erfolgt eine enge Erfolgskontrolle mit relativ wenig Unterstützung. Dieser Führungsstil eignet sich insbesondere für Mitarbeitende, die eine geringe Kompetenz und wenig Motivation haben. Oder für Mitarbeitende, mit deren Leistung bzw. mit deren Ergebnissen ich unzufrieden bin. Nun muss man sich sicherlich die Frage stellen, warum die Motivation nicht gegeben ist und ob dies ggf. etwas mit den schon dargestellten Leadership-Kompetenzen, beispielsweise Klarheit und Energie, zu tun hat. Diese Frage ist berechtigt, da viele Führungskräfte in genau diesen Führungsstil verfallen, ohne sich zu fragen, ob sie selbst zu dieser Situation beigetragen haben könnten. Hier gilt es also, erst einmal kritisch zu hinterfragen, ob ich die Ziele klar formuliert, das Warum und Wofür deutlich gemacht und die betroffenen Mitarbeitenden auch gemäß ihren Kompetenzen und Stärken richtig eingesetzt habe. Dieser Führungsstil verlangt einen erheblichen zeitlichen Aufwand und ist eher ungünstig für Agilität, Innovation und Kreativität. Allerdings ist direktive Führung von Zeit zu Zeit notwendig.

Bei der partizipativen Führung gebe ich als Führungskraft eher wenig konkrete Anweisungen, aber viel Unterstützung. Dieser Führungsstil eignet sich für Mitarbeitende mit hoher Kompetenz, aber wenig Motivation. Die Frage, warum die Betroffenen wenig motiviert sind, haben wir schon diskutiert und auch hier gilt es, sich selbstkritisch zu hinterfragen. Dieser Führungsstil gibt mir aber die Möglichkeit, bei Mitarbeitenden, die eigentlich die Kompetenz besitzen, gemeinsam an der Motivation zu arbeiten. Es ist also als Investition in die Mitarbeitenden zu verstehen, verlangt aber auch ein hohes Maß an persönlichem Aufwand.

Die delegative Führung eignet sich für Mitarbeitende mit hoher Kompetenz und hoher Motivation. Bei diesem Führungsstil gebe ich wenig bis gar keine konkreten Anweisungen, sondern setze nur die Rahmenbedingungen. Ich brauche als Führungskraft auch wenig Unterstützungsleistung zu erbringen, da die betroffenen Mitarbeitenden selbst die Kompetenz und die Motivation besitzen, bestimmte Probleme zu lösen oder Lösungen zu erarbeiten. Man könnte meinen, dies sei der optimale Führungsstil – nur leider trägt er auch dazu bei, dass wenig Interaktion stattfindet.

Ich persönlich bevorzuge deshalb den letzten Führungsstil, nämlich den Stil des Coachings. Coaching wird oft nicht als Führungsstil gesehen, was ich für grundlegend falsch halte, gerade in Zeiten, in denen wir Agilität, Resilienz und Innovationskraft benötigen. Coaching sollte nicht nur als Persönlichkeitscoaching verstanden werden, das von »außen« kommen muss. Damit will ich nicht die Rolle der Coaches abwerten, ganz im Gegenteil. Allerdings glaube ich fest daran, dass jede Führungskraft Coaching-Skills besitzen sollte. Coaching ist eine Methode, die es ermöglicht, die spezifischen Stärken einer Person durch Interesse, Neugierde und Unterstützung so zu nutzen, dass Ideen und Lösungen immer selbstständiger generiert werden können. Es ist also durchaus aufwendig, trägt aber zur Eigenständigkeit und zur besseren Zusammenarbeit bei. Durch Coaching kann ich Mitarbeitende besser motivieren, da Ideen, Lösungen oder Herangehensweisen im Gespräch selbst entdeckt werden können. Ich steigere die Leistung und Produktivität meiner Mitarbeitenden, indem ich sie motiviere und Freiräume schaffe, die wiederum in Zukunft zu Schnelligkeit und Kreativität beitragen. Ich steigere die Anpassungsfähigkeit und Flexibilität, da ich verschiedene Perspektiven zusammenbringen, einordnen und in den Kontext setzen kann. Ich stärke die Beziehung und das Vertrauen, indem ich mir Zeit nehme und mich mit den Themen und den Mitarbeitenden beschäftige. Als Coach setze ich Rahmenbedingungen, definiere Ziele, sorge dafür, dass Ergebnisse gemeinschaftlich – auch mit anderen Bereichen – erzielt werden und helfe meinem Team dabei zu lernen und sich anzupassen.

Zusammengefasst lässt sich also sagen, dass ich als Führungskraft die Fähigkeit haben sollte, auf jede Situation, auf jeden Mitarbeiter und jede Mitarbeiterin anders einzugehen und deren Stärken zu nutzen. Ich sollte als Coach agieren können und vor allem Interesse zeigen an den Denkweisen, Motivationen, Nöten und Ideen meiner Teammitglieder. Als Führungskräfte sollten wir in die Entwicklung unserer Mitarbeitenden investieren, gute Leute halten und neue Talente an Bord holen.

Die Fähigkeit zu führen ist also komplex und vielfältig, was auch den Reiz ausmacht. Führung ist eine Kunst und gute Führung ist leider noch selten. Ich hoffe, dass euch diese Kriterien und Kompetenzen ein paar Ideen und Ansätze liefern, um eure eigenen Führungsskills weiter zu verbessern.

Auch der wirtschaftliche Impact, den großartige Führungskräfte haben, ist nicht zu vernachlässigen. Studien von Gallup (People Not Tech 2021) und Harvard Business Review (Delizonna 2017) belegen, dass gut geführte Unternehmen eine bis zu 21 % höhere Rentabilität, bis zu 20 % mehr Produktivität, bis zu 30 % höhere Innovationsraten, bis zu 40 % mehr Mitarbeiterbindung und bis zu 37 % weniger Abwesenheiten durch Krankheiten aufweisen.

Schlechte oder »nur« gute Führungskräfte können unbewusst dazu beitragen, dass folgende Konsequenzen entstehen:

- niedrigere Mitarbeiterproduktivität
- hohe Fluktuation und Verlust von Talenten

- schlechte Entscheidungsfindung und mangelnde Innovation
- negative Unternehmenskultur und beschädigte Marktreputation

Schlechte Führungskräfte können die Moral und Motivation der Mitarbeitenden senken, was zu niedrigerer Produktivität und schlechterer Arbeitsqualität führt. Sie verwalten Ressourcen oft schlecht, was zu Projektverzögerungen, Kostenüberschreitungen und Verschwendung führt. Dies trägt weiterhin dazu bei, dass die Mitarbeitenden unzufrieden werden und daher eher geneigt sind, das Unternehmen zu verlassen. Die Anzahl der Krankheitstage steigt. Das erhöht die Rekrutierung- und Einarbeitungskosten und das Unternehmen verliert Wissen und Erfahrung, was sich wiederum negativ auf die Effizienz und Innovationskraft des Unternehmens auswirkt. Weniger gute Führungskräfte treffen oft uninformiert oder voreilig Entscheidungen, die sehr kostspielig sein können. Durch die fehlende Einbeziehung von Mitarbeitenden entsteht oft ein toxisches Arbeitsumfeld, das Kreativität hemmt. Dies wirkt sich unmittelbar auf die Unternehmenskultur und die Reputation des Unternehmens aus. Auch – und das ist nicht zu vernachlässigen – steigt in toxischen Unternehmen oder Organisationen der Anteil an stress- oder Burnout-bedingten Fehltagen drastisch an, was die Gesamtleistung des Unternehmens beeinflusst. Last but not least fällt es solchen Unternehmen immer schwerer, Talente zu finden und zu halten.

Wir sehen also die Komplexität und die Auswirkungen von guter bzw. schlechter Führung. Daher ist es unabdingbar, sich als Unternehmen näher mit dem Thema Führung zu beschäftigen, es wichtiger denn je zu nehmen und zuallererst bei jeder Transformation den Fokus auf die Führungskräfte zu legen. Ich habe mir während meiner Transformationsherausforderungen als Allererstes die First-Line-Manager sehr genau angesehen. Denn egal wie viele Führungsebenen ihr in eurem Bereich, in eurer Firma habt, die First-Line-Manager sind diejenigen, die jeden Tag mit den Mitarbeitenden sprechen – oder zumindest sprechen sollten. Wenn ihr da keine gute oder gar großartige Qualität habt, dann schlägt jede Transformation fehl. Hier geht es einerseits darum, diese First-Line-Manager genau zu analysieren und zu eruieren, ob sie die oben genannten Fähigkeiten, Kompetenzen, Charakteristiken und Eigenschaften aufweisen. Einige wenige können und sind gewillt zu lernen, allerdings bei Weitem nicht alle. Und es klingt zwar hart, aber es ist absolut notwendig, sich von denen, die nicht wollen oder nicht können, zu trennen. Es lohnt sich aber in jedem Fall, die Führungskräfte, und zwar nicht nur die First-Line-Manager, sondern alle Führungskräfte zu trainieren.

Ich habe dazu bei meinen letzten Einsätzen ein »Leadership Fitness Center« eingeführt. Dabei werden in einem sicheren Raum, in dem Fehler erlaubt sind, schwierige Situationen durchgespielt. Dabei kann man die einzelnen Personen einerseits gut beobachten und beurteilen, ob sie wirklich eine »Ability to Transform« haben, aber man gibt ihnen auch die Chance, sich selbst mit dem Thema zu befassen und zu lernen – über sich zu lernen und von anderen zu lernen.

Ich werde immer wieder gefragt, ob ein großartiger Leader der beste Experte auf seinem Gebiet sein und das Produkt im Detail verstehen muss – oder ob er eher der beste Vertriebsmitarbeiter mit den besten Kundenkontakten sein sollte. Ich vertrete in diesen Diskussionen immer wieder eine ganz klare Meinung, nämlich, dass genau dies nicht notwendig ist. Ein großartiger Leader ist in den seltensten Fällen der beste Vertriebsmitarbeiter, hat in den wenigsten Fällen die besten Kunden- oder Partnerkontakte und versteht auch das Produkt meist nicht in der vollen Tiefe. Das wäre aus meiner Sicht auch kontraproduktiv, da man so niemandem die Chance gibt, Verantwortung zu übernehmen, sich tief in das Produkt oder den Kunden »einzugraben«. Auch lässt man zu wenig Raum für Innovationen, da niemand »besser« sein darf – oder das zumindest glaubt. Zudem ist das kein nachhaltiges Leadership, da genau dann, wenn dieser Leader geht oder gehen muss, sämtliche Expertise mit aus dem Unternehmen geht. Ich halte die Vorstellung, dass ein Leader auch ein Experte sein muss, für überholt und gefährlich. Denn großartige Leader tun genau das, was sie tun sollen: führen! Und damit ihr Team befähigen, in vielen Bereichen immer besser zu werden. Ein großartiger Leader hört auf sein Team und lässt Experten wachsen und sich weiterentwickeln.

Zum Abschluss des Themas Führung möchte ich noch einmal das Thema Personalverantwortung thematisieren. Manager, die Verantwortung für Menschen übernehmen, müssen Zeit für das Management haben. Personalverantwortung ist ein Vollzeitjob. Ich stoße oft auf Situationen in Unternehmen, in denen Führungskräfte mit Personalverantwortung noch selbst in Projekten arbeiten. In der Realität geht das immer zulasten der Führungsaufgabe als Personalverantwortlicher. Ich kann nur dringend davon abraten, Managerinnen und Managern mit Personalverantwortung noch eine Produktivierungsvorgabe (Vorgabe zum Anteil der verrechenbaren Leistung) zu geben. Mir ist bewusst, dass Produktivierungsvorgaben gerade im Bereich der Beratungsunternehmen gang und gäbe sind, und der Erfolg dieser Firmen ist sicherlich kein Argument für meine Meinung. Allerdings glaube ich fest daran, dass nachhaltige Mitarbeiterentwicklung und -bindung nur erfolgreich sein kann, wenn Manager Zeit für das Management haben. Dabei möchte ich anmerken, dass es natürlich auch auf die Größe des Unternehmens und die Anzahl der Mitarbeitenden ankommt.

DLC-Check D: Großartige Leader

- ☑ Bleibe authentisch, bleibe du selbst und sorge dafür, dass »Audio und Video« zusammenpassen.
- ☑ Bleibe neugierig, interessiere dich für dein Team und die Sorgen, Nöte und Stärken deiner Teammitglieder.
- ☑ Wähle deinen Führungsstil situativ aus, im Zweifel bleib beim Coaching, um das Beste aus deinem Team herauszukitzeln.
- ☑ Leader müssen keine Fachexperten oder Kundenexperten sein – großartige Leader führen, inspirieren und befähigen.
- ☑ Nimm dir Zeit für Personalverantwortung und gib anderen Zeit für Personalverantwortung.

3.5 Die Rolle der Mitarbeitenden

Wir haben jetzt viel über Führung und Führungskräfte gesprochen – darüber, wie ein Arbeitsumfeld geschaffen werden kann, das Klarheit, Energie, Erfolg, Resilienz und Empathie beinhaltet. Wir haben über die Eigenschaften und Kompetenzen von großartigen Leaderinnen und Leadern gesprochen und klar gemacht, warum diese Eigenschaften und Kompetenzen so wichtig sind. In diesem Kapitel geht es nun um die Mitarbeitenden, die hoffentlich in einem optimalen Umfeld arbeiten können, in dem sie sich entfalten, lernen, Fehler machen und Konflikte austragen dürfen – und Erfolge liefern.

Wir werden später noch einmal beleuchten, welchen Beitrag Mitarbeitende zur Transformation leisten können. In diesem Kapitel möchte ich zunächst einmal darauf eingehen, welche Eigenschaften Mitarbeitende in einer Transformation mitbringen sollten.

Erst einmal gilt es herauszufinden, welche Mitarbeitende Potenzialträger (High Performer) und welche eher Low Performer sind. Interessanterweise gibt es gerade im gehobenen deutschen Mittelstand wenig bis keine Methodik, um nachvollziehbar und aktionsbasiert Mitarbeitende einzuordnen und zu entwickeln. Ich empfehle hierzu die sogenannte 9-Grid-Matrix, mit der ich sehr gute Erfahrungen gemacht habe.

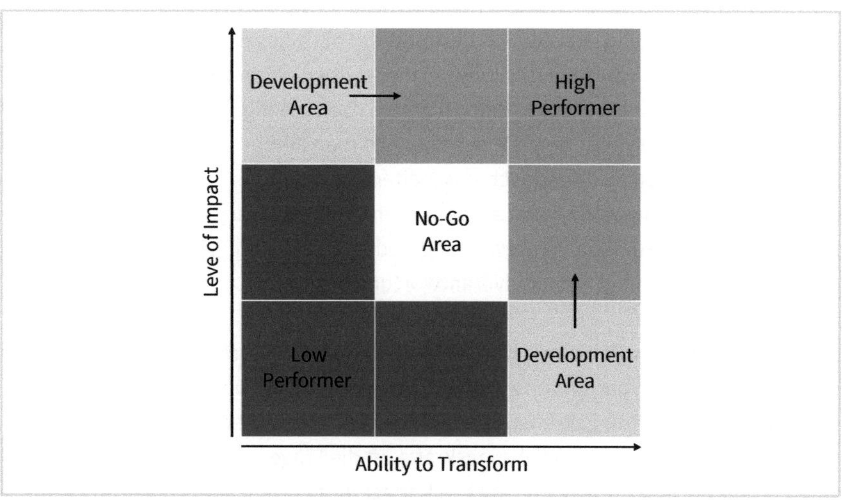

Abb. 8: Einordnung von Mitarbeitenden mithilfe der 9-Grid-Matrix

Die 9-Grid-Matrix basiert auf zwei Achsen. Die eine beschreibt die Performance des oder der Mitarbeitenden – wie gesagt, wir werden später noch einen genaueren Blick auf Performance bzw. Beitrag werfen. Die andere Achse beschreibt die Fähigkeit der oder des Mitarbeitenden, die Transformation mitzugestalten. Ich habe bewusst in der Mitte der Abbildung die »No-go-Area« markiert, denn es ist so einfach, die Mitte zu wählen und sich nicht auf eine klare Meinung festlegen zu müssen. Die einzige Ausnahme, die ich zulasse, sind neue Mitarbeitende, die man noch nicht beurteilen kann, weil man sie zu wenig kennt. Führungskräfte tendieren erstaunlich oft dazu, Mitarbeitende entweder in der Mitte einzuordnen – um sich nicht festlegen zu müssen – oder am besten gleich oben rechts – um des Friedens willen.

Widmen wir uns also zuerst dem Bereich oben rechts. Für eine Führungskraft ist es natürlich total einfach anzunehmen und auch »zu verkaufen«, dass alle Mitarbeitenden Superstars sind, also High Performer. Das zeugt dann allerdings ganz klar davon, dass die Führungskraft Konflikten ausweichen will. Es zeugt von fehlender Transparenz, fehlendem Mut oder ganz einfach wenig Einblick in die Fähigkeiten der Mitarbeitenden. Der Quadrant oben rechts ist im Prinzip in etwa gleichzusetzen mit der Mitte (No-go-Area), allerdings haben einige Mitarbeitende eine Berechtigung, hier zu stehen. Nämlich diejenigen, die fortlaufend sehr gute Leistungen bringen und die Fähigkeit beweisen, die Transformation aktiv mitzugestalten. Das sind Mitarbeitende, die sich nicht scheuen, in einen Konflikt zu gehen – sachlich, fachlich, niemals persönlich. Das sind Mitarbeitende, die selbstkritisch sind, kein großes Ego haben und bereit sind zu lernen. Das sind Mitarbeitende, die Fehler machen, Ideen einbringen, Dinge ausprobieren und daraus lernen. Es sind Mitarbeitende, die andere mitreißen, empowern und dafür sorgen, dass sie auch erfolgreich sein können.

Auf diesen Mitarbeitenden sollte ein besonderer Fokus liegen, da sie die Zukunft des Unternehmens deutlich prägen können. Dabei sollte nicht der Fehler begangen werden zu glauben, dass jeder High Performer gleichzeitig ein guter People Manager ist. Bitte nicht. Ich habe viele Beispiele gesehen, wo man den besten Experten zum Chef gemacht hat, der dann dramatisch gescheitert ist, weil das Führen von Menschen nicht seine Kernkompetenz war. Lasst uns damit aufhören zu glauben und zu forcieren, dass Karriere Personalverantwortung bedeutet. Karriere ist vielfältig und muss definitiv nicht unbedingt Personalverantwortung beinhalten.

Die sogenannten Low Performer müssen ebenfalls genau betrachtet werden und hier müssen Maßnahmen her, komme was wolle, ohne Ausreden und Aufschub. Auch hiervor drücken sich Führungskräfte oft, da dies Arbeit – unangenehme Arbeit – bedeutet. In meinen Teams stellten Führungskräfte oft die Frage, warum Mitarbeitende, die einen mittleren, einen »okayen« Level an Impact mitbringen, aber keine Fähigkeit zur Transformation, gleich Low Performer sein sollten. Aus meiner Sicht sind es genau die Mitarbeitenden, die sich mit einigermaßen guter Performance »über Wasser« halten, aber oft toxische Verhaltensweisen an den Tag legen, die eine Transformation verlangsamen oder gar verhindern.

Den Mitarbeitenden, die wir links oben oder rechts unten einordnen, gehört ein besonderer Development-Fokus, da anzunehmen ist, dass die betroffenen Personen entweder keine Möglichkeiten erhalten haben, die Transformation zu gestalten, oder die falsche Rolle haben, die es ihnen nicht erlaubt, ihre Stärken entsprechend zu entfalten. Es wäre zu einfach, diese Mitarbeitende ebenfalls als Low Performer zu bezeichnen. Die entsprechenden Führungskräfte haben in diesen Fällen die Verantwortung, ja die Verpflichtung, sich eingehend um diese Personen zu kümmern.

Obwohl dieses Kapitel »Die Rolle der Mitarbeitenden« heißt, sprechen wir wieder über Führung. Absichtlich, um ehrlich zu sein. Denn Mitarbeitende haben ein Recht darauf zu erfahren, wie sie beurteilt werden und welche Möglichkeiten sie haben, sich zu verbessern. Es ist Aufgabe der Führungskraft, dafür zu sorgen, dass diese Transparenz existiert und auch unangenehme Einschätzungen offen kommuniziert werden. Nur dadurch können Mitarbeitende Orientierung finden – herausfinden, wo es Verbesserungspotenzial gibt und an welchen Themen gearbeitet werden muss.

Gleichzeitig haben Mitarbeitende die Verpflichtung, sich im Sinne des Unternehmens einzubringen, Erfolge zu liefen, die Kultur zu leben, die Werte zu verinnerlichen.

Oftmals wird in Unternehmen den Führungskräften eine Vorgabe gegeben, wie viel »Good Attrition«, also performancebedingte Kündigungen durch das Unternehmen, und wie viel »Bad Attrition«, also freiwillige Kündigungen durch Mitarbeitende, sie erreichen müssen. Das sind oftmals für »Good Attrition« 5–10% und für »Bad-Attrition« unter 3%. Ich persönlich halte von diesen Vorgaben nicht viel, da sie den Führungskräften einen Zwang auferlegen, eine entsprechende Anzahl von Mitarbeitenden aktiv gehen zu lassen, bzw. ihnen einen Stempel aufdrücken, wenn mehr Mitarbeitende gehen als gewünscht. Ich bevorzuge eher die Sichtweise, dass herausragende Führungskräfte sehr genau wissen sollten, wer einen guten und wer einen nicht so guten Beitrag leistet. Wenn ich Führungskräfte habe, die dies nicht umsetzen können, habe ich die falschen Führungskräfte und nicht zwingend die falschen Mitarbeitenden. Wenn in einem Team Mitarbeitende freiwillig gehen, weil sie eine Firma gründen wollen, dann muss das nicht zwingend etwas mit der Führungskraft zu tun haben. Allerdings ist die Mitarbeiterzufriedenheit ein wichtiger Indikator dafür, ob die Führungskraft herausragend, gut oder gar schlecht ist. Meiner Meinung nach sollte der Fokus auf herausragenden Führungskräften liegen und nicht auf Vorgaben, wie viele Mitarbeitende gehen oder nicht gehen sollten.

DLC-Check E: Mitarbeitende bewerten

- ☑ Beurteile deine Mitarbeitenden nachvollziehbar und transparent, bewerte Performance, aber auch die Fähigkeit zur Transformation.
- ☑ Lass nicht zu, dass deine Führungskräfte sich nicht ausreichend mit der Bewertung beschäftigen – das ist oft ein Zeichen von schlechter Führung.
- ☑ Sei konsequent bei Low Performern, investiere in Potenzialträger und Development-Kandidaten.
- ☑ High Performer müssen nicht gleich gute People Manager sein – finde heraus wo ihre Stärken und Kompetenzen liegen.
- ☑ Führe, wenn möglich, ohne Vorgaben zur Bad und Good Attrition, lege den Fokus auf herausragende Führungskräfte.

3.6 Psychologische Sicherheit

Psychologische Sicherheit ist ein Konzept, das zunehmend an Bedeutung gewinnt, insbesondere in Zeiten, in denen wir uns mit Transformation, mit Veränderung beschäftigen. Es beschreibt ein Umfeld, in dem sich Menschen sicher fühlen, ihre Meinung zu äußern, Fragen zu stellen, Risiken einzugehen und Fehler zu machen, ohne Angst vor negativen Konsequenzen zu haben. Dieses Gefühl der Sicherheit ist nicht nur ein Wohlfühlfaktor, sondern ein zentraler Baustein für erfolgreiche Transformationsprozesse in Unternehmen, weshalb ich an dieser Stelle näher darauf eingehen möchte.

Das Konzept der psychologischen Sicherheit wurde erstmals von der Harvard-Professorin Amy Edmondson (1999) eingeführt. Sie beschrieb psychologische Sicherheit als ein Klima, in dem sich die Mitglieder eines Teams sicher genug fühlen, um zwischenmenschliche Risiken einzugehen. Dies bedeutet, dass Mitarbeitende ihre Gedanken und Ideen frei äußern können, ohne befürchten zu müssen, von Kollegen oder Vorgesetzten kritisiert, zurückgewiesen oder gar sanktioniert zu werden. In einem solchen Umfeld können Mitarbeitende offen über Probleme sprechen, kreative Ideen einbringen und aus Fehlern lernen – alles Voraussetzungen, die für eine erfolgreiche Transformation unerlässlich sind.

In Transformationsprozessen, die oft mit Unsicherheit und Veränderungsdruck einhergehen, ist psychologische Sicherheit von besonderer Bedeutung. Wenn Unternehmen sich in einem Transformationsprozess befinden, sei es durch die Einführung neuer Technologien, die Umstrukturierung von Abteilungen oder die Anpassung an neue Marktbedingungen, sind die Mitarbeitenden häufig mit neuen, unklaren und oft herausfordernden Situationen konfrontiert. In solchen Zeiten kann das Fehlen psychologischer Sicherheit dazu führen, dass Mitarbeitende sich zurückziehen, zögern, ihre Meinung zu äußern, oder sogar aktiv Widerstand leisten. Dies kann den Fortschritt einer Transformation erheblich verlangsamen oder gar blockieren.

Auch Studien belegen den positiven Impact psychologischer Sicherheit auf Unternehmen und Transformationsprozesse. So gibt die Harvard Business Review (Creating Psychological Safety in the workplace) an, dass Teams mit einer hohen psychologischen Sicherheit 12% effektiver sind im Vergleich zu Teams mit einer eher niedrigen psychologischen Sicherheit (Delizonna 2017). Menschen engagieren sich um 20% wahrscheinlicher in Umgebungen mit psychologischer Sicherheit, stellt auch Gallup (The Role of psychological safety in teams performance) fest (People Not Tech 2021). Und Business Insider (Sweeney 2021) hat herausgefunden, dass es in psychologisch sicheren Teams deutlich weniger Burnout gibt.

Psychologische Sicherheit schafft ein Umfeld, in dem Mitarbeitende motiviert sind, sich aktiv an der Transformation zu beteiligen. Sie fühlen sich ermutigt, innovative Ideen zu äußern, Fragen zu stellen und potenzielle Probleme frühzeitig anzusprechen. Wenn Fehler auftreten – was in jedem Transformationsprozess unvermeidlich ist –, wird ein fehlerfreundliches Klima geschaffen, in dem das Lernen aus Fehlern – anstelle von Schuldzuweisungen – im Vordergrund steht. Dies fördert nicht nur die individuelle Entwicklung, sondern trägt auch zur kollektiven Lernfähigkeit des Unternehmens bei.

Die Rolle von Leadership ist in diesem Zusammenhang besonders hervorzuheben. Führungskräfte spielen eine entscheidende Rolle dabei, psychologische Sicherheit in ihren Teams zu fördern. Sie müssen Vorbilder sein, indem sie selbst offen für Feedback sind, Fehler eingestehen und eine Kultur der Offenheit und des Vertrauens fördern. Es ist Aufgabe der Führung, durch ihr Verhalten zu signalisieren, dass alle Meinungen geschätzt werden und dass es sicher ist, Risiken einzugehen und über Unsicherheiten zu sprechen. Folgende Punkte sind mir bei psychologischer Sicherheit wichtig, die ich hier nur kurz anreißen möchte, da wir auf die einzelnen Themen später in Kapitel 4 »Transformation im digitalen Zeitalter« noch näher eingehen werden:

1. **Offene Kommunikation fördern**
   Führungskräfte sollten regelmäßige Möglichkeiten für Feedback, wie z. B. Team-Meetings oder anonyme Umfragen, in denen Mitarbeitende ihre Gedanken und Bedenken äußern können, schaffen.
2. **Fehlerfreundliche Kultur etablieren**
   Fehler als Lernchancen begreifen und dies aktiv vorleben: Führungskräfte sollten selbst offen über eigene Fehler sprechen und diese transparent aufarbeiten.
3. **Vertrauen aufbauen**
   Führungskräfte sollten Vertrauen durch Konsistenz, Transparenz und Authentizität schaffen. Dies bedeutet auch, den Mitarbeitenden Entscheidungsspielräume zu geben und ihre Expertise anzuerkennen.
4. **Diversität und Inklusion unterstützen**
   Führungskräfte sollten ein Umfeld fördern, in dem verschiedene Meinungen und Perspektiven willkommen sind und respektiert werden. Dies schafft Raum für Kreativität und Innovation.
5. **Vorbildfunktion der Führungskräfte**
   Führungskräfte sollten vorbildlich agieren, indem sie aktiv zuhören, sich offen für Feedback zeigen und respektvoll mit allen Meinungen umgehen.

Doch psychologische Sicherheit bedeutet nicht, dass es in einem Unternehmen keine Struktur, Verantwortung oder hohe Erwartungen geben sollte. Vielmehr handelt es sich um eine Kultur, in der Mitarbeitende wissen, dass sie ihre besten Leistungen erbringen können, weil sie in einem unterstützenden Umfeld arbeiten. Sie können sich voll und ganz auf ihre Aufgaben konzentrieren, weil sie keine Energie darauf verwenden müssen, sich vor negativen Konsequenzen zu schützen.

Das SCARF-Modell, entwickelt von David Rock, ist ein weiteres nützliches Werkzeug, das dabei hilft, das Konzept der psychologischen Sicherheit in Organisationen zu verstehen und zu fördern. SCARF steht für fünf zentrale soziale Bedürfnisse, die das Verhalten von Menschen in sozialen und beruflichen Kontexten beeinflussen: Status, Certainty (Sicherheit), Autonomy (Autonomie), Relatedness (Verbundenheit) und Fairness. Wenn Mitarbeitende das Gefühl haben, dass eines dieser Bedürfnisse verletzt wird, kann dies zu einem Gefühl der Unsicherheit oder Bedrohung führen, was die psychologische Sicherheit im Team oder in der Organisation beeinträchtigen kann.

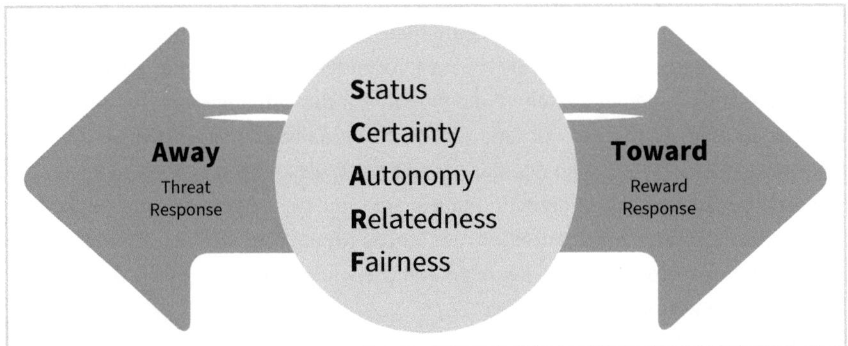

Abb. 9: SCARF-Modell

Status

Menschen haben ein grundlegendes Bedürfnis nach Anerkennung und Wertschätzung. In einem Umfeld, in dem Statusbedrohungen häufig sind – etwa durch abwertende Kommentare oder unfaire Behandlungen –, kann die psychologische Sicherheit schnell verloren gehen. Führungskräfte sollten darauf achten, dass alle Teammitglieder gleichermaßen respektiert und anerkannt werden, um ein sicheres Arbeitsumfeld zu schaffen. Wie man richtig lobt, habe ich bereits in Kapitel 3.3 »Die Kunst von Leadership« erläutert. Richtiges und passendes Lob, aber auch konstruktives Feedback und situative Führung sind wichtig, um Mitarbeitenden Anerkennung und Wertschätzung zu vermitteln.

Sicherheit (Certainty)

Unsicherheit und Unvorhersehbarkeit können Stress und Angst auslösen, was die psychologische Sicherheit untergräbt. Indem Führungskräfte klare Erwartungen setzen und Transparenz über Entscheidungen und Prozesse schaffen, können sie den Mitarbeitenden ein Gefühl der Sicherheit geben, das ihre Bereitschaft zur offenen Kommunikation und Zusammenarbeit fördert. Es geht also um die Leadership-Prinzipien, die ich in Kapitel 3.4 »Gute Leader und großartige Leader« detailliert erläutert habe.

Autonomie (Autonomy)
Das Gefühl der Kontrolle über die eigene Arbeit und Entscheidungsfreiheit ist ein wichtiger Faktor für das Wohlbefinden. Wenn Mitarbeitende das Gefühl haben, dass ihre Autonomie eingeschränkt wird, kann dies ihre Motivation und ihr Engagement beeinträchtigen. Eine Kultur, die Autonomie unterstützt, stärkt die psychologische Sicherheit, da die Mitarbeitenden das Gefühl haben, dass ihre Beiträge wertgeschätzt werden und sie selbstständig handeln können. Ein besonderer Killer für Autonomie ist z. B. Mikromanagement, worauf ich in Kapitel 4.4 »Commitment heißt, sich engagieren zu wollen und zu können« näher eingehen werde.

Verbundenheit (Relatedness)
Das Bedürfnis, Teil einer Gruppe zu sein und enge, vertrauensvolle Beziehungen zu pflegen, ist zentral für die psychologische Sicherheit. Wenn Menschen sich isoliert oder ausgeschlossen fühlen, kann dies ihre Bereitschaft, sich zu äußern oder Risiken einzugehen, erheblich beeinträchtigen. Führungskräfte sollten daher eine Kultur der Inklusion fördern, in der jeder und jede das Gefühl hat, dazuzugehören und geschätzt zu werden. Hierbei spielt Vertrauen eine entscheidende Rolle, worauf ich später in Kapitel 4.1 »Vertrauen muss gepflegt werden« eingehen werde.

Fairness
Wahrgenommene Ungerechtigkeit kann starke negative Emotionen hervorrufen und die psychologische Sicherheit untergraben. Es ist wichtig, dass Entscheidungen als fair und transparent wahrgenommen werden. Wenn Mitarbeitende das Gefühl haben, dass sie fair behandelt werden, steigt ihr Vertrauen und ihre Bereitschaft, sich voll in die Arbeit einzubringen. Hierbei spielt nicht nur offene Kommunikation, sondern auch eine nachvollziehbare Bewertung der Leistungen und Ergebnisse eine Rolle, was ich bereits in Kapitel 3.5 »Die Rolle der Mitarbeitenden« näher erläutert habe. Über die wichtige Rolle, aber auch die Fallstricke bei der Ergebnisorientierung werden wir später noch einmal zu sprechen kommen (siehe Kapitel 4.6 »Ergebnisse als logische Konsequenz«).

Insgesamt ist das SCARF-Modell gut geeignet, um die Dynamiken besser zu verstehen, die die psychologische Sicherheit beeinflussen. Indem Führungskräfte und Organisationen diese Dimensionen aktiv adressieren und fördern, tragen sie dazu bei, ein Umfeld zu schaffen, das psychologische Sicherheit unterstützt, die Zusammenarbeit stärkt und die Grundlage für erfolgreiche Transformationen legt. Denn Mitarbeitende werden aufgrund dieser Faktoren entscheiden, ob sie »weglaufen«, aufgeben, Angst haben – oder sich motiviert engagieren.

In der Theorie scheint psychologische Sicherheit leicht erreichbar zu sein, doch in der Praxis erfordert sie kontinuierliche Arbeit und ein tiefes Verständnis der dynamischen Beziehungen innerhalb von Teams. Unternehmen, die psychologische Sicherheit erfolgreich fördern, schaffen damit die Grundlage für nachhaltige Veränderungen und Innovationen. In Transformationsprozessen ist dies ein entscheidender Vorteil, da es den Mitarbeitenden ermöglicht, sich den Herausforderungen des Wandels nicht nur zu stellen, sondern diesen auch aktiv und kreativ zu gestalten. Genau auf diese Themen werden wir in den nächsten Kapiteln genauer eingehen.

DLC-Check F: Psychologische Sicherheit schaffen

- ☑ Beachte die fünf sozialen Bedürfnisse (Status, Sicherheit, Autonomie, Verbundenheit und Fairness), um eine Grundlage für psychologische Sicherheit zu schaffen.
- ☑ Schaffe ein Umfeld für offene Kommunikation, für eine Fehlerkultur, die darauf abzielt, Fehler als Lernchance zu betrachten.
- ☑ Diversität und Inklusion fördern psychologische Sicherheit. Vertrauen in das Team, in die Führungskräfte, in das Unternehmen ist das A und O.

4 Transformation im digitalen Zeitalter

Transformationen sind keine Modeerscheinung, auch wenn es uns oft so vorkommt. Oft komme ich in Unternehmen, in denen die Mitarbeitenden müde sind, weil es ständig um Transformation geht. Aber wie schon vorher erläutert, ist eine Transformation kein Prozess oder ein Projekt mit einem Ende – sie ist im Wesentlichen erst einmal ein Mindset. Und zu diesem Mindset gehört auch, dass ich bereit bin, Missstände aufzudecken, zu erkennen und zu akzeptieren. Bei jeder Veränderung geht es um Missstände, um sogenannte Dysfunktionen, die ich erkennen muss, um daran arbeiten zu können. Diese Dysfunktionen existieren immer und überall, in jedem Unternehmen. Dysfunktionen sind Dinge, die nicht wie geplant funktionieren, wie z. B. Qualitätsprobleme, verspätete Produkteinführungen, verfehlte Umsatzerwartungen, unzufriedene Mitarbeitende oder ganz einfach Vertrauensprobleme. Wenn ich zu einem Transformationsprojekt hinzugezogen werden, wende ich sehr oft die »5 Dysfunctions of a Team«-Methodik von Patrick Lencioni an (Lencioni 2002). Diese Methodik gibt einen guten Einblick in die organisatorische Gesundheit und die Teamdynamik in einem Unternehmen.

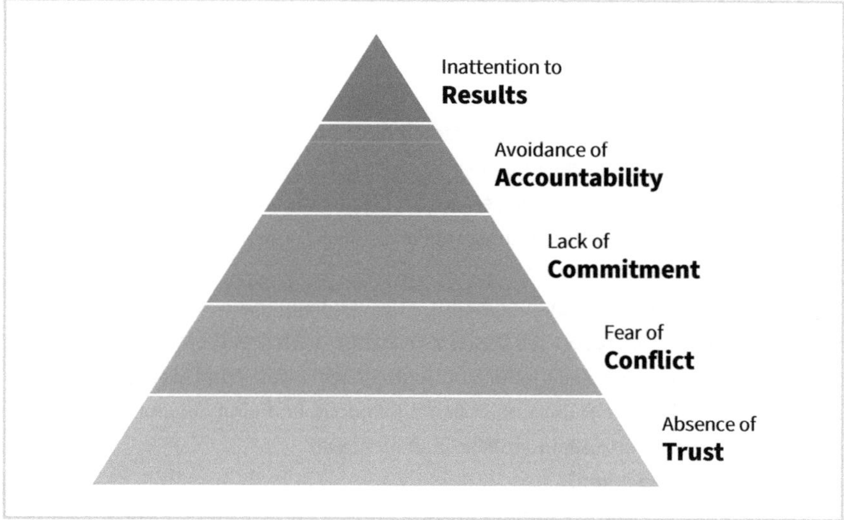

Abb. 10: Die »Five Dysfunctions of a Team«

Ich habe mir erlaubt, diese Methodik im Laufe der Jahre durch eigene Erfahrungen und Vorgehensweisen anzureichern, und ich möchte euch in diesem Kapitel ein paar Impulse geben, wie ihr Transformation im digitalen Zeitalter erfolgreich gestalten könnt.

Was unterscheidet denn Transformation von einer Transformation im digitalen Zeitalter? Nun, die verschiedenen im Bild dargestellten Ebenen werden immer mehr durch Technologie beeinflusst oder werden durch den Einsatz von Technologie immer dynamischer, komplexer und verändern sich fortlaufend. Transparenz wird zum Beispiel durch den Einsatz von Echtzeit-Reportingsystemen auf eine ganz neue Ebene gehoben, Ergebnisorientierung kann durch den Einsatz von verschiedenen Tools wie CRM, ERP-Systemen oder auch künstlicher Intelligenz deutlich verstärkt oder auch vollkommen konfus gestaltet werden, indem Systeme falsch bedient oder »gelesen« werden. In der Führung stehen uns immer mehr Datenpunkte zur Verfügung, um das Geschäft zu steuern, und das Führen von Teams wird immer komplexer und erfordert ein Umdenken bzw. einer Anpassung auf diesen oben dargestellten Ebenen. In den folgenden Unterkapiteln arbeiten wir uns von unten nach oben – und beginnen mit dem Vertrauen (Trust).

4.1 Vertrauen muss gepflegt werden

Vertrauen ist die Grundlage, ja, die Grundvoraussetzung für ein erfolgreiches Team. Vertrauen kann man nicht verordnen, nicht erzwingen – Vertrauen ist harte Arbeit. Ein Team, das kein Vertrauen in die eigenen Fähigkeiten und zu jedem einzelnen Mitglied hat, kann nicht offen über Fehler oder Schwächen sprechen. Allerdings ist es ein Unterschied, ob man grundsätzlich vertraut oder grundsätzlich misstraut.

Anzeichen für fehlendes Vertrauen sind:

- Schwächen und Fehler werden überspielt oder gar verschwiegen.
- Hilfe wird nicht angeboten und auch nicht eingefordert.
- Es wird übereinander gelästert, es existiert Neid untereinander.
- Man vermeidet, Zeit miteinander zu verbringen.

In vielen Teams stößt man auf mindestens eines der genannten Anzeichen. Hier empfiehlt es sich, ganz konkret an den Basics zu arbeiten, sprich: erst einmal zu verstehen, welche Bedürfnisse und Ziele jeder und jede Einzelne hat – und welche Herausforderungen. Ich habe gute Erfahrungen damit gemacht, erst einmal ganz bewusst eine negative Sichtweise einzunehmen: Was läuft nicht gut?

- Was fördert Silodenken?
- Was verhindert effektive Kommunikation?
- Was hindert uns daran, gern zusammenzuarbeiten?

Das sind nur ein paar Beispiele für das Einnehmen einer negativen Sichtweise im Rahmen eines Teamworkshops. Diese negative Sichtweise bringt dann idealerweise genau die Probleme ans Tageslicht, die angegangen werden müssen. Sehr oft entsteht daraus eine lebhafte Diskussion und man stellt fest, dass fehlendes Vertrauen oft mit Missverständnissen, unterschiedlichen Wahrnehmungen, Unkenntnis voneinander etc. zusammenhängt.

Im Anschluss ist es ratsam, sich genau mit dem Gegenteil zu beschäftigen:

- Was läuft denn eigentlich schon gut und worauf können wir aufbauen bzw. was können wir verstärken?
- Wie können wir unsere Herausforderungen angehen?
- Was nehmen wir uns als Team vor?

Gerade der letzte Punkt ist ein aus meiner Sicht sehr wichtiger, da man hier sowohl das Commitment jedes und jeder Einzelnen, aber auch das Team-Commitment herausarbeiten kann. Ich habe gute Erfahrungen damit gemacht, diese persönlichen Commitments von allen Beteiligten aufschreiben zu lassen, z. B. auf eine Postkarte, und diese nach sechs Monaten noch einmal gemeinsam durchzugehen. Das Team-Commitment kann dazu dienen, bei jedem Zusammenkommen eine Art Check-in durchzuführen: Halten wir uns gemeinschaftlich an das, was wir uns vorgenommen haben? Eine sogenannte Team Charta ist sehr hilfreich, um den Zusammenhalt im Team zu stärken.

Und natürlich kommt den Führungskräften bei der Etablierung von Vertrauen eine besondere Rolle zu. Sie müssen als Vorbild zeigen, dass es sich z. B. lohnt, Fehler zuzugeben, offen darüber zu sprechen und das Gelernte dem Team als Input zu geben. Das fördert den Mut jedes einzelnen Teammitglieds, eigene Fehler zuzugeben. Ich empfehle meinen Kunden, dies in regelmäßigen Reflexions-Meetings mit ihrem Team einzubauen, wo alle offen über Fehler sprechen und ableiten sollen, was daraus gelernt wird, um ähnliche Fehler in Zukunft zu vermeiden. Ich habe selbst gute Erfahrungen damit gemacht, den »Biggest failure of the months«-Award zu vergeben, was allerdings eine etablierte Fehlerkultur voraussetzt.

Führungskräfte sollten auch darauf achten, dass politisches Verhalten wie Lagerbildung, übereinander Herziehen, Geläster und jede Form von Subkultur gar nicht erst entstehen können. Lässt man dies zu, untergräbt man seinen eigenen Führungsanspruch und Vertrauen wird im Keim erstickt. Ich kann nur dazu raten, Menschen, die sich nicht an die Grundsätze halten, eher früher als später aus dem Team zu entfernen.

Die Wichtigkeit und Bedeutung von Vertrauen hat Simon Sinek gut beschrieben (ein Video zu diesem Thema ist leicht auf YouTube zu finden). Simon Sinek hat in seiner Arbeit mit den Navy Seals folgende Matrix entwickelt, die den Zusammenhang zwischen Vertrauen und Performance darstellt.

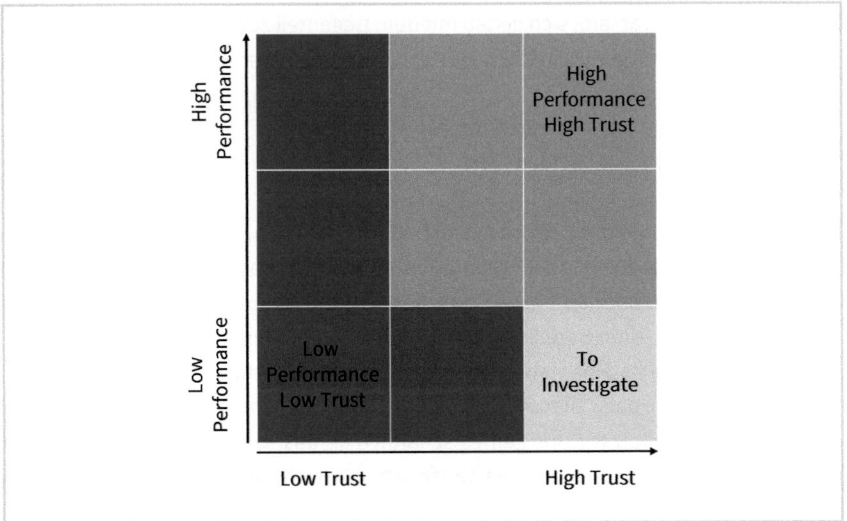

Abb. 11: Leistung und Vertrauen

Diese Matrix ist nicht mit der 9-Grid-Matrix (siehe Kapitel 3.5 »Die Rolle der Mitarbeitenden«) zu verwechseln, wo es um den Impact und die Transformationsfähigkeit geht. Jeder von uns wünscht sich Kollegen, Vorgesetzte und Mitarbeitende mit einem hohen Level an Performance und einem hohen Level an Vertrauen und niemand möchte Menschen um sich herum haben, die eine niedrige Performance bringen und wenig bis gar kein Vertrauen genießen. Nun gibt es aber auch die, die immer eine hohe Performance bringen, denen aber keiner vertraut, und es gibt auch die, die wenig Leistung bringen, aber ein hohes Vertrauen genießen. Simon Sinek beschreibt, dass die Navy Seals diejenigen bevorzugen, die wenig oder eine mittelmäßige Leistung bringen, auf die man sich aber verlassen kann – die also ein hohes Maß an Vertrauen genießen. Ich glaube fest daran, dass es im Unternehmenskontext ähnlich funktionieren sollte und auch funktioniert. Vertrauen ist höher bewertet und sollte höher bewertet sein als Performance. Gleichwohl muss natürlich die Leistung stimmen, zumindest Mittelmaß sein, um erfolgreich sein zu können. Dieses Beispiel bestätigt also, wie wichtig Vertrauen ist und dass ein Unternehmen, ein Team ohne Vertrauen nicht funktionieren kann.

Ein weiterer wichtiger Baustein für die Etablierung von Vertrauen ist der Blick der Führungskraft und der Mitarbeitenden auf den »Impact«, also darauf, welchen Beitrag jede und jeder Einzelne und das ganze Team zum Gesamterfolg leistet.

DLC-Check G: Vertrauen aufbauen

- ☑ Baue eine Kultur auf, die auf Vertrauen basiert, und setze Vertrauen voraus, das immer wieder erarbeitet und gefüttert werden muss.
- ☑ Sprich offen über Fehler und was du daraus gelernt hast, kultiviere diese Fähigkeit auch bei deinem Team.
- ☑ Eliminiere politisches Verhalten und Geläster – das sind Killer für eine Vertrauenskultur.
- ☑ Entferne Menschen aus deinem Team, die sich nicht an die Grundsätze halten.

4.2 »Impact« ist vielschichtig

Viele Unternehmen schauen bei der Bemessung des Beitrags, den ein Mitarbeitender zum Erfolg des Unternehmens leistet, meist auf den persönlichen Beitrag: wie viele abgeschlossene Projekte, wie viele neue Kunden, Höhe der Kostensenkungen usw. Dieser Blick fördert das Silodenken und fördert auch eine Ellenbogenmentalität: Ich muss besser sein als meine Kolleginnen und Kollegen. In einem solchen Umfeld fehlt es sehr oft an Vertrauen und an einem Gemeinschaftsgefühl. Auch bei der jährlichen oder halbjährlichen Beurteilung von Mitarbeitenden spielt genau diese Sichtweise eine große Rolle für Bonuszahlungen, Sonderprojekte, Titel, Beförderungen, Potenzialaussagen und sonstige Sonderzuwendungen.

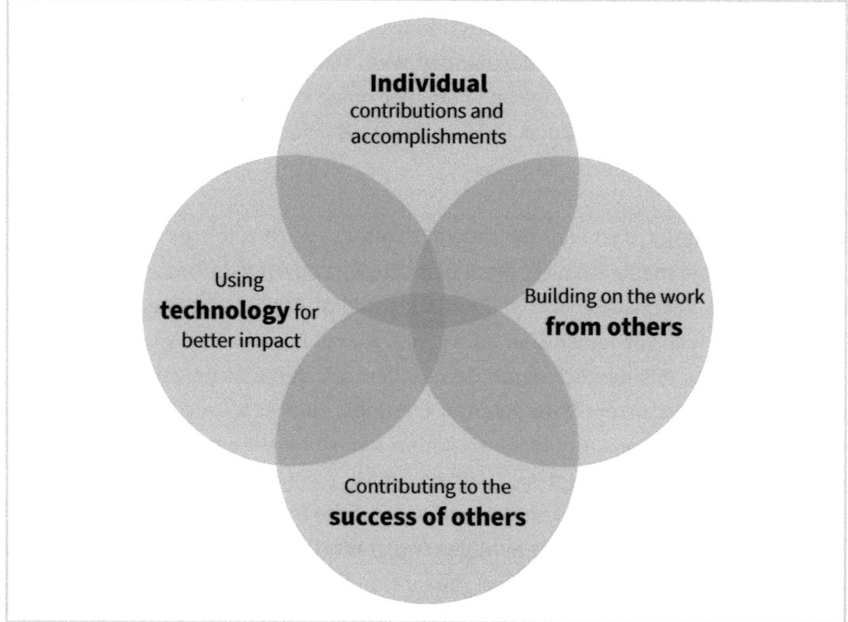

Abb. 12: Die vier Kreise von »Impact«

Die vier Kreise in der Abbildung zeigen eine aus meiner Sicht wesentlich bessere Herangehensweise, um den Beitrag von Mitarbeitenden zu bemessen in einer Zeit, in der niemand mehr allein erfolgreich sein kann und in der der Einfluss der Technologie immer größer und bedeutender wird.

Individuelle Beiträge und Erfolge sind natürlich weiterhin wichtig und es ist richtig, diese weiterhin bei der Bemessung von Erfolg heranzuziehen. Diese persönlichen Beiträge sind sehr stark abhängig von der jeweiligen Rolle und auch den jeweiligen Kompetenzen und Erfahrungen. Jeder einzelne Mitarbeiter und jede einzelne Mitarbeiterin muss einen Beitrag leisten, damit ein Unternehmen erfolgreich sein kann. Dazu (siehe auch das vorangegangene Kapitel) ist es notwendig, im Führungsstil sowohl eher als Coach zu fungieren und teilweise situativ vorzugehen als auch für Klarheit und Energie zu sorgen, damit alle zu jeder Zeit wissen, welcher Beitrag von ihnen erwartet wird.

Es wird aber auch immer wichtiger, seinen Beitrag auch auf den Erfahrungen und Ergebnissen andere aufbauen zu können. Und sich dabei zu fragen, wie diese Erfahrungen genutzt werden können, um selbst schneller und zielsicherer zum Erfolg zu kommen bzw. die Aufgaben abzuschließen. Genau dieser Muskel muss trainiert werden und setzt Vertrauen voraus – Vertrauen in die Arbeit der anderen und auch die Bereitschaft der anderen, ihre Erfahrungen und Erkenntnisse zu teilen. Das beschreibt auch sehr gut den dritten Kreis: wie jeder und jede dazu beiträgt, andere erfolgreich zu machen. Diese Bereitschaft entsteht nur, wenn eine Unternehmenskultur besteht, in der nicht in Silos gedacht und gehandelt wird. Und auch die Führung sollte diese beiden Kreise unbedingt im Auge behalten: Wie nutze ich die Arbeit von anderen und wie stelle ich meine eigene Arbeit anderen so zur Verfügung, dass sie darauf aufbauen können?

Der vierte Kreis zeigt, dass auch der sinnvolle Einsatz von Technologie belohnt werden sollte. Und damit meine ich nicht Word oder Excel, sondern ganz besonders die Möglichkeiten von Echtzeit-Reportings, von Kundeninformationssystemen, von Datenanalysen und auch von künstlicher Intelligenz. Wir können den Erfolg und die Agilität eines Unternehmens deutlich verbessern, indem wir den Einsatz von Technologien fördern und unterstützen. Dazu gehören Trainings, aber eben auch die Möglichkeit, hilfreiche Technologien zu nutzen. Ich kenne zahlreiche Unternehmen, in denen es den Mitarbeitenden untersagt ist, Tools zu nutzen, die ihnen die Arbeit erleichtern – meist aus Datenschutzbedenken. Auch wenn ich diese Bedenken gut verstehen kann: Mit der richtigen Schulung, der richtigen Integration und der richtigen Nutzung im Unternehmen wären diese Gefahren gebannt und der Einsatz der Tools unbedenklich. Oft wird auch der Zugang zu diesen Tools begrenzt und nur eine exklusive Benutzergruppe kann darauf zugreifen. Das fördert weder Vertrauen noch die Bereitschaft zusammenzuarbeiten. Ich glaube fest daran, dass eine offene, moderne Technologieumgebung in Unternehmen in Zukunft eine Grundvoraussetzung dafür sein wird, Talente anzuziehen und zu halten.

Diese Sichtweise auf »Impact«, also auf den Beitrag, den eine Person oder ein Team leistet, kann dazu beitragen, Vertrauen zu fördern, ja sogar zu belohnen. Dazu ist es ratsam, nicht nur die Performance-Beurteilung darauf aufzubauen, sondern auch Bonussysteme, Karrieregespräche und -planungen davon abhängig zu machen. Denn so wissen alle, dass sie in allen vier Kreisen ihren Beitrag leisten müssen, um auch als Person erfolgreich zu sein.

DLC-Check H: Impact messen

- ☑ Etabliere die vier Kreise von Impact: individueller Impact, auf der Arbeit von anderen aufbauen, andere erfolgreich machen und Nutzung von Technologie.
- ☑ Nutze diese vier Dimensionen bei der Beurteilung von Mitarbeitenden, bei Karrieregesprächen und der Verteilung von Incentives.
- ☑ Schaffe eine Arbeitsumgebung, in der die relevanten Tools und Anwendungen genutzt werden können.

4.3 Die Schönheit von Konflikten

Die Angst vor Konflikten ist eine natürliche Abwehrhaltung. Sie hat oft sehr emotionale Aspekte: nicht verletzt zu werden, andere nicht zu verletzen, Fehler eingestehen zu müssen, nicht Recht zu bekommen, seine Meinung nicht durchsetzen zu können, sich selbst einzugestehen, dass eine andere Lösung besser ist, und sicherlich viele weitere Aspekte. Dabei sind Konflikte notwendige Regulierungen für Fortschritt und Erfolg. Eine Vermeidung von Konflikten bedeutet Stillstand, Resignation, Ohnmacht und führt mittelfristig zu einer dysfunktionalen Kultur.

Es gibt einige Anzeichen dafür, dass ein Team oder eine Organisation konfliktscheu sind:

- Meetings sind langweilig und bringen keine neuen Erkenntnisse oder Ergebnisse.
- Schwierige Themen werden eher ignoriert statt angesprochen.
- Nicht alle sprechen offen und teilen ihre Bedenken mit.
- Wenn es dann doch mal zum Konflikt kommt, wird es schnell persönlich.

Ich vermute, dass wir alle solche oder ähnliche Situationen schon oft erlebt haben. Doch die Konfliktbereitschaft einer Organisation ist gut und muss auch so gesehen werden. Nur durch Konflikte können schwierige Situationen gelöst werden. Wir begegnen täglich diversen Konflikten – das fängt beim Aufstehen an, bei der Wahl der Kleidung oder bei der Entscheidung, sich Zeit fürs Frühstück zu nehmen. Konfliktbereitschaft erfordert nicht nur Vertrauen, sondern auch die Bereitschaft zuzuhören, zu lernen, respektvoll zu sein, offen zu sein, Informationen zu teilen, sich zu beteiligen. Wir alle wissen wahrscheinlich auch, dass gute Meetings dynamisch sind. Gute Meetings sind Meetings, in denen sich alle beteiligen, man gemeinsam Ideen generiert, Lösungen findet und Probleme offen und ohne Schuldzuweisungen anspricht.

Klaus Eidenschink hat in seinem Buch »Die Kunst des Konflikts« (Eidenschink 2024) die verschiedenen Dimensionen von Konflikten sehr gut beschrieben: Jeder Konflikt hat eine Sachdimension, eine Sozialdimension und eine Zieldimension. Ich möchte an dieser Stelle nicht im Detail auf die unterschiedlichen Dimensionen eingehen, möchte sie jedoch in den Kontext einer Transformation im Unternehmensumfeld setzen.

Wenn man sich die verschiedenen Dimensionen eines Konflikts einmal genauer anschaut, dann wird man die Schönheit erkennen, ja sogar Lust bekommen, sich darauf einzulassen. Und dies ist – wie gesagt – gerade im Unternehmenskontext extrem wichtig und hilfreich.

Jeder Konflikt hat einen Inhalt. Hier gilt es herauszufinden, ob die Beteiligten wirklich offen für mehrere Lösungen bzw. Alternativen sind oder ob der Konflikt schon sehr stark persönlich gefärbt ist, also z. B. so hingedreht wird, dass eigene Fehler oder Versäumnisse verschleiert werden, um das Gesicht zu wahren. Ist der Konflikt eigentlich eine Grundsatzfrage und werden pauschale Annahmen getroffen oder sind die Beteiligten wirklich offen für evtl. ganz andere Lösungen?

In meiner Beratungstätigkeit erlebte ich einmal eine Konfliktsituation in einem großen Unternehmen, in der für viele der beteiligten Teammitglieder feststand, wer die Ursache eines bestimmten Problems war. Und die Lösung war ganz klar: Diese Person musste entlassen werden. Natürlich sahen andere Teile des Teams und die betroffene Person selbst die Situation anders. Der Beschuldigte war seit Langem im Unternehmen und hatte erfolgreich und maßgeblich zu dessen Erfolg beigetragen. Allerdings hatte sich der Konflikt immer weiter »aufgeschaukelt« und jeder hatte sich seine eigene Meinung dazu gebildet.

Ich versuchte zunächst einmal herauszufinden, was denn wirklich der Inhalt des Konflikts bzw. das Problem war. Es stellte sich heraus, dass bestimmte Verhaltensweisen und Reaktionen des Beschuldigten zu seiner Ausgrenzung geführt hatten. Ihm wurden Arroganz, fehlende Bereitschaft zur Zusammenarbeit und noch einiges mehr vorgeworfen. Nachdem wir uns Klarheit über den Inhalt des Konflikts verschafft hatten, konnten wir über konkrete Lösungsansätze sprechen. Plötzlich waren alle Beteiligten offen dafür, sich diesen konkreten Themen zu widmen und Lösungsansätze offen zu erforschen. Der Mitarbeiter, um den es ging, verstand nun endlich, warum es eine feindliche Haltung gegen ihn gab – und den anderen Beteiligten wurde klar, dass er durchaus auch positive Eigenschaften hatte und einen wertvollen Beitrag zum Gesamterfolg des Unternehmens leistete.

Die Beziehung der Konfliktparteien spielt eine weitere wichtige Rolle. Wie ich in dem Beispiel oben beschrieben habe, war der Kontakt zum Betroffenen eher feindlich – hier war kaum jemand offen für einen Dialog. Die typische Reaktion der anderen Teammitglieder war ablehnend – kaum jemand zog auch mal eine andere Sichtweise in Betracht. Als Folge stand fest: Der Mitarbeiter muss weg. Dabei wäre es hier sicher günstiger gewesen, sich mit ihm zu beschäftigen und zu erkunden, was hinter der wahrgenommenen Arroganz steckt.

Die nächste Frage ist, welche Zielsetzung eigentlich verfolgt wird: Will ich meine Macht, meinen Standpunkt durchsetzen oder kann ich auch damit leben, dass andere Optionen gefunden werden? Diese Dimension ist gerade in Unternehmen nicht zu unterschätzen, da es – wir reden über Leadership – durchaus eine zumindest wahrgenommene bzw. sogar gelebte Autorität gibt: Der Chef hat immer recht. Hier zeigt sich, wie gute und weniger gute Führung funktioniert: Ein guter Chef gesteht sich ein, dass er nicht unbedingt die beste Lösung haben muss, dass er nicht immer recht haben muss.

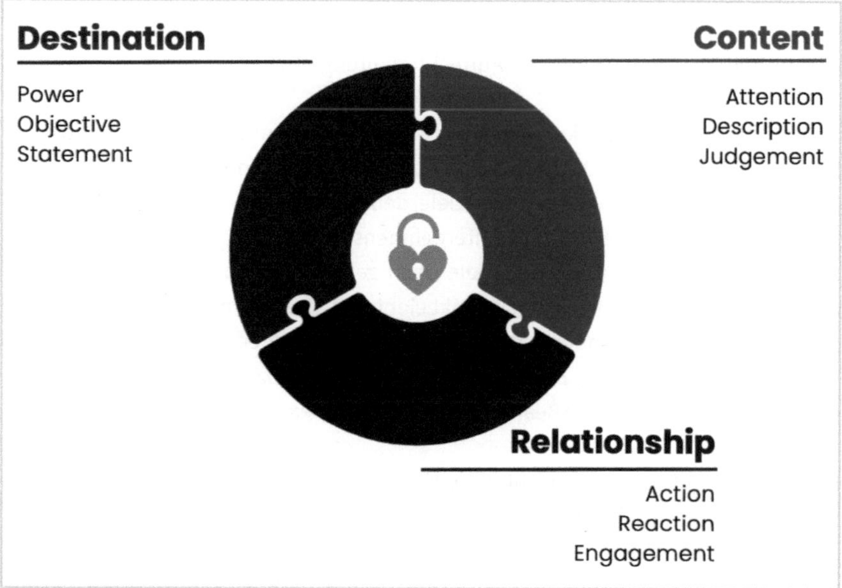

Abb. 13: Die Dimensionen von Konflikten

Wenn wir uns nun für alle diese Dimensionen – Inhalt, Beziehung und Ziel – einmal überlegen, wie wir dazu stehen, welche Rolle wir einnehmen wollen, und vor allem auch einmal überlegen, wie die anderen Beteiligten dazu stehen, können wir einen

Konflikt dekodieren: Haben wir die gleiche Sichtweise zum Inhalt oder wollen wir eine andere Perspektive zur Verfügung stellen? Tendieren wir sofort zu einer Aktion oder Reaktion, wie wollen wir uns damit beschäftigen? Warum agieren die anderen so, wie sie agieren? Was steckt dahinter und welche Motivation wird verfolgt? Ist die Zielsetzung des Konflikts klar, geht es um die Klarstellung von Machtverhältnissen oder um einen konkreten Vorschlag? Manchmal kann es hilfreich sein, ganz bewusst eine Gegenposition aufzubauen, insbesondere wenn man den Konflikt schüren will oder sogar muss. Manchmal kann es auch hilfreich sein, einen Konflikt zu beruhigen, indem man auf die Inhalte eingeht, die Aktion nicht sofort mit einer Reaktion verknüpft und sich dem Zielbild anschließt. Dies sollte aber nur dann geschehen, wenn man sicher ist, gemeinsam die richtige Lösung gefunden zu haben.

Ich habe hier alles recht vereinfacht dargestellt. Wichtig ist es mir vor allem zu zeigen, dass Konflikte notwendig sind, um zur besten Lösung zu kommen. Ich möchte verdeutlichen, dass Konflikte unausweichlich und günstig sind, wenn wir erfolgreich sein wollen. Allerdings sollten wir dabei Emotionen aus dem Spiel lassen. Es ist nicht wichtig, dass ich gewinne – sondern es ist wichtig, dass das Problem gelöst wird. Diese Einsicht ist insbesondere im Unternehmenskontext eine wichtige Kernkompetenz von Teams: Hier haben keine großen Egos Platz, sondern es geht rein um die Sache. Wenn wir ehrlich zu uns sind, haben wir alle schon einmal Konflikte ausgetragen, bei denen es nur um persönliche Ziele ging. Das macht uns menschlich, ist allerdings sehr ungünstig und trägt nicht gerade zur Aufrechterhaltung von Vertrauen bei.

Ich habe mich in vielen Diskussionen im Bereich der Mediation damit beschäftigt, ob im organisatorischen Kontext nicht eine weitere Dimension nötig ist, nämlich die des Unternehmens, um die Unternehmensziele, den jeweiligen Kontext und die Beziehungen innerhalb und außerhalb des Unternehmens zu berücksichtigen. Ich finde allerdings, dass diese Dimension durch die oben genannten Dimensionen ausreichend abgedeckt ist, wenn man den Standpunkt einnimmt, dass es im Zweifel nicht nur zwei Konfliktparteien gibt, sondern drei: die beiden Kontrahenten und das Unternehmen. Das bringt zwar eine neue Ebene in die Diskussion, reduziert die Komplexität aber deutlich und vereinfacht die Bearbeitung von Konflikten.

Ich werde oft gefragt, ob es nicht hilfreich sein kann, bei Konflikten einen Kompromiss anzustreben. Ich habe auf die Frage eine sehr klare Antwort: Gehe im beruflichen Kontext niemals, aber auch wirklich niemals einen Kompromiss ein! Anders als im privaten Kontext, wo Kompromisse durchaus hilfreich für beispielsweise eine glückliche Ehe sein können, geht es im Kontext von Unternehmen um wirtschaftlichen Erfolg oder Misserfolg. In einer strategischen Entscheidung, Märkte zu bedienen oder nicht zu bedienen, würde ein Kompromiss beispielsweise bedeuten, ein paar Märkte zu bedienen und andere nicht zu bedienen. Oder bei einer Entscheidung über Produktfeatures bedeutet es, ein paar Features zu entwickeln und andere nicht zu entwickeln. Hierbei verlieren immer beide Parteien. Denn es gab ja schließlich einen Grund, warum eine Partei bestimmte Märkte vorgeschlagen hat und die andere Partei dies grundsätzlich ablehnt. Und es gab bestimmt auch einen Grund für die von einer Partei vorgeschlagene Liste an Produktfeatures und auch Gründe, warum die andere Partei das Produkt so belassen wollte. Wenn man jetzt mit der Erwartungshaltung an diese Problemstellung herangeht, dass ein Kompromiss hilfreich sein könnte, ignoriert man die beste Lösung, die im Übrigen keine der beiden Parteien haben muss. Wenn man allerdings mit der Bereitschaft in den Konflikt geht, die beste Lösung zu finden, unabhängig von Befindlichkeiten, dann findet man am Ende auch die beste Lösung, indem man entweder überzeugt, sich überzeugen lässt oder auch eine ganz andere Lösung findet. Diese Lösung kann durchaus aus einem Teil der Märkte bestehen oder einem Teil der vorgeschlagenen Produktfeatures – aber eben nachvollziehbar nach dem Ringen um die beste Lösung. Hier geht es also um die Einstellung, keinen Kompromiss finden zu wollen, sondern die beste Lösung.

Zum Schluss sei mir noch eine Bemerkung gestattet: Auch im privaten Kontext hilft diese Einstellung oft, da nämlich somit keine Seite gefühlt verliert, sondern beide Seiten gewinnen.

DLC-Check I: Konflikte lösen

- ☑ Versuche die Gesamtheit eines Konflikts zu verstehen – den Inhalt, die Beziehungen und die Zielsetzungen.
- ☑ Berücksichtige im organisatorischen Kontext immer auch die Unternehmensebene und beziehe sie in die Konfliktbewältigung mit ein.
- ☑ Lass dich niemals auf einen Kompromiss ein, kämpfe für die beste Lösung.
- ☑ Fördere die Konfliktfähigkeit deines Teams, indem du mit gutem Bespiel voran gehst – respektvoll, für die Sache und niemals persönlich.

4.4 Commitment heißt, sich engagieren zu wollen und zu können

Eine weitere Voraussetzung für eine erfolgreiche Transformation heißt: Engagement. Das hört sich einfach an, ist es aber nicht. Insbesondere da wir immer wieder auf folgende Anzeichen von fehlendem Commitment stoßen:

- Aussagen sind mehrdeutig, Ziele und Ergebnisse werden nicht eindeutig definiert.
- Möglichkeiten werden nicht voll ausgeschöpft, es wird ein »gut genug« statt »exzellent« akzeptiert.
- Die Angst, Fehler zu machen, ist allgegenwärtig, Herausforderungen oder bestimmte Aufgaben werden gemieden und wie eine »heiße Kartoffel« herumgereicht.

- Es werden immer wieder die gleichen Diskussionen geführt, ohne zu einem wirklichen Ergebnis zu kommen, Entscheidungen werden vertagt und »offline« genommen, um sie im kleinen Kreis weiter zu diskutieren.
- Der Wunsch nach Kontrolle wird größer, Mikromanagement lähmt die Organisation und verhindert Agilität.

Diese Anzeichen sind klare Warnungen an eine Organisation, denn auch wenn es grundsätzlich Vertrauen gibt, werden diese Verhaltensmuster dafür sorgen, dass Vertrauen wieder zerstört wird. Wenn es keine klaren gemeinsamen Ziele gibt, werden sich die Mitarbeitenden hinter Mehrdeutigkeit verstecken, um zu kaschieren, dass sie die Ziele gar nicht kennen, nicht verstehen – und auch nicht dahinterstehen. Es wird auch nicht das Bestmögliche angestrebt, sondern nur Mittelmäßigkeit – gut genug reicht aus. Diese Mittelmäßigkeit ist oft einfach und bequem, da weniger Diskussionen notwendig sind. Dadurch meidet man Konflikte und fällt zurück auf die Stufe, auf der man Angst vor Konflikten hat. Man hat Angst, Fehler zu machen oder Fehler auch nur ansatzweise zu akzeptieren, denn man hat ja den Weg des geringsten Widerstands gewählt und ein Fehler würde aus dieser Mittelmäßigkeit eine ungünstige Situation für das Unternehmen bedeuten. Wenn man jedoch die bestmögliche Lösung anstrebt, den Willen zur Exzellenz hat, dann sind Fehler eine notwendige Voraussetzung dafür, zu lernen und dadurch neue Wege zu gehen.

Ich habe oft Meetings erlebt, in denen immer und immer wieder dieselben Diskussionen geführt werden – Diskussionen und Entscheidungen, die seit Monaten, manchmal sogar Jahren hinausgeschoben werden. Oft hört man dann den Satz: »Das können wir jetzt hier nicht lösen, das nehmen wir offline.« Warum kann man das in diesem Kreis nicht lösen? Haben denn nicht alle Beteiligten ein Recht, an der besten Lösung mitzuarbeiten, sich zu engagieren? Ich halte es für extrem ungünstig, wichtige Entscheidungen – und das scheinen sie ja zu sein, sonst würde man sie nicht wieder und wieder diskutieren – in einen kleinen Kreis zu delegieren. Damit grenzt man automatisch alle anderen aus – und das führt zu Vertrauensverlust und dem Gefühl, nicht wichtig zu sein. Damit untergräbt man die Konfliktfähigkeit eines Teams: Die Meinung bestimmter Personen scheint ja nicht wichtig zu sein – deshalb werden diese Personen in Zukunft eher still sein und keinen Konflikt anstreben.

Kommen wir zu dem aus meiner Sicht schlimmsten Verhalten, wenn es darum geht, Commitment einzufordern: Mikromanagement und Kontrolle. Wenn wir Menschen – insbesondere als Führungskräfte – das Gefühl haben, dass die Zielsetzung nicht klar und die Lösung bestenfalls mittelmäßig ist, dass keiner sich so richtig engagieren möchte und wir zu keinen Ergebnissen kommen, dann tendieren wir zu Kontrolle. Mikromanagement ist Gift für jede Transformation und das Unternehmen insgesamt. Denn Mikromanagement ist ein erheblicher Aufwand für denjenigen, der diese Kontrolle ausüben will, und bedeutet gleichzeitig einen hohen Stresslevel bei den anderen

Beteiligten. Zusätzliche Reportings müssen erstellt werden, außerordentliche Meetings werden einberufen, die gleichen Diskussionen werden immer und immer wieder geführt. Das führt zu Frust und letztendlich zu Resignation. So sehr Mikromanagement manchmal auch helfen kann, Low Performer dazu zu bewegen, das Unternehmen zu verlassen, so bedeutet es gleichzeitig, dass auch Mitarbeitende mit guter oder sehr guter Performance zumindest innerlich kündigen, die Eigenständigkeit aufgeben und sehr oft einen Burnout erleiden. Der hohe Anspruch, den diese Mitarbeitenden haben, lässt sich eben nicht mit den zusätzlichen Aufgaben und Aktivitäten vereinen, die Mikromanagement mit sich bringt.

Ich rate hier dringend davon ab, Mikromanagement als Werkzeug bei fehlendem Engagement des Teams oder der Organisation zu nutzen. Stattdessen sollten wir uns die Frage stellen, wie wir zu einheitlichen und klaren Zielen kommen, wie wir kommunizieren, dass Fehler Lernkurven sind und nicht bestraft werden, wie wir Mitarbeitende motivieren, kalkulierte Risiken einzugehen, wie wir Vertrauen statt Kontrolle etablieren. Ihr merkt schon, dass wir immer wieder auf die Kompetenzen von herausragenden Führungskräften zurückkommen: Klarheit geben, Energie versprühen, Ergebnisorientierung etablieren, Resilienz aufbauen und fördern und Empathie zeigen.

Wie etabliere ich nun ein Umfeld, in dem jeder sich engagiert, sich »committet«? In meiner Karriere und bei meinen Mandaten bei meinen Kunden habe ich über die Jahre folgende Maßnahmen entwickelt:

1. **Klare Kommunikation und Transparenz**
   Informiert eure Mitarbeitenden regelmäßig über Unternehmensziele, Fortschritte und Herausforderungen. Schafft eine Kultur der offenen Kommunikation, in der Mitarbeitende sich wohlfühlen und trauen, ihre Ideen und Bedenken zu äußern.
2. **Anerkennung und Wertschätzung**
   Regelmäßiges Loben, aber auch konstruktive Kritik führt zu Bestätigung bzw. zeigt Interesse. Lobt eure Mitarbeitenden persönlich oder auch öffentlich durch Belohnungssysteme, die herausragende Leistungen würdigen.
3. **Weiterbildung und Entwicklungsmöglichkeiten**
   Schulungs- und Weiterbildungsprogramme sind oft gute Incentives und helfen dabei, die Fähigkeiten und Kompetenzen eurer Mitarbeitenden zu erweitern. Unterstützt eure Mitarbeitenden bei der beruflichen Entwicklung durch z.B. Mentoring oder entsprechende Karrierepfade.
4. **Einbindung und Beteiligung**
   Beteiligt eure Mitarbeitenden an den Entscheidungsprozessen, bindet sie mit ein. Gebt ihnen Verantwortung für Projekte und gebt ihnen damit die Möglichkeit, eure Ideen zu unterstützen.
5. **Arbeitsumfeld und Unternehmenskultur**
   Eine positive und unterstützende Arbeitskultur und -umgebung trägt dazu bei, dass eure Mitarbeitenden sich geschätzt und respektiert fühlen. Vertrauens-

arbeitszeit und Möglichkeiten, das private und berufliche Leben besser zu vereinbaren, helfen, Engagement zu verstärken, da das spezifische persönliche Umfeld berücksichtigt wird.

6. **Feedback und kontinuierliche Verbesserung**
   Konstruktives Feedback hilft, das Engagement zu fördern (siehe auch Punkt 2.), aber steigert auch die Leistung, da konkret Unterstützung gegeben wird. Regelmäßige Mitarbeiterbefragungen helfen zusätzlich, Feedback zu sammeln und Bereiche für Verbesserungen zu identifizieren.
7. **Sinn und Zweck vermitteln**
   Kommuniziert die Strategie des Unternehmens, den Purpose und macht klar, wie die Arbeit eurer Mitarbeitenden darauf einzahlt. Helft euren Mitarbeitenden, den Sinn und Zweck der Arbeit zu erkennen und wie dies zum Unternehmenserfolg beiträgt.
8. **Teamarbeit und soziale Interaktion**
   Organisiert regelmäßig Teambuilding-Aktivitäten, die den Zusammenhalt und die Zusammenarbeit fördern. Fördert die soziale Interaktion durch Unternehmensveranstaltungen, soziale Projekte und gebt euren Mitarbeitenden Raum, sich selbst sozial zu engagieren. Das fördert die Identifikation mit dem Unternehmen.
9. **Gesundheit und Wohlbefinden**
   Bietet euren Mitarbeitenden Programme zur Förderung der körperlichen und geistigen Gesundheit an, wie z.B. Fitnessangebote, Stressbewältigungsworkshops, Energy-Programme usw. Sorgt für ein ergonomisches und angenehmes Arbeitsumfeld durch eine entsprechende Ausstattung und ein gutes Design.
10. **Führung und Vorbildfunktion**
    Führungskräfte sind Vorbilder und müssen sich auch so verhalten. Lebt durch euer eigenes Verhalten Engagement und Positivität vor und unterstützt eure Mitarbeitenden, indem ihr zuhört, sie coacht und ihre berufliche Entwicklung fördert.

Ich möchte an dieser Stelle noch einige der aufgezählten Punkte mit ein paar Beispielen untermauern.

Mentoring ist ein oftmals unterschätztes Instrument, um junge Talente zu fördern und ihnen zu zeigen, dass ihr Beitrag wichtig ist – dass sie wichtig sind. Dazu müssen sich Führungskräfte Zeit nehmen und Interesse zeigen. Aus eigener Erfahrung weiß ich, wie demotivierend es sein kann, wenn man einen Mentor hat, der sich nicht um einen kümmert und kein echtes Interesse zeigt. Ich empfehle hier monatliche Gespräche, gern auch in einem anderen Rahmen als dem Büro, z.B. Spaziergänge oder gemeinsame Mittagessen.

Eine weitere Form des Mentorings, die ich seit Jahren in Unternehmen zu etablieren versuche, ist das sogenannte Reverse Mentoring. In dieser Form sind die Talente die Mentoren und die Führungskräfte die Mentees. Diese Konstellation führt nicht nur sehr oft zu interessanten Erkenntnissen, da man als Führungskraft quasi direkt Feedback bekommt, sondern hilft der Führungskraft auch zu reflektieren. Und ganz nebenbei gibt es den Talenten eine Bestätigung, dass sie wichtig sind, dass ihre Meinung, ihre Stimme zählt.

Eine weitere wichtige Erkenntnis ist die Tatsache, dass Engagement auch immer mit guten Beziehungen im Team und zur Führungskraft zusammenhängt. Ich habe sehr gute Erfahrungen damit gemacht, Leadership-Erlebnisse und Fehler offen mit persönlichen, authentischen Geschichten zu kommunizieren. Eine Übung ist mir in sehr positiver Erinnerung geblieben: Während eines Abendessens mit meinem Leadership-Team, das ich kurz zuvor übernommen hatte und in dem es gerade eine Herausforderung mit dem Commitment gab, habe ich das gesamte Team gebeten, eine Geschichte zu erzählen, in der sie stolz auf ihre Kinder, ihre Partner, ihre Eltern oder ihre Freunde waren, und natürlich habe ich ebenfalls eine solche Geschichte erzählt. Die Freude, den Glanz und den Stolz in den Augen der Menschen habe ich bis heute vor Augen. Als alle fertig waren, habe ich die Frage gestellt, was passieren müsste, damit sie nächstes Jahr eine ähnliche Geschichte über dieses Team erzählen könnten. Die Erkenntnisse aus dieser Übung waren bemerkenswert und haben uns die ganze Zeit im Positiven begleitet.

Oft wird im Rahmen von Hybrid Work diskutiert, warum man eigentlich noch ein Office braucht – oder ob man Homeoffice nicht komplett verbieten sollte. Beide Ideen sind aus meiner Sicht grundlegend falsch, da sie weder das Problem beheben noch zu mehr Mitarbeiterzufriedenheit beitragen. Die Frage ist doch: Vertraue ich meinen Mitarbeitenden, auch wenn sie zu Hause oder wo auch immer arbeiten? Wenn nicht, dann habe ich ein Problem mit Vertrauen, mit Konflikten – nicht aber damit, ob jemand zu Hause arbeitet oder nicht. Die nächste Frage ist: Warum kommen die Mitarbeitenden nicht ins Büro? Wenn jemand den ganzen Tag virtuelle Meetings hat, warum sollte er dann ins Büro kommen? Wenn das Büro sogar schlechter ausgestattet ist als das Homeoffice, warum sollten die Mitarbeitenden dann ins Büro kommen?

Das Büro wird in einer Zeit, in der Hybrid Work nicht mehr wegzudenken ist, zur Kulturmeile eines Unternehmens. Mit Kulturmeile meine ich an dieser Stelle den Ort, an dem Menschen zusammenkommen, miteinander reden, arbeiten und Spaß haben, einen Ort, an dem das Unternehmen seine kulturellen Werte vermitteln kann. Und das Unternehmen, die Führungskräfte sollten es auch als Kulturmeile nutzen. Teamarbeit, gemeinsame Arbeit an Kundenthemen oder Problemen und Kulturarbeit sollten im Office stattfinden und nicht in virtuellen Meetings. Das Office sollte auch als Kulturmeile gesehen werden können, sowohl von der Ausstattung her als auch von dem, was im Büro vorgelebt wird. Wenn du dich also als Führungskraft im Büro ständig im Besprechungsraum oder im eigenen Büro einschließt, dann haben deine Mitarbeitenden auch kein Interesse daran, ins Büro zu kommen. Gehe herum, führe Gespräche und frage, wie es ihnen geht und welche Probleme sie gerade beschäftigen. Damit bist du nicht nur Vorbild – auch der Anreiz, ins Büro zu kommen, ist größer.

Feedback, ungefiltertes Feedback, ist in jedem Unternehmen von entscheidender Bedeutung, wenn es darum geht, Missstände aufzudecken und Verbesserungspotenziale zu erkennen. Mitarbeiterbefragungen sind dafür ein probates Mittel, genauso wie auch Mentoring, wie oben schon geschildert. Ich habe gute Erfahrungen damit gemacht, zyklische Energy Checks – eine Art Mitarbeiterbefragung, nur in kürzeren Abständen mit deutlich weniger Fragen – zu etablieren. Damit können die Unternehmensgesundheit, die Zufriedenheit und die Stimmung direkt abgefragt und konkrete Maßnahmen daraus abgeleitet werden. Weiterhin wird deutlich, wo es Vertrauensprobleme oder fehlendes Engagement gibt, und warum. Gleichzeitig zeigen diese Umfragen, dass es euch interessiert, wie es euren Mitarbeitenden geht. Dass es euch wichtig ist zu erfahren, welche Stimmung herrscht und welche Teams zufrieden oder weniger zufrieden sind. Ich empfehle dies monatlich abzufragen, am besten eingebettet in den Tagesablauf und die Infrastruktur des Unternehmens.

DLC-Check J: Engagement und Commitment

- ☑ Beteilige alle relevanten Mitarbeitenden an der Entscheidungsfindung, lasse Diskussionen und Konflikte zu, damit breites Commitment erreicht wird.
- ☑ Entferne Mikromanagement aus deiner Toolbox – entweder du vertraust oder du musst handeln (Ausnahme sind ggf. Low Performer).
- ☑ Mentoring und Reverse Mentoring sind hervorragende Instrumente, um Engagement für fördern.
- ☑ Mache Commitment greifbarer, mit Erfolgsgeschichten und Leidenschaft.
- ☑ Gib deinen Mitarbeitenden die Freiheiten, die sie brauchen – »Office only« ist nicht hilfreich für Commitment.

4.5 Verantwortung macht stark

Verantwortung zu übernehmen bedeutet für viele Menschen etwas Unangenehmes, etwas Schwieriges. Ich glaube, dass wir alle uns schon das ein oder andere Mal vor Verantwortung gedrückt haben, beruflich oder privat. Lasst uns doch erst einmal die Hintergründe beleuchten, warum wir Menschen uns manchmal damit schwertun, Verantwortung zu übernehmen.

1. **Angst vor Fehlern und Konsequenzen**
   In vielen Organisationen und Gesellschaften wird das Scheitern stigmatisiert. Menschen fürchten sich davor, Fehler zu machen, da dies negative Konsequenzen wie Kritik, Verlust von Ansehen oder sogar den Verlust des Arbeitsplatzes zur Folge haben kann. Gleichzeitig haben einige Menschen hohe Ansprüche an sich selbst und fürchten, den Erwartungen nicht gerecht zu werden.

2. **Mangelndes Vertrauen und Selbstvertrauen**
   Menschen, die nicht an ihre eigenen Fähigkeiten glauben, scheuen sich davor, Verantwortung zu übernehmen, da sie befürchten, den Anforderungen nicht gewachsen zu sein. Wenn Menschen ihren Kolleginnen und Kollegen oder Vorgesetzten nicht vertrauen, übernehmen sie weniger wahrscheinlich Verantwortung, da sie nicht sicher sind, ob sie Unterstützung und Rückhalt erhalten.
3. **Unklare Erwartungen und Rollen**
   Wenn die Erwartungen und Verantwortlichkeiten nicht klar definiert sind, können Menschen unsicher sein, was von ihnen erwartet wird, und daher zögern, Verantwortung zu übernehmen. Mangelnde oder schlechte Kommunikation kann dazu führen, dass Menschen nicht wissen, was ihre Rolle ist oder wie sie zur Erreichung der Ziele beitragen können.
4. **Soziale und kulturelle Einflüsse**
   In einigen Kulturen, sozialen Umgebungen und Unternehmen kann es als unangemessen angesehen werden, sich hervorzutun oder mehr Verantwortung zu übernehmen als andere. Dies kann dazu führen, dass Menschen sich anpassen und keine Eigeninitiative zeigen. In stark hierarchischen Organisationen können Mitarbeitende zögern, Verantwortung zu übernehmen, da sie glauben, dass Entscheidungen und Verantwortlichkeiten ausschließlich von den Vorgesetzten getragen werden sollten.
5. **Bequemlichkeit und fehlende Motivation**
   Manchmal scheuen Menschen Verantwortung, weil es einfacher und weniger stressig ist, sich zurückzulehnen und keine zusätzlichen Aufgaben oder Pflichten zu übernehmen. Wenn keine klaren Anreize oder Belohnungen für die Übernahme von Verantwortung vorhanden sind, können Menschen unmotiviert sein, zusätzliche Verantwortung zu übernehmen.
6. **Negative Erfahrungen**
   Menschen, die in der Vergangenheit schlechte Erfahrungen gemacht haben, wenn sie Verantwortung übernommen haben, können zurückhaltend damit sein, dies erneut zu tun. Negative Erlebnisse können langfristige Auswirkungen auf das Vertrauen und die Bereitschaft haben, Verantwortung zu übernehmen. Wenn Menschen für Fehler stark kritisiert oder bestraft werden, entwickeln sie eine Abneigung gegen die Übernahme von Verantwortung.
7. **Psychologische Sicherheit**
   In einem Umfeld, in dem Menschen sich nicht sicher fühlen, ihre Meinungen zu äußern oder Risiken einzugehen, weil sie Angst vor negativen Konsequenzen haben, werden sie weniger bereit sein, Verantwortung zu übernehmen.

Diese Liste zeigt, dass Verantwortung zu übernehmen bzw. sich davor zu drücken vielfältige Gründe haben kann. Die Auswirkungen im Unternehmenskontext sind genauso vielfältig – oft sinkt durch die Angst vor Verantwortung das Engagement, Konflikte werden nicht ausgetragen und Vertrauen geht verloren.

Wenn in einem Unternehmen eine Kultur etabliert ist, in der das Übernehmen von Verantwortung etwas Gutes, Richtiges und Wichtiges ist, dann sehen wir folgende Auswirkungen:

- Zeitpläne und Ziele werden in der Regel erreicht bzw. es wird frühzeitig kommuniziert, dass es Risiken gibt.
- Eine respektvolle Performance-Kultur – eine Leistungsorientierung – ist etabliert. Jeder und jede weiß, warum etwas wichtig ist und warum die Erreichung der Ziele – zeitlich und inhaltlich – wichtig ist.
- Gute Performer werden belohnt, schlechte Performer spüren den Druck.

Gerade der letzte Punkt wird bei meinen Kunden immer wieder kontrovers diskutiert. Ist »Druck« auf Mitarbeitende richtig? Führt er nicht eher dazu, dass das Engagement der Mitarbeitenden sinkt? Ich möchte hier auf die 9-Grid-Matrix verweisen (vgl. Kapitel 3.5 »Die Rolle der Mitarbeitenden«). Es ist entscheidend, dass jeder Mitarbeiter und jede Mitarbeiterin zu jeder Zeit weiß, wie er oder sie gesehen wird und – viel wichtiger noch – welche Unterstützung er oder sie bekommt, um besser zu werden. Sofern diese Transparenz existiert, wissen auch Low Performer und diejenigen, die sich in der Development-Area befinden, dass sie sich anstrengen müssen. Sich anstrengen zu müssen ist im Unternehmenskontext aus meiner Sicht nichts Schlimmes, ganz im Gegenteil – es fördert die Leistungsorientierung. Und keiner von uns kann sich in einem Team, in einer Organisation Mitarbeitende leisten, die nur »mitschwimmen«. Richtig ist auch, dass es fair zugehen muss, dass es Klarheit und Empathie braucht und dass genau auf diese Mitarbeitenden ein besonderer Fokus gelegt wird. Sofern das klar ist und auch gelebt wird, besteht eine respektvolle Performance-Kultur. Alle wissen, was Performance bedeutet und wie man dahin kommt.

Viele der Maßnahmen, die dazu dienen, zu mehr Verantwortungsübernahme zu motivieren, schließen an die Maßnahmen für mehr Engagement an, unterscheiden sich aber in einigen Bereichen. Deshalb möchte ich an dieser Stelle auf die zusätzlich empfohlenen Maßnahmen eingehen, die sich in meiner Praxis bewährt haben. Diese Maßnahmen umfassen das klare Kommunizieren von Erwartungen, das proaktive Anbieten von Unterstützung, das Empowerment der Mitarbeitenden und die Schaffung einer positiven Fehlerkultur.

1. **Kultur der Verantwortung und des Vertrauens**
   Führungskräfte sollten Verantwortung vorleben und zeigen, wie sie mit Verantwortlichkeiten umgehen. Transparenz und Integrität sind hier entscheidend. Schafft ein Umfeld, in dem Mitarbeitende sich sicher fühlen und trauen, Verantwortung zu übernehmen, ohne Angst vor negativen Konsequenzen bei Fehlern zu haben.
2. **Klare Erwartungen und Ziele setzen**
   Definiert klar, welche Aufgaben und Verantwortlichkeiten jeder und jede Einzelne hat. Dies schafft Klarheit und erleichtert es den Mitarbeitenden, Verantwortung zu

übernehmen. Setzt spezifische, messbare, erreichbare, relevante und zeitgebundene (SMART) Ziele. Dies hilft den Mitarbeitenden, genau zu wissen, was von ihnen erwartet wird und worauf sie hinarbeiten.

3. **Unterstützung und Ressourcen bereitstellen**
   Bietet Schulungen und Weiterbildungsmöglichkeiten an, um die Fähigkeiten der Mitarbeitenden zu stärken. Dies gibt ihnen das nötige Vertrauen und die Kompetenz, um Verantwortung zu übernehmen. Stellt sicher, dass Mitarbeitende die notwendigen Ressourcen (z. B. Zeit, Werkzeuge, Tools, IT-Systeme, Informationen) haben, um ihre Aufgaben erfolgreich zu bewältigen.
4. **Fehlerkultur und kontinuierliches Lernen fördern**
   Etabliert eine Kultur, in der Fehler als Teil des Lernprozesses betrachtet werden. Ermutigt Mitarbeitende, aus Fehlern zu lernen, anstatt Angst vor ihnen zu haben. Gebt regelmäßiges, konstruktives Feedback, das Mitarbeitenden hilft, ihre Leistung zu verbessern und ihre Verantwortungsübernahme zu reflektieren.
5. **Einbindung in Entscheidungsprozesse**
   Über die partizipative Führung und das Coaching bindet ihr Mitarbeitende in Entscheidungsprozesse ein, die ihre Arbeit betreffen. Das fördert das Gefühl der Eigenverantwortung und des Engagements. Gebt Mitarbeitenden die Autonomie, Entscheidungen zu treffen und Verantwortung zu übernehmen. Vertraut ihnen, dass sie in der Lage sind, die richtigen Entscheidungen zu treffen.

Ihr werdet sicherlich wiederholt erkennen, wie wichtig es ist, Mitarbeitende in die Entscheidungsprozesse, in die Übernahme von Verantwortung einzubinden. Es bringt aber nichts, Mitarbeitenden blind Verantwortung zu übergeben, ohne klare Ziele zu setzen, ohne die notwendigen Werkzeuge bereitzustellen und immer wieder zu motivieren, ohne zu empowern und zu unterstützen, wo es notwendig ist. Zu den notwendigen Werkzeugen gehören natürlich auch moderne IT-Umgebungen, IT-Systeme und Tools, wie zum Beispiel Systeme zur Datenanalyse oder auch KI-Systeme.Gerade im Zeitalter der Digitalisierung und der künstlichen Intelligenz brauchen Unternehmen, die effiziente Mitarbeitende wollen, die modernsten Tools, um die Mitarbeitenden bestmöglich zu unterstützen und zu entlasten. Darauf werden wir später noch einmal genauer eingehen.

Verantwortungsübernahme passiert nicht automatisch, aber wenn ihr die oben genannten Maßnahmen erfolgreich etabliert, immer mehr automatisch und selbstverständlich.

DLC-Check K: Verantwortungsübernahme

- ☑ Lebe Verantwortung vor, und fordere Verantwortungsübernahme ein.
- ☑ Setze realistische Ziele und biete Unterstützung an.
- ☑ Sage Ja zu Fehlern, aber fordere die Lernkurve ein – Fehler sind gut, solange man sie nicht zweimal macht.

4.6 Ergebnisse als logische Konsequenz

Die höchste Stufe der Grundlagen für eine erfolgreiche Transformation ist das Erreichen oder sogar übertreffen von Zielen. Jede Organisation, jeder von uns will Ziele erreichen – selbst gesteckte, Unternehmensziele, Teamziele – und diese sogar übertreffen. Im Vertrieb gibt es dazu meist eine natürliche Motivation – Vertriebsmitarbeitenden wollen einfach erfolgreich sein – sowie eine monetäre Motivation durch Prämien bzw. Incentives. Wie sieht es aber in anderen Bereichen von Unternehmen, bei jedem und jeder einzelnen Mitarbeitenden aus?

Hier lohnt es sich wiederum, sich die Anzeichen vor Augen zu führen, die eine Ergebnisorientierung verhindern:

- Die eingeschlagene Richtung wird oft gewechselt, es gibt keinen klaren Sinn und Zweck des Handelns.
- Mittelmäßigkeit wird erlaubt, sogar gefördert, um Geschwindigkeit zu erlangen oder Fehler zu kaschieren.
- Das Potenzial von Ablenkungen ist groß, der Fokus fehlt bzw. ist nicht klar definiert.
- Die Komplexität wird künstlich erhöht, meistens, um alle Beteiligten zufriedenzustellen.

Bei fehlender Ergebnisorientierung werden oft Ausreden, Gründe oder Entschuldigungen gesucht, bevor ein Ziel überhaupt in Angriff genommen oder wenn ein Ziel verfehlt wird. Man kann entweder Ergebnisse oder Entschuldigungen haben, aber nicht beides – das werfe ich oft in Workshops, in denen es um dieses Thema geht, in den Raum. Und es ist erstaunlich, wie intensiv dann wiederum nach Gründen gesucht wird, warum etwas wirklich nicht möglich war oder ist. Auf die Frage, ob denn das nicht früher zu erkennen war, herrscht dann oft Schweigen. Und auf die nächste Frage, ob man denn, wenn es frühzeitig erkennbar gewesen wäre, nicht gemeinschaftlich an Maßnahme hätte arbeiten können und sollen, kommt oft Kopfnicken und Bestätigung.

Grundsätzlich empfehle ich immer, zuallererst den Blickwinkel auf Ergebnisse zu ändern. Wenn ein Unternehmen einer Vertriebsorganisation oder einem Vertriebsteam ein Vertriebsziel und ein Budget vorgibt, dann ist dies meist das Ergebnis, das es zu erreichen gilt. Oft wird im Vorfeld noch hart diskutiert und gestritten, ob die Ziele denn realistisch seien. Hier gilt es, sich die Frage zu stellen, was im Sinne des Unternehmens ist – was zum Beispiel der Markt hergibt, was die Kunden ermöglichen und was die Wettbewerber tun, um ihrerseits erfolgreich zu sein. Im Falle einer Vertriebsorganisation sollte man eher auf das Marktwachstum schauen und welche Rolle man als Unternehmen bei diesem Wachstum spielen will. Mit dem Markt wachsen? Kann genug sein, aber damit nimmt man Wettbewerbern keine Marktanteile weg. Was ist also euer Anspruch, der Anspruch eures Teams, eurer Mitarbeitenden?

Damit kommen wir wieder zurück auf Energie und Leidenschaft. Wenn allen im Team klar ist, warum bestimmte Ziele unbedingt erreicht werden müssen, wird sich niemand mehr auf die Frage nach dem Ob konzentrieren, sondern auf die Frage nach dem Wie. Ich halte sehr viel davon, bei Zielvorgaben eher zu diskutieren, was das Team oder die Organisation benötigt, um diese Ziele zu erreichen. Werden mehr Ressourcen, größere Investitionen, neue Partnerschaften, neue Produkte, ein verändertes Geschäftsmodell oder mehr Marketing benötigt? Auf diese Art und Weise wird der Blick auf das maximal Mögliche gelenkt und nicht auf das, was vielleicht machbar und bequem ist.

Während eines Meetings meines ganzen Bereichs habe ich vor dem Hintergrund einer sehr großen Wachstumserwartung des Unternehmens an uns folgende Frage gestellt, verbunden mit der Geschichte der Apollo-13-Mission: When the sky is the limit, why are there footsteps on the moon?

Die Apollo-13-Mission hatte eine klare Aufgabe, nämlich nicht nur die ersten Menschen auf den Mond, sondern auch wieder sicher zurück zur Erde zu bringen. Durch die Erweiterung der Zielsetzung der Mission (nicht nur Menschen auf den Mond bringen) wurde ein großes Team motiviert, zusammen an dem damals Undenkbaren zu arbeiten, um die besten Lösungen zu ringen und Verantwortung zu übernehmen. Das ganze Team war programmiert auf dieses eine Ziel und jedem war klar, warum es so wichtig ist und warum es keine Option ist, die Astronauten ihrem Schicksal zu überlassen.

Wie kann Ergebnisorientierung besser gefördert und gefordert werden?

1. **Implementierung von KPIs (Key Performance Indicators) bzw. LIs (Leading Indicators)**
   Durch KPIs und auch Scorecards (siehe Kapitel 3.3 »Die Kunst von Leadership«) wird die Bedeutung von Ergebnissen klarer. Ich empfehle aber, wie schon beschrieben, mit sogenannte Leading Indicators zu arbeiten, da sie in die Zukunft schauen – im Gegensatz zu KPIs, die eher eine Situation beschreiben, die in der Vergangenheit liegt.
2. **Teilen von Erfolgsgeschichten**
   Die Macht und Bedeutung von Geschichten wird oft unterschätzt. Wir Menschen lieben gute Geschichten. Erfolgsgeschichten helfen mehrfach: Das Team, das den Erfolg generiert hat, kann stolz sein und bekommt die Möglichkeit, davon zu erzählen. Die anderen sehen, wie Herausforderungen angegangen wurden. Diese Erfolgsgeschichten sollten natürlich keine Selbstbeweihräucherung sein, sondern ganz klar darlegen, was zum Erfolg geführt hat, welche Herausforderungen wie gemeistert wurden und was das Team daraus für die Zukunft gelernt hat.
3. **Leistungsbasierte Anreize**
   Leistungsbasierte Anreize sind in Vertriebsteams fast Standard – und ich bin immer erstaunt, wenn ich Vertriebsteams sehe, die eine sehr geringe variable Vergütung haben –, in vielen anderen Teams sind sie allerdings nicht vorgesehen. Es gibt immer wieder die Diskussion, ob es denn nun Teamziele oder Individualziele sein

sollte. Ich habe eine ganz klare Meinung dazu: beides. Denn nur so können Mitarbeitende sowohl zur Zusammenarbeit als auch zu herausragenden Einzelleistungen motiviert werden. Das passt auch sehr gut zu den vier Kreisen des Impacts (siehe Kapitel 4.2 »Impact ist vielschichtig«).

Die Verbesserung der Ergebnisorientierung erfordert eine ganzheitliche Herangehensweise, die klare Ziele, Einführung von Mess- und Kontrollsystemen (aber bitte nicht als Mikromanagement), transparente Kommunikation, angemessene Anreize und eine unterstützende Kultur umfasst. Durch die Implementierung dieser Maßnahmen könnt ihr sicherstellen, dass alle Mitarbeitenden auf die Erreichung der Unternehmensziele fokussiert sind und gemeinsam an der Steigerung der Leistung und Produktivität arbeiten.

In vielen Unternehmen werden allerdings Planungsprozesse und Zieldiskussionen ad absurdum geführt. In der heutigen Zeit, in der wir mithilfe von Datenanalysen, maschinellem Lernen und KI die Unternehmensziele (Umsatz und Ergebnis) immer besser definieren können, braucht es keine umfangreichen, zeitaufwendigen und lähmenden Planungsprozesse mehr. Das raubt nur Energie und am Ende des Tages werden doch nur die Unternehmensvorgaben umgesetzt (in 99% der Fälle). Ich bin der Meinung, dass diese Planungsprozesse, Bottom-up- vs. Top-down-Planung, pure Zeit- und Ressourcenverschwendung sind. Das Unternehmen und die Führungskräfte sollten wissen, was notwendig ist, um die Marktposition zu behaupten und zu verbessern. An dieser Stelle komme ich auch noch einmal auf das Thema Zielvereinbarungen zurück: In einer idealen Unternehmenswelt – mit herausragenden Leadern und einer motivierenden und integrativen Kultur – braucht es aus meiner Sicht keine Zielvorgaben. Denn jeder im Unternehmen weiß, was notwendig und sinnvoll ist und warum es notwendig und sinnvoll ist. Da die Welt meist nicht ideal ist, brauchen wir hier angemessene Zielvorgaben, wie oben dargestellt. Aber auch dies sollte man nicht übertreiben und nicht allzu viel Zeit und Energie darauf verschwenden.

Ich möchte auch noch auf einen weiteren ungünstigen Aspekt von zu viel Ergebnisorientierung eingehen. Aus der Psychologie kennen wir die fünf inneren Antreiber, die in allen von uns in unterschiedlichem Ausmaß ausgeprägt sind.

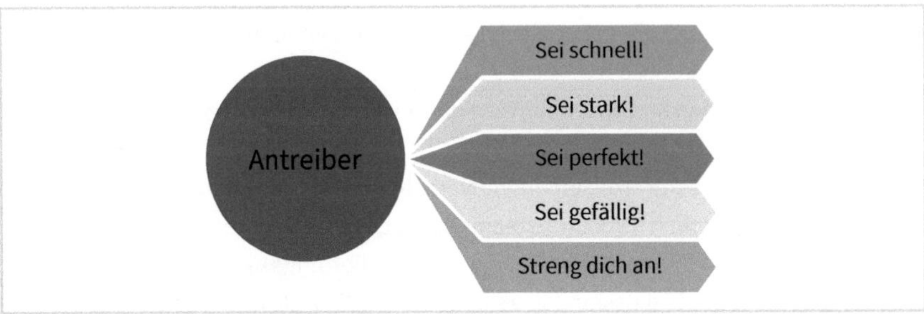

Abb. 14: Unsere inneren Antreiber

Sollten diese Antreiber zu stark und zu dominant durch Zielsysteme befeuert werden, erzeugt das Stress, der mittel- und langfristig eher das Gegenteil auslöst.

Menschen, die das Gefühl haben, schnell sein zu müssen, stehen ständig unter Zeitdruck, machen mehrere Dinge gleichzeitig und setzen sich dem Druck aus, keine Zeit unnötig zu verschwenden. Diese Menschen fühlen sich immer einen Schritt zurück und haben ständig Angst, etwas zu verpassen, sind gehetzt und unruhig. Dies ist für die anderen Teammitglieder sehr oft anstrengend, da die Gefahr der »Ansteckung« droht. Auch mögliche »Bremsversuche« von anderen können zu negativen Dissonanzen im Team führen, da die Motivation der Personen oft nicht verstanden wird – von beiden Seiten. Führungskräfte sollten diesen Personen signalisieren, dass sie sie verstehen und ihnen zuhören. Sie können eher langfristige Ziele festlegen und den Mitarbeitenden dabei helfen, diese Ziele zu erreichen.

Menschen, die stark sein müssen, zeigen keine Schwäche, geben keine Fehler zu, sind eher Einzelkämpfer mit Ellenbogenmentalität. Das führt dazu, dass es keine Fehlerkultur gibt, keine Zusammenarbeit und oft kein Vertrauen. Menschen mit diesem Antreiber erkennt man oft an einer sehr sachlichen, rationalen Sprache, sie erscheinen zumindest widerstandsfähig, sind »Macher«. Für die Menschen im Umfeld dieser Personen wird es schwierig, denn sie müssen sich entweder mit ihnen reiben oder unterwerfen. Die »Starken« gehen sehr oft an ihre Grenzen und haben eher eine Schwäche auf der empathischen Ebene. Als Führungskraft kann man diese Menschen unterstützen, indem man sie direkt darauf aufmerksam macht und gemeinsam Fehler oder Niederlagen aufarbeitet.

Der Antreiber »sei perfekt« führt zum übergründlichen Arbeiten, meist auf Kosten von Terminen, die nicht eingehalten werden. Menschen, bei denen dieser Antreiber stark ausgeprägt ist, machen sich immer Druck, alles noch besser machen zu müssen – nichts ist gut genug. Dadurch wird das Teamgefüge oft negativ beeinflusst und geschädigt. Führungskräfte, bei denen dieser Antreiber stark ausgeprägt ist, neigen auch dazu, ihre Mitarbeitenden zu stark zu kontrollieren bis hin zu Mikromanagement, auf das ich weiter unten noch einmal eingehen werde. Um nicht den Antreiber »sei perfekt« zu befeuern, ist es ratsam, Fehler als Lernchancen darzustellen, selbst Vorbild zu sein und seine eigenen Fehler zu teilen. Weiterhin ist es förderlich, Ziele auf Teilziele herunterzubrechen.

Gefällige Menschen wollen es allen recht machen, allen gefallen, können nicht Nein sagen und gehen Konflikten ganz natürlich aus dem Weg. Sie stellen ihre eigenen Interessen zurück und versuchen alles, damit Kollegen, Kunden, Partner und Vorgesetzte sie loben und mögen. Das führt oft zu überzogenen Versprechungen, zu einer Kultur, die Konflikte nicht kennt und somit auch oft keine Veränderung oder Verbesserung zulässt. Mitarbeitende und auch Führungskräfte mit diesem Antreiber werden recht häufig von ihren Kolleginnen und Kollegen »ausgenutzt«, Führungskräfte sind zu harmoniebedürftig und können nur sehr schwer harte Entscheidungen treffen. Hier ist es hilfreich, Widerstand und klare Positionen zu honorieren und Konflikte im Team bewusst zu bearbeiten. Führungskräfte können Mitarbeitende, bei denen dieser Antreiber stark ausgeprägt ist, fordern und fördern, indem sie ihnen schwierige Entscheidungen nicht abnehmen, sondern sie darin bestärken, Verantwortung zu übernehmen.

Sich ständig anstrengen zu müssen ist ebenfalls ungünstig, da diese Menschen alle Herausforderungen überwinden wollen, meist allein und ohne Hilfe. Diese Menschen mühen sich bis zum Letzten ab, meist über die persönliche Belastungsgrenze hinaus. Das führt zu ständigem Stress bis hin zur logischen Konsequenz: einem mentalen Zusammenbruch. Diese Menschen können eigene Erfolge oder auch Erfolge des Teams oft nicht wertschätzen und genießen. Sie reden oft über die viele Arbeit und den Stress, den sie haben. Führungskräfte, bei denen dieser Antreiber stark ausgeprägt ist, werden sehr oft nicht respektiert und eher bemitleidet. Auch hier gibt es ein paar Dinge, die günstig sind, um diesen Antreiber nicht zu befeuern: Steck die Ziele nicht zu hoch und lobe deine Mitarbeitenden für das Erreichte.

All diese Antreiber können in zu starker Ausprägung zum mentalen Zusammenbruch oder zumindest zu einem deutlichen Leistungsabfall, zur Vergiftung der Kultur und zur Beschädigung der Zusammenarbeit und des Vertrauens führen und letztendlich auch negative Auswirkungen auf den Erfolg haben. Genau deshalb ist bei jeder Ergebnisorientierung herausragende Führung notwendig.

Zum Abschluss möchte ich in diesem Zusammenhang noch einmal das Thema Mikromanagement thematisieren. Ich habe viele Unternehmen und Teams gesehen, die wahnsinnig beschäftigt damit waren, PowerPoints und Excel-Tabellen für Reporting-Zwecke zu erstellen. Manche Unternehmen sind fast süchtig nach diesen Tools. Nun ist es aber so, dass eine Excel-Tabelle in dem Moment veraltet ist, in dem sie erstellt wird, da die Daten sich weiterentwickelt haben: Vertriebserfolge und -chancen, Produktionskennzahlen usw. Ein Unternehmen und auch die Führungskräfte sollten lieber darauf achten, dass die relevanten Systeme (z. B. CRM- oder ERP-Systeme) anständig gepflegt sind und jeder Zugriff auf die Livedaten hat, wo angemessen und notwendig. Ich habe gleich nach der Übernahme einer großen Vertriebsorganisation in einem Unternehmen Excel-Tabelle regelrecht verboten. Bei jedem, der mit einer Excel-Tabelle zu mir kam, um mir zu erklären, wie der Status des Geschäfts ist, habe ich das Meeting abgebrochen und darauf verwiesen, dass ich selbst in die Systeme schauen und Zahlen lesen kann. Ich habe ihn gebeten, beim nächsten Meeting eher die Herausforderungen, zusätzlichen Chancen und die notwendige Unterstützung zu thematisieren, und darauf hingewiesen, dass ich dazu keine Excel-Tabellen benötige.

Mit PowerPoint verhält es sich ähnlich. Präsentationen für Kunden, Partner oder Mitarbeitende mit PowerPoint zu erstellen ist sinnvoll und ich selbst nutze dies sehr oft und sehr gern. Allerdings werden immer mehr PowerPoint-Präsentationen erstellt, um Situationen zu dokumentieren und zusammenzufassen. Das Problem ist, dass die Erstellung Zeit und Geduld kostet – Zeit und Aufwand, die man viel besser in andere Tätigkeiten stecken könnten.

Ich habe immer zu meinen Teams gesagt: People who are using PowerPoint have neither, no power no point. Und ich finde, dass es das ganz gut trifft. Erstellt für die Dokumentation ein Dokument, nutzt eure Systeme für Analysen und Recherchen und minimiert den Aufwand zur Erstellung von PowerPoints, nur um Mitarbeitende oder Führungskräfte auf den aktuellen Stand zu bringen. Dazu eignen sich andere Systeme viel besser und ermöglichen es euch, datenbasierte Entscheidungen zu treffen, die wiederum nachvollziehbar und transparent sind.

DLC-Check L: Ergebnisorientierung

- ☑ Ändere die Sichtweise auf Ziele – nicht das, was gefordert wird, ist wichtig, sondern das, was notwendig ist, um die Ziele zu erreichen.
- ☑ Du kannst Ergebnisse bekommen oder Ausreden – niemals beides. Lass keine Ausreden und Gründe zu, warum etwas nicht geht, und fokussiere dich auf das »Wie« und das, was notwendig ist.
- ☑ Implementiere leistungsbasierte Ansätze – nicht nur im Vertrieb, sondern in der gesamten Organisation – Team- und Individualziele.
- ☑ Beachte die mentale Stärke deines Teams und setze Ziele bewusst unter Berücksichtigung der inneren Antreiber, um negative Auswirkungen zu vermeiden.
- ☑ Vermeide überflüssige PowerPoint-Präsentationen oder Excel-Tabellen für eine scheinbare Transparenz – nutze stattdessen Echtzeitdaten und triff datenbasierte Entscheidungen.

4.7 Growth Mindset

»Growth Mindset«, ein Begriff, der von der Psychologin Carol Dweck (2007) geprägt wurde, spielt eine entscheidende Rolle in der Führung moderner Unternehmen. Es bezieht sich auf die Überzeugung, dass Fähigkeiten und Intelligenz durch Engagement, die Bereitschaft zum Lernen und die Übernahme von Verantwortung weiterentwickelt werden können. Growth Mindset ist quasi als Klammer und als Zusammenfassung dieses Kapitels zu verstehen. Es fördert eine Kultur des kontinuierlichen Lernens, der Innovation, der Anpassungsfähigkeit und der Zusammenarbeit. Führungskräfte mit einem Growth Mindset schaffen ein Umfeld, in dem Mitarbeitende motiviert und engagiert sind, was letztendlich zum nachhaltigen Erfolg und Wachstum des Unternehmens führt. Indem sie eine positive Einstellung gegenüber Herausforderungen und

Veränderungen einnehmen, können diese Führungskräfte ihr Unternehmen auf die Anforderungen der modernen Geschäftswelt vorbereiten und es in eine erfolgreiche Zukunft führen. Growth Mindset ist also der wesentliche Enabler für eine erfolgreiche Transformation und umfasst alle Rollen, alle Mitarbeitenden eines Unternehmens.

In der folgenden Tabelle stelle ich Growth Mindset und Fixed Mindset gegenüber, um deutlich zu machen, was ein Growth Mindset im Vergleich zu einem Fixed Mindset bedeutet.

Fixed Mindset	Growth Mindset
»Ich weiß alles.«	»Es gibt immer etwas zu lernen.«
»Ich spare an Feedback, um auf Kurs zu bleiben.«	»Ich gebe offenes Feedback und hinterfrage den Status quo.«
»Ich ignoriere Input und fokussiere auf den eigenen Erfolg.«	»Ich schätze den Input und Erfolg von anderen.«
»Ich vermeide Konflikte und Kompromisse.«	»Ich setze mich für Lösungen ein und gehe in den Austausch.«
»Ich sehe Fehler für mich als ein Scheitern.«	»Meine Umgebung und ich lernen aus Fehlern.«

1. **Förderung von Lernen und Entwicklung**
   Führungskräfte mit einem Growth Mindset ermutigen ihre Mitarbeitenden, ständig zu lernen und sich weiterzuentwickeln. Dies schafft eine Kultur, in der Mitarbeitende motiviert sind, neue Fähigkeiten zu erwerben und sich kontinuierlich zu verbessern.
2. **Feedback-Kultur**
   Ein Growth Mindset fördert eine Kultur, in der Feedback als Chance zum Lernen und Wachsen angesehen wird, anstatt als Kritik. Nur durch die konsequente, aber angebrachte Infragestellung des Status quo kann eine Ergebnisorientierung erreicht werden – und damit das beste Ergebnis.
3. **Herausforderungen annehmen und Innovation fördern**
   Führungskräfte, die ein Growth Mindset haben, ermutigen ihre Teams, kreative Lösungen zu suchen und innovative Ideen zu entwickeln. Sie schaffen ein Umfeld, in dem Risiken eingegangen und Fehler als Lernmöglichkeiten gesehen werden. Unternehmen mit einem Growth Mindset sind eher bereit, neue Ansätze auszuprobieren und aus ihren Erfahrungen zu lernen, was ihre Innovationskraft stärkt.
4. **Konflikte fördern und keine Kompromisse zulassen**
   Führungskräfte mit einem Growth Mindset vermitteln eine positive Einstellung gegenüber Herausforderungen und Veränderungen. Dies motiviert Mitarbeitende, sich zu engagieren und ihr Bestes zu geben. Anstehende Konflikte werden aus-

gefochten, Kompromisse sind nicht notwendig, da jeder und jede für die beste Lösung einsteht.

5. **Anpassungsfähigkeit und Resilienz fördern**
   Führungskräfte mit einem Growth Mindset fördern eine flexible Denkweise, die es dem Unternehmen ermöglicht, sich schnell an Veränderungen im Markt oder in der Branche anzupassen. Ein Growth Mindset hilft Mitarbeitenden und Führungskräften, Rückschläge als vorübergehende Hindernisse zu sehen und sich darauf zu konzentrieren, aus diesen Erfahrungen zu lernen und gestärkt daraus hervorzugehen.

Diese Punkte fördern nicht nur die Motivation und das Engagement der Mitarbeitenden, sie fördern auch nachhaltig eine kollaborative Kultur und schaffen Raum für langfristiges, nachhaltiges Denken. Dabei spielen zwei bereits bekannte Faktoren eine große Rolle: Authentizität und Empowerment. Führungskräfte, die ein Growth Mindset verkörpern, sind oft authentisch und zeigen, dass sie selbst lern- und entwicklungsbereit sind. Dies inspiriert ihre Mitarbeitenden dazu, diese Haltung zu übernehmen. Diese Führungskräfte empowern ihre Teams, indem sie ihnen Vertrauen schenken und die notwendigen Ressourcen zur Verfügung stellen, um sich weiterzuentwickeln und erfolgreich zu sein.

Wir haben in den letzten Kapiteln schon viele Maßnahmen, die letztendlich zu einem Growth Mindset führen und dieses trainieren und fördern, detailliert beschrieben. Ich möchte an dieser Stelle noch einmal auf ein paar spezifische Maßnahmen eingehen, die förderlich und hilfreich sind, um ein Growth Mindset in der Unternehmenskultur zu verankern und damit die Transformationsfähigkeit zu etablieren:

1. **Training und Schulungen**
   Bietet regelmäßig Workshops und Seminare an, die sich auf die Prinzipien des Growth Mindset konzentrieren. Themen könnten sein: die Wissenschaft hinter dem Growth Mindset, Techniken zur Überwindung von Herausforderungen, der Umgang mit Fehlern, die Rolle von Konflikten. Nutzt Online-Plattformen, um Kurse anzubieten, die Mitarbeitende flexibel absolvieren können.
2. **Feedback-Kultur etablieren**
   Implementiert neben regelmäßigem, konstruktivem Feedback zusätzlich ein System, bei dem Mitarbeitende Feedback von Kollegen, Vorgesetzten und ihren Mitarbeitenden erhalten. Dies bietet eine umfassende Sicht auf ihre Leistungen und Entwicklungsbereiche und fördert eine positive Unternehmenskultur.
3. **Fehler als Lernchancen nutzen**
   Schafft eine Umgebung, in der Fehler als Lernmöglichkeiten betrachtet werden. Diskutiert offen über Fehler und die daraus gezogenen Lehren. Teilt Beispiele von Mitarbeitenden, die aus ihren Fehlern gelernt und sich verbessert haben.

4. **Kontinuierliches Lernen fördern**
   Investiert in Fortbildungsprogramme und ermutigt Mitarbeitende, regelmäßig an Weiterbildungen teilzunehmen. Gebt Mitarbeitenden Zeit während der Arbeitswoche, um sich dem Erwerb neuer Fähigkeiten und neuen Wissens zu widmen. Dazu haben sich Learning Days in der Praxis bewährt.

Die Förderung eines Growth Mindset erfordert eine bewusste und kontinuierliche Anstrengung. Durch gezielte Trainings, eine Kultur des konstruktiven Feedbacks und die Anerkennung von Lernprozessen können Unternehmen eine Umgebung schaffen, in der Mitarbeitende motiviert sind, sich kontinuierlich zu verbessern und ihre Fähigkeiten zu erweitern. Diese Maßnahmen, genau wie die zuvor erläuterten Maßnahmen, tragen dazu bei, eine dynamische, innovative und resiliente Unternehmenskultur zu etablieren, die transformationsfähig ist und in der alle – Mitarbeitende, Führungskräfte und Vorstände – Lust auf Transformation haben.

DLC-Check M: Growth Mindset

- ☑ Growth Mindset ist eine Einstellung und keine Fähigkeit. Kultiviere Growth Mindset durch Vorleben, durch kontinuierliches Lernen.
- ☑ Herausforderungen sind Chancen und keine Last. Mache klar, dass Fehler dazu da sind, um aus ihnen zu lernen, und sprich über Fehler.
- ☑ Fördere Konflikte und lasse keine Kompromisse zu. Mache klar, dass Kompromisse Mittelmäßigkeit bedeuten.
- ☑ Growth Mindset erfordert harte Arbeit und eine kollektive Anstrengung. Schaffe ein Umfeld, in dem sich jeder und jede Einzelne eingebunden und motiviert fühlt.

4.8 Die Rolle von Diversität

In den vorangegangenen Kapiteln habe ich das Thema Diversität bereits kurz angesprochen. An dieser Stelle möchte ich es nun etwas näher beleuchten und dabei darauf eingehen, welche wichtige Rolle Diversität im Rahmen von Veränderungsprozessen und insbesondere für die Transformationsfähigkeit spielt.

Diversität – verstanden als Vielfalt in Bezug auf Geschlecht, Alter, kulturellen Hintergrund, Fähigkeiten, Erfahrungen und Denkweisen – hat einen großen Einfluss darauf, wie gut ein Unternehmen Veränderungen bewältigen und neue Chancen nutzen kann. Es ist mir sehr wichtig zu betonen, dass es dabei eben nicht nur um Diversität in Bezug auf Geschlecht geht: Aus meiner Sicht wird der Begriff »Diversität« in vielen politischen Diskussionen, in Unternehmen und insbesondere auf Social Media gern darauf reduziert – und letztendlich wird dadurch genau das Gegenteil erreicht, nämlich eine Diskriminierung und eine Fokussierung auf die ausschließliche Frage, ob wir eine ausreichende Frauenquote hier und da haben. Diese starke Einschränkung des

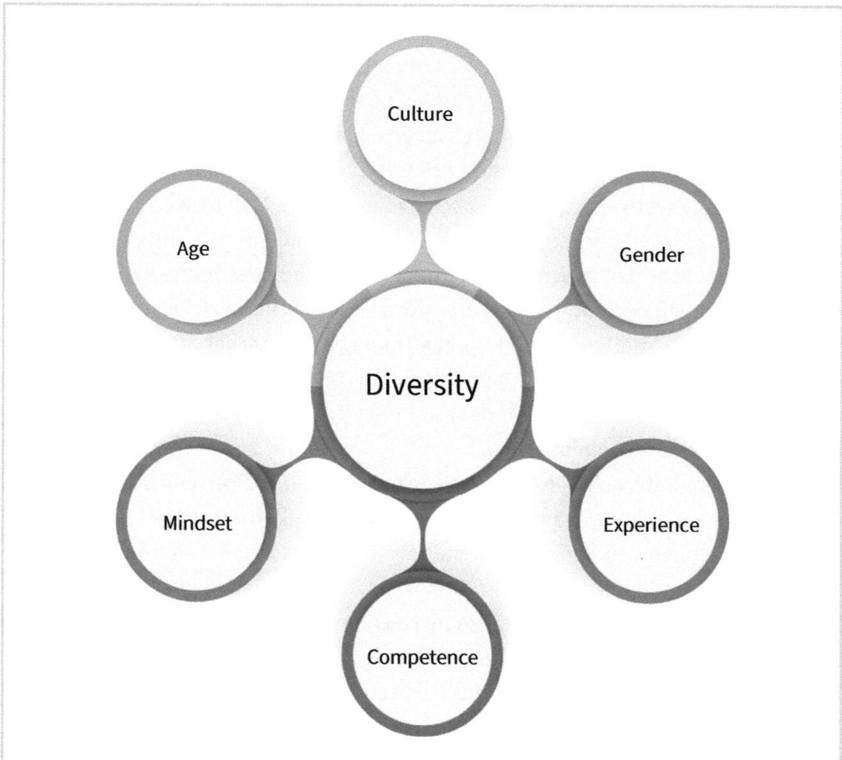

Abb. 15: Diversity

Themas ist alles andere als hilfreich, da sie bewirkt, dass bei der Auswahl von Führungskräften und Mitarbeitenden primär auf das Geschlecht geachtet wird. In meiner Laufbahn habe ich oft frauenfeindliche Kommentare und darauf basierende schlechte Entscheidungen gesehen, die ich immer verabscheut und verurteilt habe – und wenn es möglich war, habe ich aktiv eingegriffen. Ich habe aber auch gesehen, wie Männer gegenüber Frauen bewusst benachteiligt wurden, obwohl sie in einigen Fällen aus verschiedenen Gründen der bessere »Fit« gewesen wären. Das wird aus meiner Sicht den betroffenen Frauen nicht gerecht und schadet ihnen, weil somit oftmals das Geschlecht als Grund für Personalentscheidungen wahrgenommen wird und nicht die Kompetenzen, die überwiegen sollten.

Bei Diversität geht es aber, wie bereits angedeutet, um viel mehr. Daher möchte ich das Thema weiter fassen und alle einladen, die positiven Aspekte von Vielfalt, egal in welcher Dimension, zu betrachten.

Booster für Kreativität und Innovation

Diversität fördert Innovation und Kreativität – zwei Schlüsselfaktoren für erfolgreiche Transformationen, die wir schon genauer betrachtet haben. Wenn Menschen mit unterschiedlichen Hintergründen, Erfahrungen und Perspektiven zusammenarbeiten, entstehen vielfältige Ideen und Ansätze zur Lösung von Problemen. Diese Vielfalt an Denkweisen ermöglicht es Unternehmen, über den Tellerrand hinaus zu schauen und unkonventionelle, aber effektive Lösungen zu finden. In Transformationsprozessen, bei denen es oft darum geht, alte Strukturen zu durchbrechen und neue Wege zu gehen, ist diese kreative Vielfalt von unschätzbarem Wert. Man denke zum Beispiel an neue Produkte für neue Märkte. Ein Produkt, das sich in Europa richtig gut verkauft, muss in Asien nicht den gleichen Erfolg habe. Dazu sind spezifische Kenntnisse des Marktes, aber auch der kulturellen Hintergründe erforderlich, Erfahrungen und in gewisser Weise auch Intuition. Interkulturelle Trainings in Unternehmen können helfen, die Sichtweise zu vermitteln, allerdings macht das Diversität nicht überflüssig.

Risikobewertung und -minimierung

Vielfalt in einem Unternehmen kann auch dazu beitragen, Risiken anders zu bewerten und auch zu minimieren. Transformationsprozesse sind oft mit Unsicherheiten und Herausforderungen verbunden. Diversität ermöglicht es einem Unternehmen, diese Risiken besser zu identifizieren und zu managen, da verschiedene Perspektiven dazu beitragen, potenzielle Probleme frühzeitig zu erkennen und alternative Lösungswege zu entwickeln. Ein homogenes Team könnte aufgrund seiner einheitlichen Denkweise bestimmte Risiken übersehen oder falsch einschätzen.

In dem Buch »Rebel Ideas« von Metthew Syed (2021) wird am Beispiel der schlimmen Ereignisse rund um 9/11 die Blindheit einiger US-Behörden thematisiert, da jahrelang ausschließlich Stereotype, Menschen mit gleichem Hintergrund, gleicher Ausbildung etc., engagiert wurden, die im Fall dieser schrecklichen Ereignisse nicht die notwendige Vielfalt besaßen, um Informationen und Daten richtig und umfassend zu bewerten und Risiken einzuschätzen. Ich sehe bei meinen Kunden immer dann große Fortschritte bei Transformationsvorhaben, wenn die Teams bewusst divers zusammengesetzt sind, die Fähigkeit haben, Konflikte auszutragen, verschiedene Blickwinkel zu beleuchten und somit potenzielle Stolpersteine frühzeitig zu identifizieren und zu umgehen.

Mehr Geschwindigkeit

Diversität trägt zur Agilität und Anpassungsfähigkeit eines Unternehmens bei – zwei Eigenschaften, die entscheidend für den Erfolg in einem sich schnell verändernden Geschäftsumfeld sind und für mehr Geschwindigkeit sorgen. Teams, deren Mitglieder unterschiedliche Erfahrungen und Fähigkeiten einbringen, sind besser in der Lage, direkt auf Veränderungen zu reagieren und sich schnell an neue Bedingungen anzupassen. Dies ist besonders wichtig in Zeiten der Transformation, in denen Flexibilität und schnelles Handeln gefragt sind. Indem zum Beispiel Mitarbeitende unterschiedlicher Altersgruppen in einen Veränderungsprozess integriert werden, kann eine breitere Akzeptanz und schnellere Implementierung erreicht werden, da sowohl wertvolle Erfahrungen von älteren Mitarbeitenden als auch frische Ideen berücksichtigt werden können. Ganz nebenbei fördert das die Zusammenarbeit und die Kultur in einem Unternehmen.

Wenn Unternehmen Diversität gezielt und bewusst fördern, können die oben genannten Vorteile voll ausgeschöpft werden. Das beginnt – wie schon dargestellt – an der Spitze eines Unternehmens und sollte tief in den kulturellen Grundsätzen eines Unternehmens verankert sein. Unternehmen sollten sicherstellen, dass Diversität in jedem Bereich des Unternehmens vertreten ist, gelebt wird und es eine inklusive Arbeitsumgebung gibt, die es allen Mitarbeitenden ermöglicht, sich voll einzubringen mit ihren Ideen, ihrer Energie und ihrem Feedback.

Für Teams in Transformationsvorhaben ist es umso entscheidender, dass sie interdisziplinär und interkulturell zusammengesetzt sind und dazu ermutigt werden, offene Diskussionen zu führen, verschiedene Perspektiven und Erfahrungen einzubringen und Konflikte einzugehen, um für die beste Lösung zu kämpfen.

Ich rate Unternehmen auch dazu, Schulungen anzubieten, um die Mitarbeitenden für die Bedeutung von Diversität zu sensibilisieren und sie darauf vorzubereiten, in diversen Teams effektiv zusammenzuarbeiten. Diese Schulungen können helfen, Vorurteile abzubauen und eine Kultur des gegenseitigen Respekts und der Zusammenarbeit zu fördern, die für den Erfolg von Transformationsprozessen unerlässlich ist.

Mich hat vor Kurzem ein Unternehmer gefragt, ob man Diversität messbar machen kann bzw. ob der wirtschaftliche Impact bewertbar sei. Ich habe über diese Frage lange nachgedacht und möchte an dieser Stelle meine Sichtweise und Beispiele teilen:

1. **Kostensenkung**
   Ein multinationales Konsumgüterunternehmen setzte ein diverses Team ein, um Maßnahmen zu entwickeln, die die Lieferkette optimieren und somit Kosten einsparen sollten. Dieses Team war insbesondere durch die unterschiedlichen kulturellen Hintergründe, die es den Mitgliedern ermöglichten, sowohl Länder mit ihren spezifischen Rahmenbedingungen als auch Menschen bei Partnerunternehmen besser einzuschätzen, in der Lage, innovative Strategien zu entwickeln, die sehr wahrscheinlich von homogen besetzten Teams übersehen worden wären.
2. **Umsatzsteigerung**
   Unternehmen können Diversität auch als strategischen Vorteil nutzen, um ihren Umsatz zu steigern. Es geht nicht nur darum, globale Märkte besser zu verstehen und unterschiedliche kulturelle Perspektiven zu berücksichtigen, um beispielsweise Produkte besser an unterschiedliche Bedürfnisse anzupassen, sondern auch darum, dass ein Unternehmen, das offensichtlich auf Diversität setzt, auch von unterschiedlichen Menschen als attraktiver angesehen wird – sowohl als Arbeitgeber als auch als Hersteller.

3. **Schaffung neuer Dienstleistungen**
   Insbesondere neue Dienstleistungen und Produkte können durch Diversität positiv beeinflusst werden. So kann zum Beispiel ein Finanzinstitut durch vielfältige Teams neue Finanzdienstleistungen entwickeln, die Menschen in verschiedenen Lebensphasen und mit unterschiedlichen Bedürfnissen, kulturellen Hintergründen und Herausforderungen gezielt adressieren. Damit können neue Märkte erschlossen und der Kundenstamm erweitert werden.

Die genannten Beispiele habe ich selbst erlebt und gesehen und ich finde es erstaunlich, dass Vielfalt – obwohl so immens wichtig – trotzdem oft abgetan, kleingeredet und manchmal sogar mit Füßen getreten wird. Ich möchte meine Ausführungen noch mit ein paar externen Fakten belegen. Laut einer Studie von McKinsey & Company (Diversity Wins: How Inclusion Matters) aus dem Jahr 2020 haben Unternehmen mit einer hohen ethnischen und kulturellen Vielfalt eine 38 % höhere Chance, profitabler und erfolgreicher zu sein, als Unternehmen, die Vielfalt nicht fördern (Dixon-Fyle et al. 2020). Der Bericht des Weltwirtschaftsforums aus dem Jahr 2024 hebt hervor, dass Unternehmen, die gezielt Diversität und Inklusion fördern, eine höhere Innovationskraft entwickeln und somit den Umsatz steigern (World Economic Forum 2024).

Diversität ist wichtig. Sie spielt eine entscheidende Rolle in der Transformationsfähigkeit eines Unternehmens. Sie fördert Innovation und Kreativität, hilft dabei, Risiken zu managen, und erhöht die Agilität und Anpassungsfähigkeit eines Unternehmens. Durch die bewusste Förderung und Integration von Diversität auf allen Ebenen der Organisation können Unternehmen die Herausforderungen der Transformation besser bewältigen und neue Chancen nutzen. Die strategische Nutzung von Diversität ist nicht nur ein Erfolgsfaktor für Transformationsprozesse, sondern auch ein Schlüssel zur Sicherung der langfristigen Wettbewerbsfähigkeit in einer sich ständig verändernden Welt.

DLC-Check N: Diversität leben

- ☑ Achte bei der Zusammenstellung von Teams auf Vielfalt: Alter, Geschlecht, kultureller Hintergrund, Kompetenzen, Erfahrungen.
- ☑ Achte bei der Lösungsfindung immer auf die unterschiedlichen Sichtweisen und Meinungen. So sind innovative Lösungswege oder Problemlösungen möglich.
- ☑ Vielfalt fördert Kreativität, mehr Geschwindigkeit und eine differenziertere Betrachtung von Risiken und beeinflusst die wirtschaftliche Stärke von Unternehmen.

4.9 Die Rolle von Kommunikation

Ich habe bereits häufig auf die besondere Rolle von Kommunikation hingewiesen, gerade im Kontext von Transformationen. Die Art und Weise, wie Unternehmen kommunizieren – sowohl intern mit den Mitarbeitenden als auch extern mit Kunden, Partnern und der Öffentlichkeit –, kann den Erfolg oder Misserfolg einer Transformation bestimmen. Kommunikation ist nicht nur der Überbringer von Informationen, sondern auch das Mittel, durch das Vertrauen aufgebaut, Veränderungen vermittelt und die Motivation der Mitarbeitenden aufrechterhalten wird.

Die digitale Transformation erfordert eine Kommunikation, die transparent, konsistent und an die Bedürfnisse einer vernetzten, digitalen Welt angepasst ist. In einem Umfeld, das von ständiger Veränderung geprägt ist, wird die Kommunikation zur Brücke, die Menschen, Technologien und Prozesse miteinander verbindet. Diese Brücke muss jedoch stabil und tragfähig sein, um den Herausforderungen standzuhalten, die mit der Unsicherheit und dem Widerstand einhergehen, die oft Teil von Transformationsprozessen sind.

Eine zentrale Herausforderung im digitalen Zeitalter ist die Fülle an Kommunikationskanälen und -möglichkeiten: Von E-Mails über Instant Messaging und Videokonferenzen bis hin zu sozialen Medien – die Vielfalt der Kanäle kann leicht zu Missverständnissen, Informationsüberflutung und letztlich zu einem Bruch in der Kommunikationskette führen. Daher rate ich grundsätzlich dazu, alle vorhandenen Kanäle zu nutzen, diese aber sinnvoll und zielgerichtet einzusetzen, um Klarheit zu schaffen.

Zielgruppe

Zunächst ist es wichtig, die Zielgruppe zu verstehen. Intern können dies unterschiedliche Abteilungen, Führungskräfte oder Mitarbeitende auf verschiedenen Ebenen sein, während extern Kunden, Partner, Investoren oder die Öffentlichkeit adressiert werden. Jede dieser Gruppen hat unterschiedliche Bedürfnisse, Erwartungen und bevorzugte Kommunikationskanäle.

Für die interne Kommunikation kann es beispielsweise sinnvoll sein, Kanäle zu nutzen, die eine direkte und persönliche Kommunikation ermöglichen, wie Team-Meetings, Intranet-Plattformen oder interne Chat-Tools wie Slack oder Microsoft Teams. Diese Kanäle fördern den Austausch und die Zusammenarbeit und können je nach Bedarf für formelle oder informelle Kommunikation genutzt werden.

Extern sollten die Kanäle auf die jeweilige Zielgruppe und den Zweck der Kommunikation abgestimmt sein. Für die Kommunikation mit Kunden können E-Mail-Marketing, Social Media oder Websites effektiv sein, während für die Kommunikation mit Investoren oder Partnern eher formellere Kanäle wie E-Mail, Pressemitteilungen oder persönliche Meetings infrage kommen.

Botschaft

Die Art der Botschaft ist ein weiterer entscheidender Faktor. Komplexe, strategische oder sensible Informationen erfordern oft Kanäle, die eine detaillierte und klare Kommunikation ermöglichen. Intern könnten hierfür ausführliche E-Mails, Videoanrufe oder persönliche Meetings genutzt werden, um sicherzustellen, dass die Botschaft klar vermittelt wird und Fragen sofort beantwortet werden können. Für externe Botschaften, die detaillierte Informationen enthalten, könnte ein Blogpost, ein Whitepaper oder ein Webinar geeigneter sein, um die Inhalte umfassend zu erläutern. Für einfachere informative Botschaften können Social Media oder kurze Newsletter verwendet werden.

Interaktivität und Feedback

In Transformationsprozessen ist es wichtig, dass die Kommunikation nicht nur in eine Richtung verläuft, sondern auch Raum für Interaktivität und Feedback bietet. Intern können regelmäßige Meetings, Workshops oder offene Fragerunden über Videoconferencing-Tools eingesetzt werden, um Mitarbeitenden die Möglichkeit zu geben, ihre Fragen und Bedenken direkt zu äußern.

Extern sollten Kanäle gewählt werden, die einen Dialog ermöglichen, wie Social Media oder Kundenforen. Diese Kanäle bieten die Möglichkeit, auf Feedback zu reagieren und die Zielgruppen aktiv in den Transformationsprozess einzubeziehen, was das Vertrauen und die Unterstützung für die Veränderungen stärkt.

Geschwindigkeit und Frequenz

In Transformationsprozessen spielt die Geschwindigkeit der Kommunikation eine wichtige Rolle. Manche Informationen müssen schnell und effizient verbreitet werden. Für schnelle Updates sind intern Chat-Tools oder kurze E-Mail-Updates hilfreich, während extern Kanäle wie Social Media oder Push-Benachrichtigungen auf mobilen Apps effektiv sein können. Für weniger dringende, aber regelmäßige Updates können interne Newsletter oder regelmäßige Video-Updates genutzt werden. Extern kann die Veröffentlichung eines monatlichen Newsletters oder regelmäßiger Blogbeiträge helfen, die Stakeholder auf dem Laufenden zu halten.

Vertraulichkeit

Vertrauen und Vertraulichkeit sind in Transformationsprozessen besonders wichtig. Intern sollten sensible Informationen über sichere, geschlossene Kanäle wie das Intranet oder verschlüsselte E-Mails kommuniziert werden, um das Vertrauen der Mitarbeitenden zu gewährleisten.

Extern kann es notwendig sein, Pressemitteilungen, offizielle Statements oder verschlüsselte E-Mails für die Kommunikation mit bestimmten Zielgruppen wie Investoren oder Partnern zu nutzen, um die Vertraulichkeit zu wahren und das Vertrauen in den Transformationsprozess zu stärken.

Konsistenz und Zugänglichkeit
Unabhängig vom gewählten Kanal ist Konsistenz in der Kommunikation entscheidend. Alle Botschaften sollten über die verschiedenen Kanäle hinweg konsistent sein, um Missverständnisse zu vermeiden. Die Zugänglichkeit der Informationen sollte ebenfalls berücksichtigt werden. Intern sollte die Kommunikation so gestaltet sein, dass sie für alle Mitarbeitenden zugänglich und verständlich ist, unabhängig von ihrer Position oder ihrem technischen Wissen.

Extern müssen die Kommunikationskanäle so ausgewählt werden, dass sie die Zielgruppe effektiv erreichen und leicht zugänglich sind, um sicherzustellen, dass die Botschaften ankommen und verstanden werden.

Nachdem wir die Art und Weise der Kommunikation kurz eingeordnet haben, wenden wir uns nun der Fragestellung zu, wie wir kommunizieren, damit die Gefahr von Missverständnissen und Fehlinterpretationen reduziert wird. Hier bietet das Kommunikationsmodell von Friedemann Schulz von Thun wertvolle Anhaltspunkte.

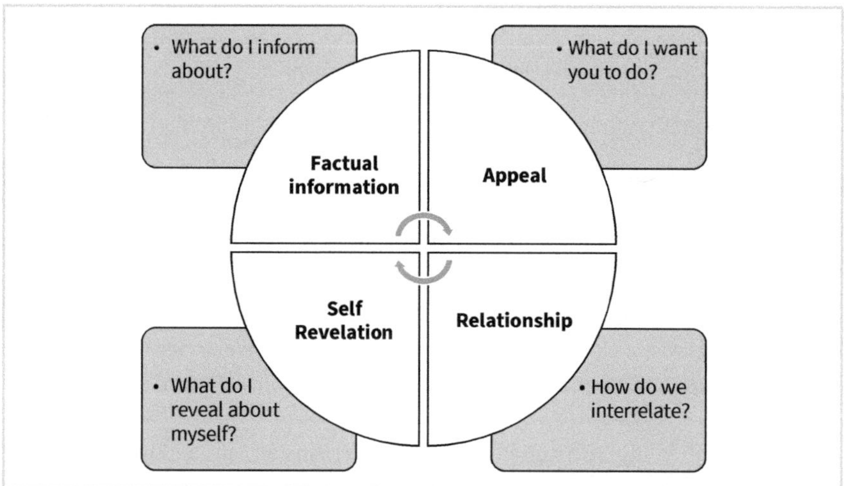

Abb. 16: Kommunikationsmodell nach Schulz von Thun

Schulz von Thun beschreibt Kommunikation als einen Prozess, der aus vier verschiedenen Aspekten besteht: dem Sachinhalt, dem Appell, dem Beziehungsaspekt und der Selbstoffenbarung. Diese vier Seiten einer Nachricht machen deutlich, dass Kommunikation immer mehrschichtig ist und verschiedene Ebenen der Interpretation zulässt. In Transformationsprozessen ist es entscheidend, dass Führungskräfte sich dieser Mehrdimensionalität bewusst sind und ihre Botschaften so formulieren, dass sie auf allen Ebenen klar und verständlich sind. Die Bedeutung diese Dimensionen haben wir in ähnlicher Form schon in Kapitel 4.3 »Die Schönheit von Konflikten« kennengelernt und ihr seht, wie wichtig die Berücksichtigung der verschiedenen Ebenen auch bei der Kommunikation ist.

Die Dimension der »Factual Information« (siehe Abbildung) bezieht sich auf den sachlichen Inhalt einer Nachricht. Dies ist die Ebene, auf der Daten, Fakten und Informationen vermittelt werden. Wenn wir sprechen, übermitteln wir oft eine Botschaft, die auf der Sachinhaltsebene Informationen wie Zahlen, Ereignisse oder Beobachtungen enthält. Diese Ebene ist entscheidend, um Missverständnisse zu vermeiden, da sie das enthält, was der oder die Sendende explizit mitteilen möchte. Wenn die Fakten klar und präzise übermittelt werden, kann der Empfänger bzw. die Empfängerin die Nachricht leichter verstehen und darauf reagieren.

Der Appell ist die Dimension, die beschreibt, was der Sprecher beim Empfänger erreichen möchte. Jeder Kommunikationsakt enthält einen Appell, selbst wenn dieser nicht ausdrücklich formuliert ist. Es geht um die Absicht, die hinter der Botschaft steht, und darum, den Empfänger zu einer bestimmten Reaktion, Handlung oder einem Gedanken zu bewegen. Der Appell kann direkt oder subtil sein, aber er ist immer präsent. In einem Transformationsprozess beispielsweise könnte eine Führungskraft ihre Mitarbeitenden bitten, sich an neue Arbeitsweisen anzupassen. Der Appell besteht hier in der Bitte um Anpassung und Unterstützung, auch wenn dies nicht direkt ausgesprochen wird.

Die Beziehungsebene ist vielleicht die am stärksten unterschätzte Dimension. Sie vermittelt, wie der Sprecher das Verhältnis zum Empfänger sieht, und drückt aus, welche Haltung oder Meinung er gegenüber dem Empfänger hat. Dies kann durch Tonfall, Wortwahl oder Gestik geschehen. Die Beziehungsebene beeinflusst maßgeblich, wie die Nachricht vom Empfänger interpretiert wird. Eine gut gemeinte Kritik könnte auf der Beziehungsebene als Angriff wahrgenommen werden, wenn der Empfänger das Gefühl hat, dass der Sprecher ihn nicht respektiert oder ihm nicht wohlgesinnt ist.

Schließlich gibt es die Selbstoffenbarung – die Dimension, die beschreibt, was der Sprecher über sich selbst preisgibt. Jede Äußerung enthält, bewusst oder unbewusst, Informationen darüber, wie der Sprecher sich selbst sieht, was er fühlt und was seine Werte oder Überzeugungen sind. Diese Selbstoffenbarung kann direkt erfolgen, etwa durch das Aussprechen von Gefühlen oder Meinungen, oder indirekt, indem die Wahl der Worte oder der Tonfall Hinweise auf den emotionalen Zustand oder die Persönlichkeit des Sprechers gibt. In einem Gespräch über Transformationsprozesse könnte eine Führungskraft, die Unsicherheit über die nächsten Schritte zeigt, unbewusst ihre eigenen Zweifel oder Ängste offenbaren.

Ein Beispiel aus der Praxis: In einem Unternehmen, das ich begleiten durfte, sollten im Verlauf eines Transformationsvorhabens neue Technologien eingeführt werden. Der Vorstand fragte mich nun, wie die Kommunikation an das Team am besten erfolgen sollte. Auf der Sachebene müssen die neuen Anforderungen möglichst präzise beschrieben werden. Auf der Beziehungsebene könnten diese Informationen jedoch unbewusst Unsicherheit oder Druck vermitteln. Wenn die Mitarbeitenden diese Botschaft als belastend oder kritisierend interpretieren, kann dies zu Widerstand und Demotivation führen. Das war uns bewusst. Wir haben uns deshalb intensiv mit den verschiedenen Ebenen beschäftigt und konnten durch einen klaren Appel, die Betonung von Fakten, die Wahl der richtigen Worte und eine persönliche Note – das Ausdrücken von Gefühlen des Vorstands – einen Weg finden, flankiert durch zusätzliche Maßnahmen wie ein Company Meeting, bei dem wir Missverständnisse aufklären konnten.

Kommunikation sollte daher insbesondere in Transformationsprozessen bewusst und strategisch eingesetzt werden. Führungskräfte sollten nicht nur darauf achten, was sie kommunizieren, sondern auch darauf, wie sie es tun. Empathie, Klarheit und das Bewusstsein für die unterschiedlichen Ebenen der Kommunikation tragen dazu bei, eine Atmosphäre des Vertrauens und der Offenheit zu schaffen. Dies ist besonders wichtig in Zeiten des Wandels, in denen Unsicherheit und Ängste oft das größte Hindernis für den Fortschritt darstellen.

Ein weiteres Modell, auf das ich in diesem Zusammenhang eingehen möchte, ist das Modell der gewaltfreien Kommunikation (Non-violent Communication) von Marshall B. Rosenberg. Die gewaltfreie Kommunikation legt den Fokus auf Empathie, aktives Zuhören und das ehrliche Ausdrücken eigener Bedürfnisse und Gefühle. In Transformationsprozessen kann dieses Modell dazu beitragen, Konflikte zu entschärfen, Widerstände abzubauen und eine Kultur des Respekts und der Zusammenarbeit zu fördern. Durch die Anwendung der gewaltfreien Kommunikation können Führungskräfte und Mitarbeitende lernen, ihre Anliegen klar und ohne Vorwürfe zu formulieren, was zu einer konstruktiveren und produktiveren Zusammenarbeit führt.

Ein zentrales Element dieses Kommunikationsmodells ist die Art und Weise, wie wir unsere Beobachtungen, Gefühle, Bedürfnisse und Bitten ausdrücken. Diese vier Dimensionen – Observations (Beobachtungen), Feelings (Gefühle), Needs (Bedürfnisse) und Requests (Bitten) – bilden das Fundament des Modells und helfen dabei, Kommunikation klar, respektvoll und effektiv zu gestalten.

Auf der Ebene der Beobachtung wird eine Situation objektiv und ohne Bewertung beschrieben. In der gewaltfreien Kommunikation ist es essenziell, zwischen dem, was

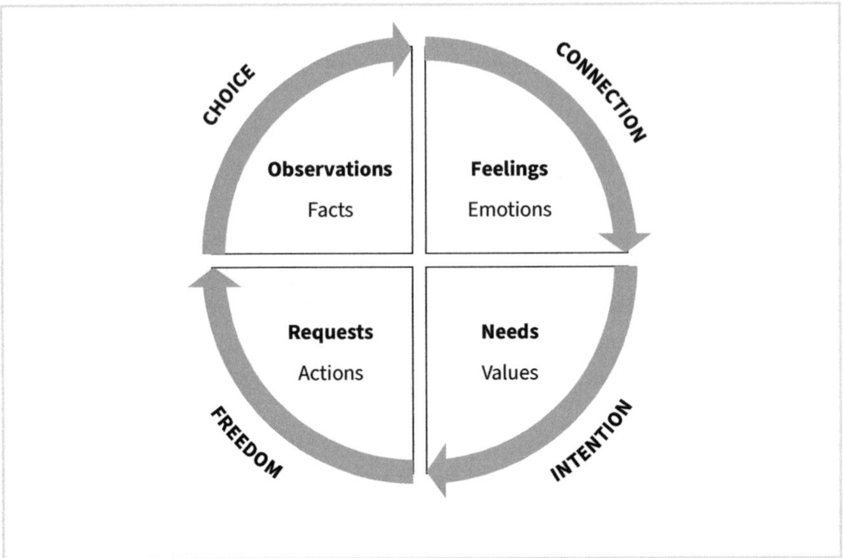

Abb. 17: Non-Violent Communication Model

wir sehen oder hören, und dem, wie wir darüber urteilen, zu unterscheiden. Eine klare Beobachtung stellt sicher, dass der Gesprächspartner genau versteht, worauf sich die Kommunikation bezieht, ohne sich angegriffen oder beurteilt zu fühlen. Diese Klarheit in der Darstellung von Fakten legt den Grundstein für eine offene und unvoreingenommene Kommunikation.

Gefühle spielen eine zentrale Rolle, da sie den inneren Zustand ausdrücken, den eine bestimmte Situation in uns auslöst. Gefühle werden oft durch unsere Wahrnehmung der Welt beeinflusst, und das Bewusstsein über unsere eigenen Emotionen ermöglicht es uns, authentischer zu kommunizieren. Anstatt beispielsweise zu sagen: »Du machst mich wütend«, wird in der gewaltfreien Kommunikation die Verantwortung für das eigene Gefühl übernommen, indem man sagt: »Ich fühle mich wütend, weil …«. Diese Art der Formulierung hilft, Konflikte zu entschärfen und das Gespräch auf einer emotionalen Ebene zu führen, die Verständnis und Empathie fördert und eine Verbindung zum Gesprächspartner herstellt.

Die Dimension der Bedürfnisse ist eng mit den Gefühlen verbunden, da unsere Gefühle oft durch unerfüllte Bedürfnisse ausgelöst werden. Die gewaltfreie Kommunikation ermutigt dazu, sich dieser Bedürfnisse bewusst zu werden und sie klar zu artikulieren. Wenn wir unsere Bedürfnisse auf eine respektvolle Weise ausdrücken, geben wir unserem Gesprächspartner die Möglichkeit, uns besser zu verstehen und darauf einzugehen. Anstatt also Vorwürfe zu machen wie »Du hörst mir nie zu«, könnte eine gewaltfreie Kommunikation lauten: »Ich fühle mich nicht gehört und brauche mehr Aufmerksamkeit in unserem Gespräch.« Hierbei sollte die Intention, also die Zielsetzung des Gesprächs deutlich werden.

Bitten sind der vierte und letzte Aspekt des Modells. Hier geht es darum, konkrete und machbare Handlungen vorzuschlagen, die zur Erfüllung unserer Bedürfnisse beitragen könnten. Wichtig ist, dass diese Bitten klar, konkret und positiv formuliert sind, damit der Gesprächspartner genau weiß, was von ihm erwartet wird. Statt vage zu formulieren »Sei netter zu mir«, könnte eine gewaltfreie Bitte lauten: »Könntest du mich in Zukunft fragen, wie mein Tag war, bevor du über deinen Tag sprichst?« Diese Klarheit erleichtert es dem Gesprächspartner, auf die Bitte einzugehen und eine positive Veränderung in der Kommunikation herbeizuführen. Wichtig hierbei ist, dass diese Bitten so formuliert werden sollten, dass der Gesprächspartner die Freiheit hat, diesen zu entsprechen oder diese abzulehnen, da in dieser Weise der Druck reduziert, der Anschein einer Manipulation reduziert und jeglicher Zwang aus der Erwartung genommen wird.

Ich erachte dieses Modell als eine kraftvolle Methode, um Missverständnisse und Streit zu vermeiden, da es den Dialog auf Empathie, Klarheit und gegenseitiges Verständnis stützt. Es bietet einen strukturierten Rahmen, der es ermöglicht, sich selbst und den anderen besser zu verstehen und somit die Qualität der zwischenmenschlichen Kommunikation erheblich zu verbessern. In Transformationsprozessen, die oft von Spannungen und Unsicherheiten begleitet werden, kann die Anwendung dieses Modells dazu beitragen, die psychologische Sicherheit zu stärken und einen konstruktiven, respektvollen Austausch zu fördern.

Und ja: Manchmal ist es durchaus erforderlich, deutlich klarer, direkter und sogar mit Anweisungen zu kommunizieren. Allerdings möchte ich hier auf das Kapitel 3.4 »Gute Leader und großartige Leader« verweisen, in dem ich beschrieben habe, wann welche Form von Führung notwendig ist, und auf das Kapitel 4.3 »Die Schönheit von Konflikten«, in dem deutlich wird, dass es durchaus manchmal günstig sein kann, bestimmte Themen zuzuspitzen. Diese oben dargestellten Ausführungen zur Kommunikation sind theoretisch leicht umsetzbar, erfordern in der Praxis jedoch oft viel Fingerspitzengefühl, Intuition, Empathie und auch Beharrlichkeit. Aber genau das macht Kommunikation ja so interessant und wichtig.

DLC-Check O: Richtig kommunizieren

- ☑ Wähle das richtige Kommunikationsmedium aus, indem du dir Klarheit über Zielgruppe, Botschaft, Interaktionsmöglichkeiten, Zeitpunkt, Frequenz und Vertraulichkeit verschaffst.
- ☑ Lege besonderen Wert auf Konsistenz und Zugänglichkeit der Kommunikation.
- ☑ Stelle sicher, dass jegliche Kommunikation aus einem sachlichen, faktischen Inhalt, einem Appell, einem Ausdruck des Verhältnisses zur Zielgruppe und einem Teil besteht, in dem du als Person, als Unternehmen nahbar und verständlich wirst.
- ☑ Achte insbesondere bei direkter Kommunikation auf eine gewaltfreie Kommunikation, indem du Beobachtungen und Gefühle trennst, klar die Intention des Gesprächs artikulierst und Aufforderungen so formulierst, dass kein Druck oder Zwang entsteht.

5 Unsere menschliche Superpower

Vor dem Hintergrund der Entwicklungen in der KI (siehe Kapitel 2.7 »Künstliche Intelligenz (KI) und maschinelles Lernen (ML)«) tauchen immer mehr Fragen auf – unter anderem auch die, welche Rolle wir Menschen in Zukunft innehaben werden. Die rasante Geschwindigkeit, mit der sich Technologien derzeit entwickeln, löst auch viele Ängste aus.

Allerdings haben wir Menschen ein paar »Superkräfte«, die durch Technologie nur schwer nachzuahmen sein werden und die wir zukünftig wesentlich gezielter und sinnvoller einsetzen können. Ich bin bereits in Kapitel 2.8 »Was ist eigentlich menschliche Intelligenz?« auf die Merkmale menschlicher Intelligenz und auch auf die Unterschiede zu künstlicher Intelligenz eingegangen. Dort habe ich auch mehrfach auf unsere Superkräfte verwiesen, auf die ich hier nun im Detail eingehen möchte. Eines steht fest: Wenn Technologie uns in Zukunft immer mehr lästige Aufgaben abnimmt, können wir uns wieder mehr auf unsere Superpower konzentrieren und sie gewinnbringend einsetzen. Was sind nun unsere Superkräfte und wie setzen wir sie so ein, dass wir Technologie als Erweiterung begreifen können?

Mir scheint, dass unsere menschlichen Superkräfte gerade in den letzten Jahren und Jahrzehnten insbesondere in der Aus- und Weiterbildung, aber auch im Unternehmen zu wenig Präsenz und Fokus hatten. Dabei sind es genau diese Kräfte, die uns menschlich machen und die uns zusammen mit Technologie zu einem unschlagbaren Team machen können, wenn wir uns dessen bewusst werden und wenn wir lernen, wie Technologie diese Fähigkeiten unterstützen oder sogar erweitern kann.

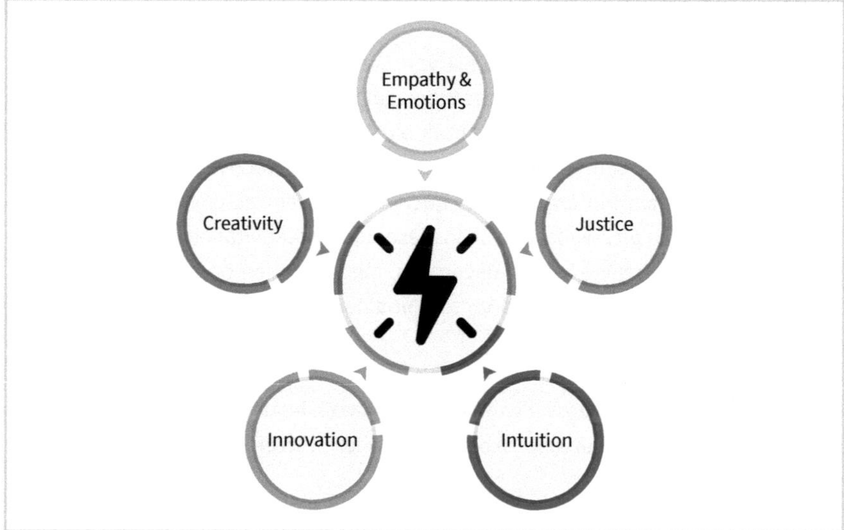

Abb. 18: Unsere menschliche Superpower

5.1 Kreativität

Kreativität ist eine der herausragendsten Fähigkeiten des menschlichen Geistes und wird oft als unsere »Superpower« bezeichnet. Sie ermöglicht es uns, neue Ideen zu entwickeln, Probleme auf innovative Weise zu lösen und künstlerische Werke zu schaffen, die unsere Kultur und Gesellschaft bereichern. Im Kontext von technologischem Fortschritt bleibt die menschliche Kreativität aus meiner Sicht aus mehreren Gründen einzigartig:

1. **Intuition und Emotionen**
   Wir Menschen verfügen über die Fähigkeit, emotionale Erfahrungen und intuitive Einsichten in unsere kreativen Prozesse einzubeziehen. Diese tief verwurzelten, subjektiven Elemente sind schwer zu codieren und machen menschliche Kreativität besonders nuanciert und reichhaltig.
2. **Kontext und Kultur**
   Unsere kreativen Werke sind oft tief in kulturellen und historischen Kontexten verwurzelt. Menschen können kulturelle Referenzen, historische Ereignisse und gesellschaftliche Normen in ihre kreativen Prozesse einfließen lassen, was zu bedeutungsvollen und resonanten Kreationen führt.
3. **Multidisziplinäre Denkweise**
   Wir Menschen haben die Fähigkeit, Wissen und Ideen aus verschiedenen Disziplinen zu verknüpfen. Diese Fähigkeit, über verschiedene Felder hinweg zu denken und scheinbar unzusammenhängende Ideen zu verbinden, ist ein Schlüssel zu Innovation und Kreativität.
4. **Subjektivität und Perspektive**
   Jeder Mensch hat eine einzigartige Perspektive und Lebenserfahrung, die seine kreativen Ausdrucksformen prägt. Diese Subjektivität führt zu einer Vielfalt an kreativen Ergebnissen, die von KI nur schwer reproduziert werden kann.

Während KI selbst nicht die gleiche Art von kreativer Originalität besitzt wie Menschen, kann sie dennoch als mächtiges Werkzeug zur Unterstützung und Erweiterung menschlicher Kreativität dienen. Es gibt durchaus unterschiedliche Sichtweisen, die von Forschenden, in den Medien und auch in sozialen Netzwerken diskutiert werden. Gerade vor dem Hintergrund der noch ungewissen technologischen Entwicklung der KI kommen oft Zweifel auf, ob insbesondere Kreativität eine Superpower der Menschen bleibt. Ich gehe jedoch davon aus, dass die oben beschriebenen Gründe wesentliche Unterscheidungsfaktoren sind und nur schwer von Technologie nachzuahmen sind.

Allerdings gibt es im Prozess der Kreativität verschiedene Hilfsmittel, um unsere menschliche Fähigkeit zu erweitern bzw. sie zu unterstützen:

1. **Ideengenerierung und Brainstorming**
   Technologie und KI kann als Brainstorming-Partner fungieren, indem sie eine Vielzahl von Ideen und Konzepten generiert, die Menschen als Ausgangspunkt für ihre kreativen Prozesse nutzen können. Tools wie GPT, Copilot, Gemini und weitere können Texte, Vorschläge und kreative Ansätze generieren, die Menschen inspirieren und neue Perspektiven eröffnen.
2. **Automatisierung repetitiver Aufgaben**
   Durch die Automatisierung zeitaufwendiger und repetitiver Aufgaben ermöglicht Technologie es uns Menschen, uns auf die kreativeren und konzeptionelleren Aspekte unserer Arbeit zu konzentrieren. Dies steigert die Effizienz und lässt mehr Raum für kreative Gedanken und Innovationen.
3. **Datenanalyse und Mustererkennung**
   KI-Systeme können große Datenmengen analysieren und Muster erkennen, die Menschen möglicherweise übersehen. Diese Erkenntnisse können wertvolle Inspirationen liefern und kreative Prozesse inspirieren, sei es in der Kunst, im Design oder in der Produktentwicklung.
4. **Personalisierte Kreativitätswerkzeuge**
   Technologie kann maßgeschneiderte Werkzeuge und Plattformen bereitstellen, die auf die individuellen Bedürfnisse und Vorlieben von Kreativen zugeschnitten sind. Beispielsweise können Musikerinnen und Musiker KI-gestützte Kompositionswerkzeuge nutzen, die ihnen helfen, neue Melodien und Harmonien zu entwickeln.
5. **Virtuelle und erweiterte Realität**
   Virtuelle Realität (VR) und erweiterte Realität (AR, Augmented Reality) eröffnen neue Dimensionen für kreative Experimente. Künstlerinnen können immersive Umgebungen schaffen, Designer können ihre Konzepte in 3D visualisieren, und Filmemacherinnen können interaktive Geschichten erzählen, die das Publikum auf neue Weise einbeziehen.
6. **Co-Kreation und Zusammenarbeit**
   KI kann als Kollaborationspartner in kreativen Prozessen fungieren. Beispielsweise können Künstler und Designerinnen KI-Algorithmen verwenden, um gemeinsam neue Werke zu schaffen, wobei die KI als Erweiterung ihrer kreativen Fähigkeiten dient.

Die menschliche Kreativität bleibt aus meiner Sicht eine einzigartige Superpower, die durch unsere Intuition, unsere Emotionen, kulturellen Kontexte und unsere multidisziplinäre Denkweise geprägt ist. Im Zeitalter der künstlichen Intelligenz kann Technologie diese Kreativität unterstützen und erweitern, indem sie Ideen generiert, repetitive Aufgaben automatisiert, Daten analysiert und neue Werkzeuge bereitstellt. Durch die sinnvolle Integration von KI in kreative Prozesse können Menschen ihre einzigartigen kreativen Fähigkeiten voll ausschöpfen und neue Höhen der Innovation und Ausdruckskraft erreichen.

5.2 Innovation

Die Fähigkeit, innovativ zu sein, ist eine weitere Fähigkeit des menschlichen Geistes. Sie ermöglicht es uns, neue Lösungen für komplexe Probleme zu entwickeln, bahnbrechende Technologien zu erschaffen und die Welt kontinuierlich zu verbessern. Unsere Fähigkeit, Innovationen zu erschaffen, knüpft stark an die Superpower Kreativität an, und viele der oben beschriebenen Gründe, warum Kreativität uns Menschen einzigartig macht, spielen auch hier eine große Rolle. Allerdings gibt es noch ein paar zusätzliche Gründe:

1. **Kreative Problemlösung**
   Menschen sind in der Lage, kreative und oft unorthodoxe Lösungsansätze für Probleme zu entwickeln. Diese Fähigkeit, »out of the box« zu denken, basiert auf unserer Fähigkeit, Intuition, Erfahrung und kreative Denkprozesse zu kombinieren.
2. **Empathie und menschliche Bedürfnisse**
   Menschliche Innovation ist oft tief in einem Verständnis und einer Empathie für menschliche Bedürfnisse und Wünsche verwurzelt. Diese Fähigkeit, Probleme aus der Perspektive der Benutzer und Kunden zu sehen, führt zu Lösungen, die wirklich relevant und wertvoll sind.
3. **Iterative und inkrementelle Verbesserung**
   Menschen sind geschickt darin, durch iterative Prozesse und inkrementelle Verbesserungen zu innovieren. Dieser evolutionäre Ansatz führt oft zu robusten und nachhaltigen Lösungen, die kontinuierlich verbessert werden können.

Auch die Innovationsfähigkeit wird oft schon durch Technologie unterstützt:

1. **Personalisierte Innovationswerkzeuge**
   Technologie kann maßgeschneiderte Werkzeuge und Plattformen bereitstellen, die auf die individuellen Bedürfnisse und Vorlieben von Innovatoren zugeschnitten sind. Beispielsweise können Entwickler KI-gestützte Entwicklungsplattformen nutzen, die ihnen dabei helfen, neue Softwarelösungen zu erstellen.
2. **Simulationen und Tests**
   KI kann Simulationen und Tests durchführen, um die Machbarkeit und Wirksamkeit neuer Ideen zu prüfen, bevor sie in die Praxis umgesetzt werden. Dies reduziert das Risiko und die Kosten von Innovationsprojekten.
3. **Zugang zu globalem Wissen**
   Durch die Vernetzung und den Zugang zu globalen Informationsressourcen können Innovatoren auf eine breite Wissensbasis zugreifen und aus den Erfahrungen und Erkenntnissen anderer lernen.

5.3 Gerechtigkeit

Der Gerechtigkeitssinn ist eine der menschlichen Eigenschaften, die es uns ermöglicht, moralische und ethische Entscheidungen zu treffen, Fairness zu fördern und soziale Harmonie zu schaffen. Diese Fähigkeit ist tief in unseren sozialen, kulturellen und emotionalen Erfahrungen verwurzelt. Im Kontext von technologischem Fortschritt und künstlicher Intelligenz (KI) bleibt der menschliche Gerechtigkeitssinn aus mehreren Gründen einzigartig:

1. **Moralisches Urteilsvermögen**
   Menschen besitzen die Fähigkeit, komplexe moralische Dilemmata zu bewerten und Entscheidungen zu treffen, die auf ethischen Prinzipien und sozialen Normen basieren. Diese Fähigkeit geht über einfache Regelanwendungen hinaus und erfordert ein tiefes Verständnis von Kontext und Konsequenzen.
2. **Empathie und Mitgefühl**
   Unser Gerechtigkeitssinn wird stark von unserer Fähigkeit zur Empathie und zum Mitgefühl beeinflusst. Wir können die Perspektiven anderer Menschen einnehmen, ihre Gefühle nachvollziehen und Entscheidungen treffen, die ihre Bedürfnisse und Rechte berücksichtigen.
3. **Kulturelle und soziale Kontextualisierung**
   Menschen verstehen, dass Gerechtigkeit in verschiedenen kulturellen und sozialen Kontexten unterschiedliche Bedeutungen haben kann. Diese kulturelle Sensibilität ermöglicht es uns, Entscheidungen zu treffen, die in verschiedenen Gemeinschaften und Situationen als fair wahrgenommen werden.
4. **Flexibilität und Anpassungsfähigkeit**
   Der menschliche Gerechtigkeitssinn ist flexibel und anpassungsfähig. Wir sind in der Lage, unsere Urteile und Handlungen an neue Informationen und veränderte Umstände anzupassen, was eine dynamische und kontinuierliche Bewertung von Fairness und Gerechtigkeit ermöglicht.

KI »erlernt« einen Gerechtigkeitssinn über verfügbare und antrainierte Informationen und Quellen, sie verfügt allerdings aus den oben genannten Gründen nicht über einen »eigenen« Gerechtigkeitssinn. Dennoch kann auch hier die Technologie unterstützen:

1. **Datenanalyse und Entscheidungsunterstützung**
   - Bias-Erkennung: KI kann verwendet werden, um Vorurteile und Diskriminierung in großen Datensätzen zu erkennen. Diese Erkenntnisse können dazu beitragen, faire und gerechte Entscheidungen zu treffen, indem sie auf unbewusste Voreingenommenheiten hinweisen.
   - Transparenz: Durch die Analyse von Daten und Entscheidungsprozessen kann KI Transparenz schaffen, die notwendig ist, um Gerechtigkeit und Verantwortlichkeit in Organisationen und Institutionen zu gewährleisten.
2. **Gerechte Ressourcenzuteilung**
   - Optimierung von Verteilungen: KI-Algorithmen können eingesetzt werden, um Ressourcen auf faire und effiziente Weise zu verteilen, sei es in der Gesundheitsversorgung, im Bildungswesen oder in sozialen Dienstleistungen. Dies kann dazu beitragen, Ungleichheiten zu verringern und den Zugang zu wichtigen Dienstleistungen zu verbessern.

- Bedarfsanalyse: Technologie kann helfen, die Bedürfnisse verschiedener Bevölkerungsgruppen zu identifizieren und sicherzustellen, dass Ressourcen dorthin gelangen, wo sie am dringendsten benötigt werden.

3. **Automatisierung und Standardisierung**
   - Verfahrensgerechtigkeit: Technologie kann in Entscheidungsprozessen eingesetzt werden, um sicherzustellen, dass alle Individuen nach denselben Standards und Regeln behandelt werden, was die Verfahrensgerechtigkeit erhöht.
   - Reduktion menschlicher Fehler: Durch die Automatisierung bestimmter Prozesse kann Technologie menschliche Fehler und Voreingenommenheiten minimieren, die zu ungerechten Entscheidungen führen könnten.
4. **Bildung und Bewusstseinsbildung**
   Ethische Schulung: Bildungsplattformen können verwendet werden, um Menschen über Ethik und Gerechtigkeit zu schulen. Dies kann das Bewusstsein für soziale und moralische Fragen schärfen und die Fähigkeit zur fairen Entscheidungsfindung stärken.
5. **Simulationen und Szenarien**
   Virtuelle Realität und Simulationstechnologien können verwendet werden, um ethische Dilemmata und Szenarien nachzustellen, die es Menschen ermöglichen, ihren Gerechtigkeitssinn in sicheren Umgebungen zu üben und zu verfeinern.
6. **Partizipative Entscheidungsfindung**
   Technologische Plattformen können entwickelt werden, um die partizipative Entscheidungsfindung zu fördern. Diese Plattformen ermöglichen es, dass eine Vielzahl von Stimmen und Perspektiven in Entscheidungsprozesse einbezogen werden, was die Chancen auf gerechtere und repräsentativere Ergebnisse erhöht.

Der menschliche Gerechtigkeitssinn bleibt eine unverzichtbare Superpower, die von unserem moralischen Urteilsvermögen, unserer Empathie, unserer kulturellen Sensibilität und Flexibilität geprägt ist. Technologie kann diese Fähigkeit unterstützen und stärken, indem sie Daten analysiert, Bias erkennt, Ressourcen gerecht verteilt, transparente und standardisierte Entscheidungsprozesse schafft und Bildungs- sowie partizipative Entscheidungsplattformen bietet.

5.4 Intuition

Intuition, oft als »Bauchgefühl« bezeichnet, ist eine der Fähigkeiten des menschlichen Geistes, die es uns ermöglicht, schnelle und oft richtige Entscheidungen zu treffen, ohne dass wir uns vollständig bewusst sind, welche Prozesse in unserem Gehirn ablaufen.

Sowohl im Unternehmertum als auch in der Wissenschaft und Forschung basierten viele Entscheidungen auf dem Bauchgefühl der Protagonisten: Steve Jobs traf viele

Entscheidungen bei Apple aus dem Bauch heraus, aber natürlich spielte auch sein Spürsinn für die menschlichen Bedürfnisse dabei eine Rolle (wie zum Beispiel die Entwicklung des iPhones). Albert Einstein entwickelte die Relativitätstheorie auf Basis einer intuitiven Vorstellung von Raum und Zeit. Insbesondere im Sport sehen wir viele Entscheidungen und Spielzüge, die auf Intuition basieren. So traft Michael Jordan auf dem Basketballfeld viele seiner erfolgreichsten Entscheidungen intuitiv. Sein außergewöhnliches Spielverständnis und seine Fähigkeit, in entscheidenden Momenten die richtigen Spielzüge zu machen, basierten oft auf seinem Bauchgefühl.

Wir Menschen sind aus folgenden Gründen überragend im Bereich der Intuition im Vergleich zur Technologie:

1. **Erfahrungsbasiertes Wissen**
   Intuition basiert auf einem tief verwurzelten und oft unbewussten Wissen, das aus einer Vielzahl von Lebenserfahrungen, Beobachtungen und Interaktionen gewonnen wurde. Dieses Wissen ist nicht immer formalisierbar oder erklärbar, aber es ermöglicht uns, komplexe Situationen schnell zu erfassen und zu handeln.
2. **Emotionale Intelligenz**
   Menschen können emotionale Signale und subtile soziale Hinweise interpretieren und darauf reagieren. Diese Fähigkeit, emotionale und soziale Kontexte intuitiv zu verstehen, ist entscheidend für zwischenmenschliche Beziehungen und Entscheidungsfindungen.
3. **Holistisches Denken**
   Intuition erlaubt es uns, Situationen ganzheitlich zu betrachten und Muster zu erkennen, die möglicherweise nicht offensichtlich sind. Diese Fähigkeit, das Gesamtbild zu erfassen, ist besonders wertvoll in unsicheren oder komplexen Situationen.
4. **Kreative Einsicht**
   Intuition kann kreative Einsichten und innovative Lösungen hervorbringen, indem sie disparate Informationen auf neuartige und unkonventionelle Weise verknüpft. Diese spontanen Einfälle sind oft schwer zu rationalisieren, aber sie führen zu bedeutenden Durchbrüchen.

Technologie kann als wertvolles Werkzeug zur Unterstützung und Erweiterung der menschlichen Intuition dienen:

1. **Datenanalyse und Mustererkennung**
   - Echtzeitdaten: IT-Systeme können große Datenmengen in Echtzeit analysieren und Muster erkennen, die unsere Intuition inspirieren können. Diese Erkenntnisse können dazu beitragen, intuitive Entscheidungen mit fundierten Daten zu untermauern.
   - Vorhersagemodelle: Durch maschinelles Lernen können Vorhersagemodelle entwickelt werden, die uns dabei helfen, zukünftige Trends und Ergebnisse zu antizipieren und unsere intuitive Entscheidungsfindung zu unterstützen.

2. **Kombination von Intuition und Analytik**
   - Decision Support Systems: KI-basierte Entscheidungshilfesysteme können intuitive Entscheidungsprozesse ergänzen, indem sie zusätzliche Perspektiven und Analysen bieten, die unsere eigenen Vorurteile und blinden Flecken ausgleichen.
   - Szenario-Analysen: KI kann verschiedene Szenarien simulieren und analysieren, um mögliche Ergebnisse zu visualisieren und die intuitive Entscheidungsfindung zu unterstützen.
3. **Personalisierte Informationsaufbereitung**
   - Relevanzfilter: Technologie kann Informationen nach Relevanz filtern und aufbereiten, sodass wir schneller auf die wesentlichen Daten zugreifen können, die unsere intuitive Entscheidungsfindung unterstützen.
   - Empfehlungssysteme: Durch personalisierte Empfehlungen können KI-Systeme uns gezielt relevante Informationen und Ressourcen bereitstellen, die unsere Intuition stärken.

Das »Bauchgefühl« bleibt uns Menschen vorbehalten, so viel ist für mich klar! Unsere Intuition ist einzigartig und kann nicht durch Technologie ersetzt werden. Technologie kann unsere Intuition aber ergänzen, indem sie Daten analysiert, Muster erkennt, repetitive Aufgaben automatisiert und relevante Informationen aufbereitet.

5.5 Empathie und Emotionen

Empathie und Emotionen sind fundamentale menschliche Fähigkeiten, die es uns ermöglichen, tiefgreifende Verbindungen zu anderen Menschen aufzubauen, ihre Gefühle zu verstehen und entsprechend zu reagieren. Diese Fähigkeiten sind besonders wichtig in sozialen Interaktionen, im Führungsverhalten und in der Pflege von zwischenmenschlichen Beziehungen.

Empathie und die Fähigkeiten, Emotionen zu zeigen und zu lesen, bleibt aus meiner Sicht aus mehreren Gründen uns Menschen vorbehalten:

1. **Tiefes Verständnis von Gefühlen**
   Wir Menschen können eine breite Palette von Emotionen erkennen und verstehen – von Freude und Trauer bis hin zu Angst und Mitgefühl. Dieses tiefe emotionale Verständnis ermöglicht es uns, in verschiedenen Situationen angemessen zu reagieren und Unterstützung zu bieten.
2. **Echtheit und Authentizität**
   Empathische Reaktionen und emotionale Ausdrücke bei Menschen sind oft authentisch und basieren auf echten Gefühlen und Erfahrungen. Diese Echtheit schafft Vertrauen und stärkt zwischenmenschliche Beziehungen.

3. **Kontextualisierte Reaktionen**
   Menschen können Emotionen und Reaktionen im Kontext der jeweiligen Situation und der individuellen Erfahrungen einer Person interpretieren. Dieses kontextualisierte Verständnis ermöglicht es uns, unsere Reaktionen fein abzustimmen und wirklich zu helfen.
4. **Moralische und ethische Dimension**
   Empathie spielt eine zentrale Rolle in unserer moralischen und ethischen Entscheidungsfindung. Sie hilft uns, die Auswirkungen unserer Handlungen auf andere zu berücksichtigen und verantwortungsbewusst zu handeln.

Wenn wir an Technologie und insbesondere KI denken, fällt uns wahrscheinlich die menschliche Fähigkeit, Empathie und Emotionen zu zeigen, als erstes Unterscheidungsmerkmal ein. Dennoch kann Technologie uns auch hier unterstützen:

1. **Erkennung und Analyse von Emotionen**
   - Emotionserkennung: KI-Systeme können Gesichtsausdrücke, Sprachmuster und physiologische Daten analysieren, um Emotionen zu erkennen. Diese Technologie kann in Bereichen wie Kundenservice, Gesundheitswesen und Bildungswesen eingesetzt werden, um besser auf die Bedürfnisse der Menschen einzugehen.
   - Stimmungsanalyse: Durch die Analyse von Texten und Sprachdaten können KI-Systeme Stimmungen und Emotionen erkennen, was in der Kommunikation und Interaktion mit Kunden oder Patienten hilfreich ist.
2. **Personalisierte Interaktionen**
   - Individuelle Anpassungen: KI-gestützte Systeme können personalisierte Empfehlungen und Dienstleistungen anbieten, die auf den emotionalen Zustand und die Präferenzen der Nutzerinnen und Nutzer abgestimmt sind. Dies kann das Kundenerlebnis verbessern und eine tiefere Verbindung schaffen.
   - Empathische Chatbots: Fortschrittliche Chatbots können empathische Reaktionen simulieren und Menschen in emotional schwierigen Situationen unterstützen, indem sie Trost spenden oder praktische Hilfe anbieten.
3. **Unterstützung in der Pflege und Therapie**
   - Virtuelle Therapeuten: KI-gestützte Therapie- und Beratungssysteme können Menschen helfen, indem sie ihnen zuhören, emotionale Unterstützung bieten und hilfreiche Ratschläge geben. Diese Systeme können besonders nützlich sein, wenn menschliche Therapeuten nicht verfügbar sind.
   - Pflegeassistenz: In der Pflege können KI-gestützte Roboter und Systeme emotionale Unterstützung bieten, indem sie auf die Bedürfnisse der Patienten eingehen und ihnen Gesellschaft leisten.
4. **Bildung und Bewusstseinsbildung**
   - Emotionale Intelligenz: Lernplattformen können Menschen dabei helfen, ihre emotionale Intelligenz zu schulen, indem sie Szenarien und Rollenspiele anbieten, in denen sie ihre empathischen Fähigkeiten üben können.

- Achtsamkeit und Wohlbefinden: Anwendungen können Achtsamkeits- und Wohlfühlprogramme anbieten, die Menschen dabei helfen, ihre Emotionen besser zu verstehen und zu managen.

Die menschliche Empathie und unsere Fähigkeit, Emotion zu zeigen, bleiben einzigartige Superkräfte, die durch unser tiefes Verständnis von Gefühlen, Authentizität, kontextualisierte Reaktionen und moralische Überlegungen geprägt sind. Auch hier unterstützt uns Technologie, indem sie Emotionen erkennt, personalisierte Interaktionen ermöglicht, in der Pflege und Therapie hilft und emotionale Intelligenz fördert.

Es bleibt also festzuhalten, dass unsere menschlichen Superkräfte wirklich einzigartige Fähigkeiten sind, die wir fördern und weiter fordern sollten. Dies ist insbesondere in der Erziehung, in der Schule und in der Berufsausbildung wichtig. Während immer mehr Bereiche unseres Berufslebens durch Technologie verändert werden, haben wir die Chance, unsere Superkräfte dort einzusetzen, wo sie gebraucht und eben auch dringend benötigt werden.

Diese Herausforderung ist allerdings nicht leicht zu bewältigen, da die Komplexität unserer Arbeitswelt uns oft hemmt, unsere Superkräfte voll ins Spiel zu bringen. Immer mehr IT-Systeme, vielfältige Kommunikationskanäle und der steigende Einfluss von Technologie in allen Lebensbereichen drücken genau diese Komplexität aus. Wo Technologie einerseits als Hemmnis gesehen wird, kann sie andererseits auch gleichzeitig helfen, diese Komplexität zumindest teilweise zu beherrschen.

So konnte ich in einem Pflegeheim für geistig und körperlich behinderte Kinder beobachten, dass Technologie einen sehr wertvollen Beitrag dazu leisten kann, menschliche Superkräfte wie Empathie, Intuition und Emotionen wieder stärker zu fokussieren. Indem die zahlreichen Pflegerinnen und Pfleger mit unterschiedlichen Nationalitäten ihre Dokumentation in ihrer Muttersprache machen konnten, war wieder mehr Zeit für die Kinder da. Die Technologie war in der Lage, sämtliche Sprachen zu verstehen und ggf. zu übersetzen. Somit konnte Zeit eingespart und auch fehlende Sprachkenntnisse konnten kompensiert werden. Während Daten aus den unterschiedlichen Vitalsystemen analysiert und maschinell interpretiert werden konnten, waren die Pfleger in der Lage, wesentlich besser auf die Bedürfnisse der Kinder einzugehen, oftmals mit wegweisenden Erkenntnissen, dass zum Beispiel eine bestimmte Medikation einen Krampfanfall auslöste.

Diese und weitere Beispiele zeigen, dass wir als Menschen mit der Technologie ein unschlagbares Team sein können.

5.6 Die Evolution unserer Superkräfte

Die menschlichen Superkräfte – Kreativität, Innovation, Gerechtigkeitssinn, Intuition, Empathie und Emotionen – haben im Laufe der Geschichte immer eine zentrale Rolle gespielt und haben sich im Zuge der Industrialisierung und anderer bedeutender Entwicklungen stark verändert. Diese Eigenschaften haben uns nicht nur als Individuen, sondern auch als Gesellschaft vorangebracht, indem sie uns halfen, uns an neue Herausforderungen anzupassen und unsere Umwelt zu gestalten. Ich möchte hier auf die Entwicklung dieser Fähigkeiten vom Beginn der Industrialisierung bis in die heutige Zeit eingehen und beleuchten, welche Rolle sie gespielt haben und wie wir es immer wieder trotz deutlicher Fortschritte geschafft haben, unsere Superkräfte zu stärken und in den Veränderungsprozess mit einzubringen.

Die Industrialisierung (ca. 18. bis 19. Jahrhundert)

- **Kreativität und Innovation**
  Während der Industrialisierung erlebten Kreativität und Innovation eine neue Blüte. Die Erfindung der Dampfmaschine und die Mechanisierung der Produktion veränderten die Wirtschaft grundlegend. Ingenieure, Wissenschaftler und Unternehmer setzten ihre kreativen und innovativen Fähigkeiten ein, um neue Maschinen, Fabriken und Produktionsprozesse zu entwickeln. Diese Epoche war geprägt von einer Zunahme der Erfindungstätigkeit und der Schaffung technischer Innovationen, die das Fundament für moderne Industriegesellschaften legten.
- **Gerechtigkeitssinn**
  Mit der Industrialisierung kamen jedoch auch soziale Ungerechtigkeiten, insbesondere in Form von schlechten Arbeitsbedingungen und ungleichen Machtverhältnissen zwischen Arbeitern und Industriellen. Dies führte insbesondere zu dieser Zeit zur Entwicklung eines kollektiven Gerechtigkeitssinns, der sich in Form von Arbeiterbewegungen und der Forderung nach besseren Arbeitsbedingungen, fairen Löhnen und mehr sozialer Gerechtigkeit äußerte. Gewerkschaften und politische Bewegungen traten auf den Plan, um für die Rechte der Arbeiter zu kämpfen.
- **Intuition**
  In der Zeit der Industrialisierung wurde Intuition oft von rationalem Denken und wissenschaftlichem Fortschritt überschattet. Entscheidungen in der Wirtschaft und in der Produktion wurden zunehmend durch Pläne und Berechnungen gesteuert. Dennoch blieb Intuition beispielsweise in der Unternehmensführung ein wichtiger Faktor, insbesondere bei Unternehmern, die neue Märkte erkannten oder innovative Geschäftsideen entwickelten.
- **Empathie und Emotionen**
  Die Industrialisierung brachte auch eine Entfremdung der Arbeiter von ihren Arbeitsprozessen mit sich. Die emotionale Verbindung zu handwerklichen Tätigkeiten ging verloren, da die Arbeit in Fabriken oft monoton und entfremdend war. Es entstand jedoch auch ein wachsendes Bewusstsein für die sozialen Bedürfnisse der Arbeiter, das später in sozialstaatliche Maßnahmen und Reformen mündete.

Die Moderne (20. Jahrhundert)

- **Kreativität und Innovation**
  Das 20. Jahrhundert war geprägt von zwei Weltkriegen, die auch massive technologische Innovationen beschleunigten. Nach dem Zweiten Weltkrieg erlebte die Welt einen beispiellosen wirtschaftlichen Aufschwung, angetrieben durch Innovationen in den Bereichen Automobilindustrie, Elektronik, Raumfahrt und Informationstechnologie. Kreativität und Innovation wurden zunehmend als Schlüsselfaktoren für den wirtschaftlichen Erfolg gesehen, insbesondere in der zweiten Hälfte des Jahrhunderts, als die Digitaltechnik aufkam.
- **Gerechtigkeitssinn**
  In dieser Zeit entwickelte sich der Gerechtigkeitssinn weiter, insbesondere durch die Bürgerrechtsbewegungen, die Gleichberechtigung, Arbeitsrechte und soziale Gerechtigkeit vorantrieben. Die Einführung sozialer Sicherungssysteme und der Kampf gegen Diskriminierung wegen Rasse, Geschlecht und anderer Faktoren spiegelten den wachsenden kollektiven Gerechtigkeitssinn wider.
- **Intuition**
  Mit der Verbreitung von wissenschaftlichem Management und späteren Managementtheorien im 20. Jahrhundert wurde Intuition in der Wirtschaft und Verwaltung oft zugunsten datengetriebener Entscheidungsprozesse in den Hintergrund gedrängt. Dennoch erkannten viele Unternehmer und Führungskräfte weiterhin den Wert intuitiver Entscheidungen, insbesondere in Bereichen, die stark von menschlicher Interaktion und Kreativität abhingen, wie Marketing und Produktentwicklung.
- **Empathie und Emotionen**
  Im 20. Jahrhundert wurden Empathie und Emotionen zunehmend als wichtige Aspekte der Führung und des Personalmanagements erkannt. Das Verständnis für die emotionalen Bedürfnisse der Mitarbeitenden führte zur Entwicklung von Human-Relations-Theorien und später zu Konzepten wie emotionaler Intelligenz. Die Psychologie und Sozialwissenschaften begannen, das Arbeitsleben zu beeinflussen, und es entstanden neue Ansätze zur Verbesserung des Arbeitsumfelds und der Mitarbeitermotivation.

Die digitale Ära (21. Jahrhundert)

- **Kreativität und Innovation**
  Im 21. Jahrhundert, insbesondere mit dem Aufkommen der digitalen Technologien, haben Kreativität und Innovation eine neue Dimension erreicht. Die Geschwindigkeit, mit der neue Ideen entwickelt und umgesetzt werden, hat sich dadurch dramatisch erhöht. Technologieunternehmen, Start-ups und digitale Plattformen sind zu den neuen Treibern von Innovation geworden, wobei Kreativität nicht nur in der Produktentwicklung, sondern auch in Geschäftsmodellen, Marketingstrategien und der Nutzung von Daten eine zentrale Rolle spielt.

- **Gerechtigkeitssinn**
  In der digitalen Ära steht der Gerechtigkeitssinn vor neuen Herausforderungen wie der digitalen Kluft, Datenschutzfragen und der Fairness von Algorithmen. Der Fokus hat sich auf den Schutz der Rechte in einer zunehmend vernetzten und globalisierten Welt verlagert. Diskussionen über die ethische Nutzung von KI und Big Data sowie die Bekämpfung von Diskriminierung durch algorithmische Entscheidungen sind Ausdruck dieses modernen Gerechtigkeitssinns (siehe Kapitel 6.11 »Risiken und ethische Fragestellungen«).
- **Intuition**
  In der heutigen zunehmend digitalisierten Welt wird Intuition oft durch Big Data und Algorithmen herausgefordert. Dennoch bleibt sie in Bereichen, die kreative und strategische Entscheidungen erfordern, unverzichtbar. Führungskräfte und Unternehmer nutzen Intuition, um in einer Welt, die zunehmend von komplexen und unvorhersehbaren Veränderungen geprägt ist, mutige Entscheidungen zu treffen.
- **Empathie und Emotionen**
  Empathie und Emotionen haben in der digitalen Ära eine neue Bedeutung erlangt. Während digitale Kommunikation und soziale Medien das Potenzial haben, Verbindungen zu stärken, können sie auch Entfremdung und emotionale Distanz fördern. Gleichzeitig ist das Verständnis und die Förderung von Empathie zu einem Schlüsselthema in der Führung, im Kundenservice und im Design von benutzerfreundlichen Technologien geworden. Die emotionale Intelligenz wird als ein entscheidender Faktor für den Erfolg in einer zunehmend vernetzten und globalisierten Welt anerkannt.

Die menschlichen Superkräfte – Kreativität, Innovation, Gerechtigkeitssinn, Intuition, Empathie und Emotionen – haben sich im Laufe der Industrialisierung und weiterer bedeutender Epochen weiterentwickelt und an die Herausforderungen jeder Ära angepasst. In der heutigen digitalen Ära sind diese Fähigkeiten entscheidender denn je, da sie es uns ermöglichen, in einer Welt voller Technologie und ständiger Veränderungen menschlich zu bleiben. Die Fähigkeit, diese Superkräfte in einem zunehmend komplexen und datengetriebenen Umfeld zu bewahren und zu nutzen, wird daher entscheidend dafür sein, wie wir die Zukunft gestalten.

DLC-Check P: Menschliche Superpower fördern

☑ Fördere in deinem Unternehmen kreative, innovative, intuitive, empathische, emotionale und beurteilende Fähigkeiten durch Schulungen und Freiräume.

☑ Stelle sicher, dass jeder und jede versteht, wie Technologie diese Fähigkeiten positiv verstärken und ergänzen kann.

☑ Finde gemeinsam mit dem Team heraus, wie unsere menschlichen Superkräfte euer derzeitiges Umfeld verbessern können.

6 Das unschlagbare Team

In den vorangegangenen Kapiteln haben wir uns mit den Technologien befasst, die unser Zeitalter massiv beeinflussen. Wir haben die Rolle des Menschen betrachtet, sinnvolle Maßnahmen zur Förderung der Transformationsfähigkeit besprochen und die Superkräfte von uns Menschen neu kennengelernt und deren Bedeutung verdeutlicht. In diesem Kapitel möchte ich diese Themen nun zusammenbringen und darlegen, wie Mensch und Technologie ein unschlagbares Team bilden können. Dazu möchte ich zunächst auf Kapitel 1 »Meine Reise durch die Welt der Technologie« verweisen, um euch noch einmal in Erinnerung zu rufen, welchen Einfluss Technologie auf Menschen, auf Leadership und auf Unternehmen haben kann. Ich leite meine Transformations-Workshops oft mit der folgenden Abbildung ein, um zu verdeutlichen, dass die enge Verzahnung von Mensch, Technologie, Leadership und Business eine Grundvoraussetzung für nachhaltiges Wachstum ist.

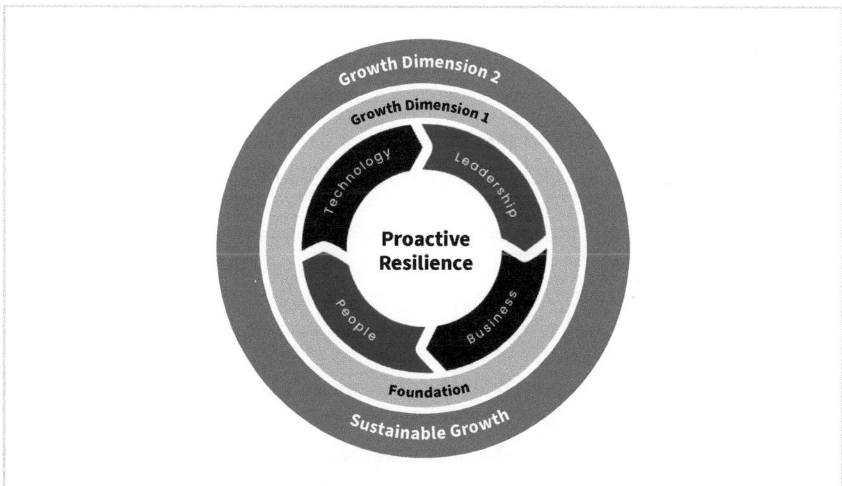

Abb. 19: Mensch – Technologie – Leadership – Unternehmen

Ich habe in der Vergangenheit vielen Unternehmen Technologie – Hardware, Software, Dienstleistungen, Cloud Services usw. – verkauft, um ihr Business zu stärken, habe aber sehr oft die Erfahrung machen müssen, dass Leadership und Mitarbeitende nicht mitgenommen wurden oder sich zumindest nicht mitgenommen fühlten. Wir haben in den vorangegangenen Kapiteln gesehen, welche Voraussetzungen und Maßnahmen notwendig sind, um bei Mitarbeitenden und Führungskräften eine Transformationsfähigkeit herbeizuführen, damit genau diese Verbindung zwischen Menschen, Leadership, Technologie und Business funktionieren kann.

Wie stellen wir aber sicher, dass wir diesen Kreislauf (siehe Abbildung) als Einheit betrachten und so eine Grundlage für Wachstum schaffen, das dann in nachhaltigen Erfolg mündet? Dazu möchte ich erst einmal verschiedene Aspekte beleuchten, die dazu dienen, die Verbindung besser zu verstehen und einzuordnen.

6.1 Proaktive Resilienz kultivieren

Zuerst möchte ich den Begriff »proaktive Resilienz« im Kontext von Transformationen, Veränderungen und Digitalisierung einordnen und beschreiben.

Proaktive Resilienz ist die Fähigkeit eines Unternehmens, nicht nur auf Herausforderungen und Krisen zu reagieren, sondern auch im Voraus Maßnahmen zu ergreifen, die es ermöglichen, zukünftige Störungen und Veränderungen zu antizipieren und sich darauf vorzubereiten. In einer Zeit, die von schnellen technologischen Fortschritten, ständigen Marktveränderungen und der Digitalisierung geprägt ist, wird proaktive Resilienz zu einem entscheidenden Faktor für den langfristigen Erfolg und die Wettbewerbsfähigkeit von Unternehmen.

Der Begriff lässt sich in verschiedene Dimensionen unterteilen, die alle miteinander verknüpft sind und gemeinsam zur Stärkung der Widerstandsfähigkeit beitragen:

- Mitarbeitende,
- Leadership,
- Technologie und
- das Unternehmen selbst.

Ihr werden in den folgenden Abschnitten immer wieder sehen, dass die Erkenntnisse und Erfahrungen, die ich in Kapitel 3 »Der Mensch im Mittelpunkt der Transformation« und Kapitel 4 »Transformation im digitalen Zeitalter« beschrieben habe, relevant und wichtig sind, um eine proaktive Resilienz aufzubauen.

Mitarbeitende

Die Mitarbeitenden sind das Herzstück eines jeden Unternehmens. Ihre Fähigkeit, sich an Veränderungen anzupassen und flexibel auf neue Herausforderungen zu reagieren, ist entscheidend für die proaktive Resilienz. Proaktive Resilienz auf der Ebene der Mitarbeitenden bedeutet, kontinuierliches Lernen und Entwicklung zu fördern. Unternehmen sollten in Schulungen und Weiterbildung investieren, um sicherzustellen, dass ihre Mitarbeitenden die notwendigen Fähigkeiten und Kenntnisse besitzen, um mit den Anforderungen der digitalen Transformation Schritt zu halten. Darüber hinaus ist es wichtig, eine Kultur des offenen Dialogs und der Zusammenarbeit zu etablieren, in der Mitarbeitende ihre Ideen und Bedenken frei äußern können. Diese Kultur fördert nicht nur Innovation, sondern auch das Engagement und die Motivation der

Mitarbeitenden, was wiederum die kollektive Widerstandsfähigkeit stärkt. Des Weiteren ist es aus meiner Sicht notwendig, Wandel und Transformation als Kontinuum für jeden bewusst zu machen.

Leadership

Führungskräfte spielen eine entscheidende Rolle bei der Förderung proaktiver Resilienz. Sie müssen nicht nur selbst resilient sein, sondern auch in der Lage, ihre Teams durch Zeiten der Veränderung zu führen und zu inspirieren. Proaktive Resilienz in der Führung bedeutet, eine klare Vision zu haben und diese effektiv zu kommunizieren. Führungskräfte sollten als Vorbilder agieren und zeigen, wie man mit Unsicherheit und Wandel umgeht. Darüber hinaus ist es wichtig, dass sie eine Kultur der Verantwortung und Veränderungsbereitschaft fördern, in der Fehler als Lernchancen betrachtet werden und nicht als Gründe für Schuldzuweisungen. Durch eine transparente und inklusive Führung können sie das Vertrauen und die Loyalität ihrer Mitarbeitenden gewinnen, was die gesamte Organisation widerstandsfähiger macht.

Technologie

Die technologische Dimension der proaktiven Resilienz bezieht sich auf die Fähigkeit eines Unternehmens, technologische Innovationen zu antizipieren und zu integrieren, um auf zukünftige Herausforderungen vorbereitet zu sein. Dies umfasst die Implementierung fortschrittlicher Technologien wie künstliche Intelligenz (KI), Big Data und Cloud-Computing, die es ermöglichen, Prozesse zu automatisieren, datengetriebene Entscheidungen zu treffen und die betriebliche Effizienz zu steigern. Unternehmen sollten eine flexible IT-Infrastruktur aufbauen, die schnell an neue Anforderungen angepasst werden kann. Außerdem ist es wichtig, in Cybersecurity zu investieren, um sich gegen digitale Bedrohungen zu schützen und die Integrität der Daten zu gewährleisten. Proaktive Resilienz bedeutet auch, technologische Trends kontinuierlich zu überwachen und bereit zu sein, neue Technologien zu testen und zu implementieren, bevor sie zu einer Notwendigkeit werden.

Das Unternehmen

Auf der Unternehmensebene bedeutet proaktive Resilienz, dass Unternehmen in der Lage sind, ihre Strategien und Geschäftsmodelle an sich ändernde Marktbedingungen anzupassen. Dies erfordert eine ständige Überprüfung und Anpassung der Geschäftsprozesse, um effizient und wettbewerbsfähig zu bleiben. Unternehmen sollten eine Kultur der Innovation und kontinuierlichen Verbesserung fördern, in der neue Ideen gefördert und getestet werden können. Darüber hinaus ist es wichtig, starke Beziehungen zu Kunden, Partnern und Lieferanten zu pflegen, um ein robustes Netzwerk aufzubauen, das in Krisenzeiten Unterstützung bieten kann. Proaktive Resilienz umfasst auch die Diversifikation der Einnahmequellen und Märkte, um das Risiko zu streuen und die Abhängigkeit von einzelnen Faktoren zu reduzieren.

Mit proaktiver Resilienz beschreibe ich somit einen ganzheitlichen Ansatz, der alle Ebenen eines Unternehmens umfasst. Durch die Förderung kontinuierlichen Lernens und der Anpassungsfähigkeit der Mitarbeitenden, die Entwicklung starker und inspirierender Führung, die Integration fortschrittlicher Technologien und die Anpassung der Geschäftsstrategien an sich ändernde Bedingungen können Unternehmen widerstandsfähiger und besser vorbereitet auf zukünftige Herausforderungen sein. In einer Welt, die von ständiger Transformation und Digitalisierung geprägt ist, wird proaktive Resilienz zu einem entscheidenden Wettbewerbsvorteil, der den langfristigen Erfolg und die Nachhaltigkeit von Unternehmen sichert. Nur wenn diese Voraussetzungen gegeben sind, könnt ihr die in Abbildung 19 »Mensch – Technologie – Leadership – Unternehmen« beschriebene Grundlage für Wachstum und Erfolg schaffen.

DLC-Check Q: Proaktive Resilienz

- ☑ Schaffe für Mitarbeitende ein Umfeld, in dem kontinuierliches Lernen gefördert wird. Biete ausreichend Schulungsangebote an, mach die Mitarbeitenden zu Verbündeten im Wandel.
- ☑ Fördere eine Kultur der Verantwortungsübernahme und der Veränderungsfähigkeit. Transformation ist ein kontinuierlicher Prozess und kein Projekt.
- ☑ Stell dein Unternehmen darauf ein, neue, innovative Technologien zu testen und einzuführen. Motiviere dein Team, sich mit diesen Themen proaktiv auseinanderzusetzen.
- ☑ Stell dein Geschäft widerstandsfähig auf – Märkte, Zulieferer, Produkte etc. sollten so diversifiziert sein, dass auf externe Veränderungen schnell reagiert werden kann.

6.2 Die Grundlagen weiterentwickeln

Wir haben soeben schon wichtige Grundlagen thematisiert, die vorhanden sein müssen, um eine Transformationsfähigkeit im Unternehmen herzustellen. Neben den in den vorangegangenen Kapiteln dargestellten kulturellen, Leadership-bezogenen Maßnahmen sowie der Besinnung auf die menschlichen Superkräfte spielt hierbei insbesondere die Widerstandsfähigkeit in den verschiedenen oben genannten Dimensionen eine Rolle. Jedoch darf nicht der Eindruck entstehen, dass wir es bei diesen Themen belassen können – Transformation ist wesentlich komplexer.

Um die nachhaltige und erfolgreiche Transformation zu ermöglichen, müssen neben Resilienz insbesondere

- Agilität,
- das Schaffen von Freiräumen,
- die kontinuierliche Verbesserung durch Lernen und Innovationsfähigkeit,
- andere Entscheidungsoptionen,
- Nachhaltigkeit und
- mehr Beteiligung und Teilhabe

in den Fokus rücken.

Agilität

Nachdem technologische und kulturelle Grundlagen geschaffen wurden, ist es entscheidend, eine agile Kultur zu etablieren und zu verstärken. Agile Führungskräfte und Mitarbeitende sind flexibel, anpassungsfähig und in der Lage, schnelle Entscheidungen zu treffen, um auf Veränderungen im Markt oder in der Technologie zu reagieren. Eine offene Kommunikationskultur, das Ermutigen zu Experimenten und die Fähigkeit, in unsicheren und dynamischen Umgebungen erfolgreich zu arbeiten, zeichnet diese Kultur aus. Diese Fähigkeiten sind eng mit Widerstandsfähigkeit, also Resilienz, und Leadership verknüpft. Es ist mir ein Anliegen, an dieser Stelle noch einmal zu betonen, wie wichtig es ist, schnell und aktiv auf Veränderungen reagieren zu können bzw. Veränderung proaktiv zu gestalten.

Ein Kunde von mir hatte sich daher vorgenommen, agile Prozesse als Schulung verpflichtend zu machen. Seitdem wird seine Organisation immer mehr zu einer agilen Organisation, in der es keine festen Hierarchien gibt, sondern flexible Projektteams, die schnell Entscheidungen treffen können.

Freiräume

Auch wenn technologische und kulturelle Voraussetzungen vorhanden sind, müssen Veränderungsprozesse sorgfältig gemanagt werden, um Widerstände zu minimieren und die Akzeptanz unter den Mitarbeitenden zu erhöhen. Dies beinhaltet eine klare Kommunikation der Veränderungsgründe und -ziele, das Einbinden der Mitarbeitenden in den Veränderungsprozess und die Bereitstellung von Ressourcen, also von Personal, Budget und ggf. externer Unterstützung. Gerade die Bereitstellung von Ressourcen wird in Unternehmen oft stiefmütterlich behandelt – man ist der Meinung, dass das die Mitarbeitenden »schon nebenbei« machen. Genau das ist der falsche Ansatz, da er zu Frust und Widerstand führt. Der richtige Fokus auf die Transformation, die Schaffung von Freiräumen, ist aus meiner Sicht ein weiterer wichtiger Faktor, damit die geschaffenen Grundlagen sich weiter festigen können.

Bei einem Unternehmen, das ich begleite, gibt es ein kleines Transformationsteam – das ist ein sehr guter Anfang, da es zumindest einige wenige Mitarbeitende gibt, die sich intensiv mit der Transformation beschäftigen können, also den Freiraum dafür haben. Allerdings hilft dies nur wenig, wenn die anderen Unternehmensbereiche wie z.B. HR, Finance, IT usw. Mitarbeitende nur »nebenbei« abstellen und diesen eigentlich keinen Freiraum geben. Bei einem anderen Unternehmen wird die Transformation outgesourct, sprich an Berater gegeben, was ebenfalls zum Scheitern verurteilt ist.

Lernen und Innovation

Eine Lernkultur, die lebenslanges Lernen und kontinuierliche Weiterbildung fördert, ist, wie wir schon gesehen haben, eine wichtige Grundlage für die Transformationsfähigkeit eines Unternehmens. Allerdings sind initiale Schulungen und Trainings schnell in Vergessenheit geraten und der Impact verpufft nach kurzer Zeit. Daher sollte das Lernen auf allen Ebenen der Organisation fortgesetzt werden. Hier sind Lernpfade, regelmäßige Workshops und die Förderung von Erfahrungsaustausch und gegenseitiger Unterstützung sinnvoll. Mitarbeitende sollten ermutigt werden, neue Fähigkeiten zu erwerben, Wissen zu teilen und offen für neue Ideen zu sein. Hier bieten sich beispielsweise feste »Learning Days« an, die schon in einigen Unternehmen eingeführt wurden. Dabei erhalten alle Mitarbeitenden des Unternehmens die Möglichkeit, Lernangebote zu nutzen oder auch eigene Themen zum Lernen auszuwählen.

Ähnlich verhält es sich mit der Innovationskultur. Hier sollte kontinuierlich Raum für kreative Ideen geschaffen werden, um Experimente und Risikobereitschaft zu fördern und Fehler als Lernchancen zu betrachten. Innovationsmanagementprozesse sollten weiterentwickelt und verstärkt werden, um sicherzustellen, dass innovative Ideen systematisch erfasst, bewertet und ggf. umgesetzt werden.

In einem Unternehmen, das mein Team und ich betreuten, haben wir unsere jährliche Jahresauftaktveranstaltung ganz dem Thema Innovation gewidmet und dazu nicht nur alle Mitarbeitenden, sondern auch Kunden und Partner, die wiederum Kunden mitbringen konnten, eingeladen, um innovative Ideen zu diskutieren. Dies hat nicht nur zu einer stärkeren Kunden- und Partnerbindung beigetragen, sondern auch dazu, dass vielfältige Ideen aufkamen, die wir oder auch die Kunden und Partner ggf. gar nicht allein gefunden hätten. So sind viele spannende Projekte und Initiativen entstanden.

Datenzentrische Entscheidungsfindung

In einer technologisch fortgeschrittenen Organisation sollten datengetriebene Entscheidungsprozesse weiter gestärkt werden. Unternehmen sollten in der Lage sein, große Datenmengen effektiv zu sammeln, zu analysieren und zu nutzen, um fundierte Entscheidungen zu treffen. Dies erfordert den Ausbau von Dateninfrastrukturen, die Verbesserung der Datenqualität und die Schulung der Mitarbeitenden im Umgang mit Datenanalysen. Denn der Einsatz von Echtzeitdaten und Feedback-Mechanismen ermöglicht es Unternehmen, schneller und besser auf Veränderungen zu reagieren und Prozesse kontinuierlich zu optimieren. Dies kann durch die Implementierung von Dashboards, automatisierten Berichts- und Analysewerkzeugen sowie durch die Schaffung einer Feedback-Kultur erreicht werden, in der kontinuierliche Anpassungen und Verbesserungen angestrebt werden.

Wie ich schon in den vorangegangenen Kapiteln erwähnt habe, dienen datenzentrische Entscheidungsprozesse auch dazu, Last von den Mitarbeitenden zu nehmen und mehr Freiräume zu schaffen. Daher empfehle ich meinen Kunden immer, genau diese Prozesse zu überprüfen, bei denen Daten neu aufgearbeitet, aufgehübscht und interpretiert werden. Genau da steckt das Potenzial zur Produktivitätssteigerung.

Nachhaltigkeit

Die Transformation sollte in Unternehmen nicht immer nur wirtschaftliche Ziele verfolgen, sondern auch Fragen der Nachhaltigkeit beinhalten. Es wird zukünftig immer mehr eine Rolle spielen, ob Unternehmen ökologisch und sozial verantwortlich handeln. Das beeinflusst schon heute sehr oft das Kaufverhalten und die Entscheidung der Kundinnen und Kunden für oder gegen die Nutzung von Produkten. Daher tragen nachhaltige Geschäftsmodelle, die den Einsatz erneuerbarer Ressourcen und die Reduzierung von Umweltauswirkungen fördern, zur langfristigen Stabilität und Akzeptanz der Transformation und letztendlich zum Unternehmenserfolg bei. Dabei geht es mir nicht um eine Alibifunktion, wie wir das heute leider oft bei verschiedenen Unternehmen sehen, die versuchen, ihren CO_2-Fußabdruck durch fragwürdige Investitionen zu kompensieren. Es geht mir um echte, ernst gemeinte Nachhaltigkeit.

So konnte ein mir bekanntes Unternehmen beispielsweise durch den Einsatz von KI im Bereich Wissensmanagement nicht nur den Angebots- und Produktionsprozess beschleunigen, sondern auch die Anzahl der Testdurchläufe der Produkte drastisch reduzieren, was nicht nur Arbeit, sondern auch Ressourcen spart – Energie, Material und Zeit. Diese Zusammenhänge sollten immer auch betrachtet und in eine Transformation miteinbezogen werden.

Beteiligung und Teilhabe

Die Schaffung von Freiräumen für die Mitarbeitenden ist ein erster wichtiger Schritt, um Beteiligung und Teilhabe zu ermöglichen. Wir haben schon ausführlich darüber gesprochen, dass ein hohes Maß an Mitarbeiterengagement unerlässlich für die erfolgreiche Umsetzung von Transformationen ist. Allerdings habe ich sehr häufig erlebt, dass der Versuch, Mitarbeitende in den Transformationsprozess miteinzubeziehen, bei vielen Unternehmen mit einer Mitarbeiterumfrage, einmaligen Workshops, vereinzelten Verbesserungsprogrammen oder gar der Etablierung von Change Agents endet. Gerade die Etablierung von Change Agents erachte ich als falsches und ungünstiges Signal, da die Transformation hier auf einige wenige fokussiert und abgewälzt wird. Dabei geht es hier darum, alle Mitarbeitenden zu motivieren und aktiv in die Entscheidungsprozesse einzubinden, klar zu kommunizieren und Leistungen im Bereich der Transformation anzuerkennen.

So durfte ich bei der Einführung einer neuen Technologie im Bereich der Produktion bei einem Unternehmen erleben, wie sämtliche Mitarbeitenden sehr frühzeitig in den Entscheidungsprozess – in das Design und in die Testphase – eingebunden wurden. Das stärkt die Identifikation mit der Veränderung und das Unternehmen stellt gleichzeitig sicher, dass die konkreten Herausforderungen der betroffenen Mitarbeitenden thematisiert und berücksichtigt werden. Dadurch fördert man Akzeptanz, steigert das Engagement und gibt den unmittelbar betroffenen Mitarbeitenden die Möglichkeit, Ideen einzubringen und andere Perspektiven zu teilen.

Gerade zu Beginn von Transformationsvorhaben ist es aus meiner Sicht wichtig, die Punkte Agilität, Freiräume, Lernen und Innovation, Nachhaltigkeit, Beteiligung und Teilhabe ständig in den Fokus zu rücken, um die geschaffenen Grundlagen zu stärken und das Unternehmen noch resilienter zu machen. Diese Themen ermöglichen es einem Unternehmen, wirklich nachhaltigen Erfolg im Rahmen einer Transformation zu erzielen.

DLC-Check R: Grundlagen weiter stärken

- ☑ Schärfe ein agiles Mindset in deinem Unternehmen, um schnell zu Ergebnissen, zu Feedback und zu notwendigen Anpassungen während einer Transformation zu gelangen.
- ☑ Schaffe die Freiräume, die notwendig sind. Transformation ist kein Hobby.
- ☑ Etabliere eine Lernkultur in deinem Unternehmen, durch die Lernen und Innovation zum festen Bestandteil des Unternehmensalltags wird, beispielsweise durch feste Learning Days.
- ☑ Führe Systeme ein, die datenzentrische Entscheidungen ermöglichen, damit die Wirkung von Veränderungen faktisch beurteilt werden kann.
- ☑ Beschäftige dich mit Nachhaltigkeit in Prozessen, Produkten und Lieferketten, um gerüstet zu sein für zukünftige Anpassungen.
- ☑ Lebe Beteiligung der Mitarbeitenden richtig – alle betroffenen Mitarbeitenden sind wichtig, nicht nur einige ausgewählte.

6.3 Nachhaltigen Erfolg sicherstellen

Um sicherzustellen, dass die zuvor beschriebenen Maßnahmen nachhaltig zur Sicherung einer erfolgreichen Zukunft des Unternehmens beitragen, ist es entscheidend, einen systematischen und ganzheitlichen Ansatz zu verfolgen. Dieser Ansatz sollte sowohl die langfristige Verankerung der Maßnahmen als auch deren kontinuierliche Anpassung an zukünftige Entwicklungen umfassen.

Ich möchte aufbauend auf dem letzten Kapitel einige aus meiner Sicht notwendige Maßnahmen aufzeigen, die dafür sorgen, dass ein Unternehmen nachhaltig transformationsfähig und erfolgreich bleibt.

Zuerst sollten die oben beschriebenen Maßnahmen fest in der Unternehmensstrategie, in dem Organisationsaufbau und in der Kultur verankert werden. Das bedeutet, dass sie nicht als kurzfristige Projekte, sondern als integrale Bestandteile der langfristigen Unternehmensvision betrachtet werden. Jedes strategische Ziel sollte die Förderung von Agilität, Innovation, datenzentrischen Entscheidungen, Nachhaltigkeit und Teilhabe beinhalten. Dazu ist es ratsam, diese Maßnahmen in ein KPI-System einzubinden, wie wir es schon in Kapitel 4.6 »Ergebnisse als logische Konsequenz« gesehen haben. Die Wirkung dieser Maßnahmen sollte kontinuierlich überprüft und ggf.

angepasst werden, um sicherzustellen, dass das Unternehmen sich den veränderten Marktbedingungen und Unternehmensanforderungen anpassen kann und agil bleibt. Diese Governance sollte ebenfalls klare Verantwortlichkeiten beinhalten.

Weiterhin sollte das Unternehmen zu einer dauerhaft lernenden Organisation werden, in der kontinuierliches Lernen und Anpassung Teil der Unternehmenskultur sind. Dies erfordert die Etablierung von Prozessen zur systematischen Erfassung und Verbreitung von Wissen innerhalb des Unternehmens. Allerdings gilt es hier, diese Fähigkeit »fest« in der Unternehmens-DNA zu verankern. Dies kann durch die weitere Motivation und Belohnung von Lernen und Anpassung, diverse Weiterentwicklungsprogramme, Karrierepfade usw. geschehen. Die Fähigkeit einer Organisation, offen für Veränderungen zu bleiben, erfordert Mut und Fehlertoleranz. Diese Voraussetzungen weiter zu fördern und zu stärken ist ein weiterer wichtiger Faktor, um die Transformationsfähigkeit nachhaltig zu etablieren. Das bedeutet z. B. auch, dass in einer schwierigen wirtschaftlichen Situation oder bei Rückschlägen die Beteiligung nicht zurückgefahren und die Möglichkeiten der Weiterbildung und Weiterentwicklung nicht gekürzt werden dürfen. Diese Schritte würden zu einem »Zurück auf Los« führen und sämtliche Maßnahmen obsolet und unglaubwürdig machen. Hier gilt es, andere Wege zu finden, um Einsparungen zu erzielen und den eingeschlagenen Weg zu korrigieren. Auch dies erfordert Mut und Offenheit insbesondere in der Führung.

Daher spielen die Unternehmensführung und die Führungskräfte eine entscheidende Rolle bei der Sicherung der Nachhaltigkeit. Führungskräfte müssen als Vorbilder fungieren und die Werte und Prinzipien, die den Maßnahmen zugrunde liegen, aktiv vorleben. Sie sollten regelmäßig mit ihren Teams über Fortschritte, Herausforderungen und notwendige Anpassungen sprechen. Die wichtige Rolle von Leadership habe ich zwar schon genauer beschrieben, ich kann aber gar nicht oft genug betonen, wie wichtig Leadership für den nachhaltigen Erfolg einer Transformation bzw. eines Unternehmens ist. Daher möchte ich noch einmal auf Kapitel 3 »Der Mensch im Mittelpunkt der Transformation« verweisen und darauf hinweisen, dass die dort beschriebenen Maßnahmen kontinuierlich verstärkt und überprüft werden sollten. Dabei wird auch die Wertschätzung und Anerkennung der Mitarbeitenden durch die Führungskräfte immer wichtiger. Unternehmen wie Führungskräfte sollten immer darauf achten, dass Mitarbeitende für ihre Beiträge gewürdigt werden und sich als wertvolle Mitglieder der Organisation sehen – auch in herausfordernden Zeiten. Nur so sichert sich das Unternehmen nachhaltig das Engagement der Mitarbeitenden. Dabei spielt natürlich auch kontinuierliches Performance-Management eine große Rolle (siehe Kapitel 4.2 »›Impact‹ ist vielschichtig«).

Bei vielen Unternehmen habe ich genau in der Phase der Nachhaltigkeitssicherung ein strukturiertes Innovationsmanagement-System gesehen und auch unterstützt. Ein solches System unterstützt die Identifikation, Entwicklung und Implementierung neuer Ideen und kann sicherstellen, dass Innovationen kontinuierlich in die Geschäftsprozesse integriert werden. Dieses Innovationsmanagement-System kann und sollte sogar in Zusammenarbeit mit Partnern, Kunden oder auch Start-ups und Forschungseinrichtungen umgesetzt werden, damit das Unternehmen bewusst auch »über den Tellerrand« hinaus blickt. Daher ist es durchaus ratsam, sich als Unternehmen zu überlegen, wie Innovation durch z. B. Beteiligungen an oder Unterstützung von Start-ups positiv beeinflusst werden kann und welche externen Partner sinnvoll wären, um das Innovationsmanagement voranzutreiben. Es ist immer hilfreich, sich beim Thema Innovation nicht nur auf die eigene Organisation zu verlassen, denn andere Perspektiven und Ideen befeuern oft die Transformation im eigenen Unternehmen und neue Ideen und Technologien können schneller identifiziert und implementiert werden.

Wenn die Kommunikation abbricht oder vernachlässigt wird, scheitert die Transformation. Mitarbeitende sollten regelmäßig über Fortschritte, Erfolge und bevorstehende Veränderungen informiert werden. Eine offene Kommunikationskultur, die Mitarbeitende einlädt, ihre Meinungen und Ideen zu äußern, fördert die Beteiligung und trägt dazu bei, dass sich alle als Teil der Unternehmensentwicklung verstehen. Daher ist eine natürliche Nähe und Kommunikation mit allen Bereichen eines Unternehmens, mit allen Mitarbeitenden wichtig. Ehrlichkeit und Offenheit spielen hierbei eine große Rolle, denn Mitarbeitende merken, wenn etwas nicht gesagt wird. Natürlich gibt es Themen, die aufgrund verschiedener Gründe, nicht zuletzt oft rechtlicher Rahmenbedingungen, nicht offen oder *noch* nicht offen kommuniziert werden können. Das sollte man dann aber auch genau so sagen. Das fördert Vertrauen.

Wir haben das Thema Nachhaltigkeit im Sinne von ökologischer und sozialer Verantwortung bei der Stärkung der Grundlagen schon besprochen. Bei der Sicherstellung einer nachhaltigen Transformation geht es darum, diese Zielsetzungen dauerhaft in die Unternehmensprozesse zu integrieren. Nachhaltigkeit sollte nicht nur ein isoliertes Ziel sein, sondern in alle Geschäftsprozesse integriert werden. Unternehmen müssen sicherstellen, dass ihre Entscheidungen in Bezug auf Produktion, Lieferketten, Produktentwicklung und Personalwesen nachhaltige Prinzipien berücksichtigen. Dabei kann es sinnvoll sein (je nach Unternehmensgröße), auch dediziert das Thema Corporate Social Responsibility (CSR) im Unternehmen zu verankern. Dabei können Unternehmen ihre soziale Verantwortung deutlich ernster nehmen und aktiv Maßnahmen ergreifen, um positive Auswirkungen auf die Gesellschaft und die Umwelt zu erzielen. Dies kann durch gemeinnützige Initiativen und die Unterstützung von Umwelt- und Sozialprojekten geschehen.

Letztendlich sollten Unternehmen kontinuierlich in neue Technologien investieren, um nicht nur technologisch an der Spitze zu bleiben, sondern auch frühzeitig neue Chancen zu erkennen und zu implementieren. Dies erfordert eine regelmäßige Evaluierung der bestehenden IT-Infrastruktur sowie die Bereitschaft, in zukunftsweisende

Technologien wie künstliche Intelligenz, Big Data und Automatisierung zu investieren. Dadurch wird die Digitalisierung aller Geschäftsbereiche vorangetrieben, um Effizienzsteigerungen zu realisieren und die Wettbewerbsfähigkeit zu sichern. Dies umfasst nicht nur die Automatisierung bestehender Prozesse, sondern auch die Schaffung neuer digitaler Geschäftsmodelle und Dienstleistungen, auf die ich im Folgenden ausführlicher eingehen werde.

DLC-Check S: Nachhaltigen Erfolg anstreben

- ☑ Verankere die Transformation in der Unternehmensstrategie, schaffe ein Governance-System mit Messbarkeit und Verantwortlichkeiten.
- ☑ Entwickle dein Unternehmen zu einer lernenden Organisation, etabliere Weiterbildungsprogramme, Karrierepfade und priorisiere diese.
- ☑ Fokussiere herausragendes Leadership und konsequentes Performance-Management – die Menschen sind der Schlüssel zum Erfolg.
- ☑ Etabliere ein Innovationsmanagement-System, um Ideen strukturiert zu bewerten und zu verfolgen – mit externen Partnern.
- ☑ Kommuniziere, kommuniziere, kommuniziere.

6.4 Die disruptive Wirkung von Technologie

Ich habe in Kapitel 2 »Technologischer Wandel: Herausforderungen und Chancen« schon auf die Evolution und teilweise Revolution hingewiesen, die Technologie durchlaufen kann. Disruption beschreibt dabei einen Prozess, bei dem etablierte Märkte, Branchen oder Technologien durch Innovationen oder neue Geschäftsmodelle radikal verändert oder ersetzt werden. Diese Veränderungen führen oft dazu, dass bestehende Unternehmen gezwungen sind, ihre Strategien anzupassen, um wettbewerbsfähig zu bleiben – tun sie dies nicht, laufen sie Gefahr, vom Markt verdrängt zu werden. Diese Disruption sehen wir gerade in der letzten Zeit im Bereich der KI. Deshalb möchte ich an diesem Beispiel die disruptive Wirkung von Technologie erläutern.

Sam Altman beschreibt in seinem Beitrag »Moore's Law for Everything« (2021) die bevorstehenden tiefgreifenden sozioökonomischen Veränderungen durch die Fortschritte in der künstlichen Intelligenz (KI). Das Moore'sche Gesetz von Gordon Moore, einem der Mitbegründer von Intel, aus dem Jahr 1965 beschreibt ursprünglich, dass sich die Anzahl der Transistoren auf einem Mikrochip etwa alle zwei Jahre verdoppelt, was zu einer entsprechenden Steigerung der Rechenleistung führt. Es ist jedoch weniger ein Naturgesetz als vielmehr eine Vorhersage, die die Entwicklung der Halbleitertechnologie in den letzten Jahrzehnten gut beschrieben hat.

KI-Systeme werden zunehmend in der Lage sein, Arbeiten zu übernehmen, die derzeit von Menschen ausgeführt werden, was aus Altmans Sicht zu einer Verschiebung der

Macht von der Arbeit hin zum Kapital führen wird – also dass Kapital wichtiger werden wird als Arbeit und dass »Kapital« neu zu definieren sein wird. Diese Verschiebung wird bedeutende Auswirkungen auf die Gesellschaft und die Unternehmen haben, einschließlich der Notwendigkeit, neue Herangehensweisen zu entwickeln, um die Wohlstandsverteilung gerecht zu gestalten und die Rolle der Menschen zu stärken.

Sam Altman beschreibt die KI-Revolution als die vierte große technologische Revolution nach der landwirtschaftlichen, industriellen und der Computerrevolution. Diese Revolution wird die Art und Weise, wie wir denken, kreieren, verstehen und argumentieren, grundlegend verändern. KI-Systeme werden zunehmend in der Lage sein, viele Aufgaben zu übernehmen, die derzeit von Menschen ausgeführt werden – von der Analyse juristischer Dokumente bis hin zur medizinischen Beratung und zur Rolle als Begleiter, als Co-Pilot. Langfristig könnten diese Systeme in der Lage sein, fast alle menschlichen Aufgaben zu übernehmen, einschließlich der wissenschaftlichen Entdeckungen. Wir dürfen aber an dieser Stelle nicht vergessen, dass die KI-Systeme von uns Menschen geschaffen, trainiert und verbessert werden. In der KI-Welt spricht man vom sogenannten Reinforcement Learning, bei dem wir Menschen die Ergebnisse der KI bewerten und als richtig oder falsch beurteilen. Dadurch werden KI-Systeme immer besser und leistungsfähiger.

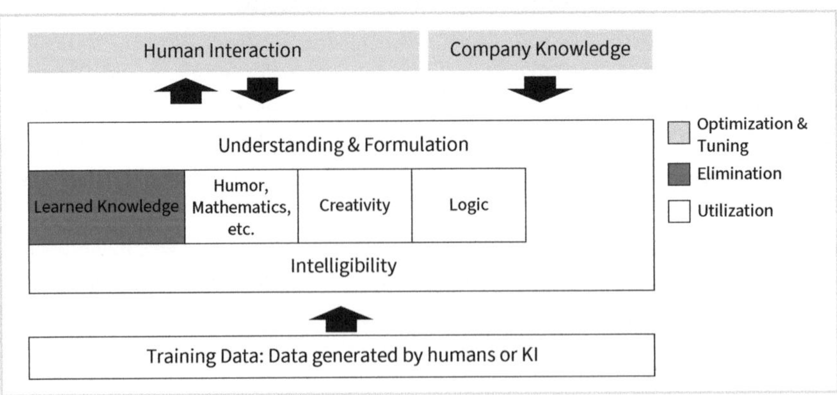

Abb. 20: Arbeitsweise von KI-Systemen

Die Abbildung soll vereinfacht beschreiben, wie KI-Systeme, insbesondere Large-Language-Modelle, funktionieren. Durch Trainingsdaten, die entweder von Menschen kreiert oder von anderen KI-Systemen generiert werden, wird ein Sprachverständnis erlangt und Wissen angeeignet. In der Regel werden die Informationen aus dem Internet oder aus sozialen Netzwerken herangezogen. Aber auch KI-Systeme generieren neues Wissen, indem beispielsweise Texte zusammengefasst und Verbindungen hergestellt werden oder ein Sprachmodell ein anderes Sprachmodell trainiert. Durch Reinforcement Learning erlangt die KI Fähigkeiten wie Humor, Mathematikverständnis, Kreativität und logisches Verknüpfen. Wir Menschen können nun durch einfache

Sprache, durch Kommunikation (per Prompt oder per Sprachbedienung), auf dieses erlernte Wissen zugreifen. Das Reinforcement Learning trägt wesentlich dazu bei, KI-Systeme besser und zuverlässiger zu machen, und ist mit verantwortlich dafür, dass wir heute fast jede Woche, jeden Monat neue Fortschritte bei KI-Systemen sehen – sei es bei der Texterstellung, der Bilderstellung und -bearbeitung, der Video- oder der Musikproduktion.

Ein Nebeneffekt von Reinforcement Learning und der immer größeren Datenmenge, mit der KI-Systeme »gefüttert« werden, sind sogenannte Emerging Properties, also Eigenschaften, die KI-Systeme entwickeln, ohne unmittelbar darauf trainiert worden zu sein. Ein gutes Beispiel dafür ist das Verständnis für Witze und Humor. Large-Language-Modelle können erstaunlich gut Witze interpretieren und verstehen den menschlichen Humor. Genauso verhält es sich mit Logik und mit dem Herstellen von Verbindungen zwischen verschiedenen Themen und Datenpunkten. Ich bevorzuge hier die Sichtweise, dass KI-Systeme uns Menschen ergänzen können – uns helfen können, schneller zu Entscheidungen zu kommen, verschiedene Daten in den Kontext zu bringen oder zu lernen. So sehe ich einen entscheidenden Beitrag von KI-Systemen zur Erreichung von Bildungsgleichheit, denn KI-Systeme liefern nicht nur die Lösung, sondern auch den Lösungsweg. Sie können erklären und somit Schülern helfen, z. B. Mathematik besser zu verstehen, was bis heute meist nur ein Nachhilfelehrer kann, der wiederum Geld kostet, was sich nicht jede Familie leisten kann.

Sam Altman betont, dass diese neuen Möglichkeiten die Produktivität drastisch erhöhen und die Kosten für viele Dienstleistungen und Produkte senken werden. Er erläutert, dass diese Veränderungen auch die Entstehung neuer Berufe und mehr Freiheiten ermöglichen werden: Menschen werden weniger Zeit mit traditionellen Arbeitsaufgaben verbringen und dafür mehr Zeit für kreative und soziale Aktivitäten haben. Das sehe ich als eine sehr lohnende Investition, da wir ja festgestellt haben, dass die Komplexität in der heutigen Berufswelt immer mehr zunimmt. So haben wir die Chance, repetitive Aufgaben oder gefährliche Arbeitsschritte – Dinge, die viel Zeit und Nerven erfordern – der Technologie zu überlassen.

Vor dem Hintergrund der Transformationsfähigkeit können wir also folgende Maßnahmen für Unternehmen daraus ableiten:

1. **Verantwortungsvolle Gestaltung der Technologie-Disruption**
   Unternehmen müssen sich bewusst auf die bevorstehenden Veränderungen vorbereiten und Strategien entwickeln, mit deren Hilfe sie die Integration von Technologie und insbesondere KI in ihre Geschäftsprozesse steuern können. Es ist entscheidend, dass Unternehmen, Menschen, aber auch Regierungen zusammenarbeiten, um die gerechte Verteilung des durch KI geschaffenen Wohlstands zu gewährleisten und soziale Ungleichheiten zu verringern. Ich rate meinen Kunden grundsätzlich dazu, erste Use Cases zu definieren, diese umzusetzen und daraus zu lernen. Nur so kann die Disruption aktiv zum Vorteil genutzt werden.

2. **Förderung von Innovation und Wachstum**
   Unternehmen sollten kontinuierlich in Forschung und Entwicklung investieren, um von den Vorteilen des technologischen Fortschritts zu profitieren und wettbewerbsfähig zu bleiben. Ein »Moore's Law for everything«-Ansatz, wie weiter oben in diesem Kapitel beschrieben, sollte angestrebt werden, bei dem versucht wird, die Kosten für Waren und Dienstleistungen kontinuierlich zu senken, um die Unternehmensprofitabilität und Wettbewerbsfähigkeit zu verbessern. Gleichzeitig sollte überprüft werden, wo Technologie helfen kann, neue Märkte, neue Kunden, neue Produkte oder Dienstleistungen zu etablieren.
3. **Wirtschaftliche Inklusivität sicherstellen**
   Unternehmen sollten Programme zur Mitarbeiterbeteiligung und -entwicklung implementieren, um sicherzustellen, dass alle Mitarbeitenden von den technologischen Fortschritten profitieren und darauf vorbereitet sind, also die Fähigkeit und den Willen besitzen, den Wandel aktiv mitzugestalten. Unternehmen haben aus meiner Sicht hier nicht nur eine soziale Verantwortung, sondern auch eine wirtschaftliche, da die Mitarbeitenden beteiligt werden wollen und im Zweifel dem Unternehmen den Rücken kehren.
4. **Langfristige und nachhaltige Politikgestaltung**
   Politik und Unternehmen müssen flexible und zukunftsorientierte Strategien entwickeln, die nicht nur aktuelle Probleme in Angriff nehmen, sondern auch auf die radikal veränderte Gesellschaft der Zukunft vorbereitet sind. Der Übergang zu einer stärker automatisierten Wirtschaft muss erleichtert werden, um gesellschaftliche Stabilität zu gewährleisten. Hier sind Unternehmen und Wirtschaftsverbände neben der Politik gefordert, die entsprechenden Weichenstellungen in der Ausbildung und Weiterbildung vorzunehmen. Dies bedeutet nicht nur mehr technische Fähigkeiten, sondern auch die Förderung der menschlichen Fähigkeiten.

Sam Altmann schlägt auch weitere Maßnahmen vor, die die Besteuerung von Kapital betreffen, auf die ich an dieser Stelle nicht eingehe.

Die technologische Revolution ist unaufhaltsam und bietet enorme Chancen für Wohlstand und gesellschaftlichen Fortschritt. Allerdings ist es entscheidend, dass sowohl Unternehmen als auch Regierungen proaktiv und verantwortungsbewusst handeln, um sicherzustellen, dass dieser Wohlstand gerecht verteilt wird und alle Mitglieder der Gesellschaft davon profitieren können. Durch die Kombination von technologischem Fortschritt und kluger Politikgestaltung kann eine fairere, glücklichere und wohlhabendere Gesellschaft entstehen.

DLC-Check T: Umgang mit technologischer Disruption

- ☑ Werde zum Gestalter des technologischen Fortschritts in deinem Unternehmen, definiere erste Use Cases und setze sie um.
- ☑ Überprüfe, wo Technologie dabei helfen kann, Kosten zu senken oder den Umsatz zu steigern.
- ☑ Binde deine Mitarbeitenden aktiv in die Disruption, in die Veränderung ein, indem du sie proaktiv schulst und ihnen die Möglichkeit der Beteiligung gibst.
- ☑ Überprüfe dein Weiterbildungsprogramm auf die Möglichkeit der technischen Weiterbildung sowie auf die Förderung der menschlichen Fähigkeiten (Soft Skills).

6.5 Unsere Angst vor Disruption und Technologie

Die moderne Gesellschaft steht vor einer paradoxen Herausforderung: Während technologische Innovationen das Potenzial haben, unser Leben zu verbessern und effizienter zu gestalten, begegnen viele Menschen und auch viele Unternehmen diesen Neuerungen mit Skepsis und Sorge. Besonders in Deutschland zeigt sich oft eine tief verwurzelte Zurückhaltung gegenüber neuen Technologien – eine Haltung, die manchmal als »German Angst« bezeichnet wird. Ich möchte in diesem Kapitel auf die Ursprünge dieser Bedenken sowie die psychologischen und soziokulturellen Hintergründe eingehen.

Historisch gesehen haben sich Deutsche, aber auch andere Europäer oft als vorsichtig und gründlich erwiesen, insbesondere wenn es um technologische Innovationen geht. Für unsere Gründlichkeit sind wir weltweit bekannt und geschätzt, gerade wenn es zum Beispiel um die deutsche Ingenieurkunst geht. Allerdings hat unsere Vorsicht dazu geführt, dass neue Technologien bei uns zunächst auf Skepsis stoßen, bevor sie möglicherweise akzeptiert werden. Dies zeigte sich z. B. am zunächst zögerlichen Einsatz von Cloud-Computing, aber auch am Beispiel der Elektromobilität, die trotz ihrer Vorteile auf Widerstände und Bedenken stößt – etwa wegen der umweltschädlichen Herstellung der Batterien, der geringe Reichweite der Autos und der hohen Kosten.

Laut dem Psychologen und Philosophen Claus-Christian Carbon ist die Skepsis gegenüber neuen Technologien typisch für einen »Technologie-Ersetzungsprozess« (Sonnenholzner 2024). Menschen, die Bedenken haben, spielen eine wichtige Rolle als Kontrollinstanz und helfen, potenzielle Risiken und Schwächen neuer Technologien zu identifizieren, was als deutlich positiv zu bewerten ist. Diese Vorsicht ist jedoch auch Ausdruck eines »Vorsorgedenkens«, das die potenziellen negativen Auswirkungen auf Arbeitsplätze und bestehende Kompetenzen berücksichtigt.

Dabei erklärt die Diffusionstheorie sehr gut, wie Innovationen in einer Gesellschaft Einzug halten (vgl. Karnowski/Kümpel 2016). Dabei spielen verschiedene Gruppen von Menschen unterschiedliche Rollen.

Early Adopters

Ein kleiner Teil der Bevölkerung, die sogenannten Innovationspioniere, nehmen neue Technologien früh an und teilen ihre Erfahrungen mit anderen. Diese frühen Anwender helfen, die Vorteile neuer Technologien aufzuzeigen und ihre Akzeptanz in der breiteren Bevölkerung zu fördern.

Late Followers

Im Laufe der Zeit übernehmen die »Early Majority« und die »Late Majority« die neuen Technologien, während ein Teil der Bevölkerung weiterhin skeptisch bleibt oder die neuen Entwicklungen ganz ablehnt. Diese Gruppen sind oft entscheidend für die langfristige Akzeptanz und Verbreitung von Innovationen.

Während die Diffusionstheorie aus den 1960er-Jahren stammt, wo die Gesellschaft sich an den Erfolgreichsten der Gesellschaft ausrichtete, blickt die Gesellschaft heute wesentlich differenzierter in die Zukunft. Während Luxus sicherlich für einige immer noch erstrebenswert scheint, orientieren sich andere an Nachhaltigkeit, ökologischen Interessen oder sind bestimmten Rahmenbedingungen wie finanzielle Grenzen ausgesetzt. Somit ist das, was attraktiv ist, nicht mehr zwingend das Streben nach Luxus und mehr. Das Gleiche gilt insbesondere für Innovationen, denen grundsätzlich mit viel Skepsis begegnet wird, insbesondere dann, wenn es um Disruption, also eine grundlegende Veränderung von Technologie, Lebensweise und Rahmenbedingungen geht.

Bei KI haben wir zwar in den letzten Monaten eine unglaubliche Aufbruchstimmung erlebt – ein großer Teil der Menschen hat schon damit experimentiert, manche haben auch den persönlichen oder beruflichen Mehrwert erkannt und nutzen die entsprechenden Technologien aktiv (unsere Early Adopters). Allerdings ist es durchaus so, dass konkrete Anwendungsfälle mit einem nachweisbaren Business Impact bisher in großen Teilen aus- bzw. hinter den Erwartungen zurückbleiben. Diese Tatsache, die KI ja mit allen Innovationen vereint, gepaart mit der Angst vor Disruption und Technologie sowie in Teilen großer Unwissenheit, führt dazu, dass KI in ein immer negativeres Licht rückt.

Dabei vergessen wir oft, dass Innovation Zeit braucht – Anwendung braucht und Mut. Ich halte es für wenig hilfreich, dass Medien, Politik und andere Vertreter die Ängste durch dystopische Szenarien schüren. Vielmehr ist hier Aufklärung, Unterstützung und Pioniergeist notwendig. Dabei denke ich an Fördermöglichkeiten, Anpassungen im Bildungssystem und gezielte Kampagnen in der Gesellschaft, aber auch in den Unternehmen, um den Einsatz von neuen Technologien zu fördern.

Es liegt also an uns – an uns Menschen, an den Unternehmen und an der Politik –, diese Rahmenbedingungen zu schaffen, damit wir keine Angst vor Disruption und Technologie haben, sondern Mut und Lust, die Möglichkeiten zu nutzen und herauszufinden, wie sie uns helfen können. Und gute Innovationen setzen sich immer durch, egal ob wir das in Deutschland oder Europa wollen. Also: anpacken und gestalten!

6.6 Die Fähigkeit zur Transformation

Wie funktioniert das nun: anpacken und gestalten? Ich habe in meinen Projekten sehr gute Erfahrungen damit gemacht, erst einmal bei den Menschen anzufangen, und die Transformations-Readiness – also die Bereitschaft des Unternehmens und der Mitarbeitenden für eine technologisch getriebene Transformation – zu ermitteln. Da sind Umfragen ein probates Mittel und ich habe im Laufe der Jahre ein Fragenset entwickelt, das dabei hilft, genau diese Readiness festzustellen.

Im Rahmen dieses Readiness-Checks werden u. a. folgende Fragen geklärt:

- Können sich die Teams gut oder eher schlecht an technologische Veränderungen anpassen?
- Gibt es großes oder weniger großes Interesse an der Einführung neuer Systeme?
- Ist das Vertrauen der Mitarbeitenden in die Unternehmensführung in Bezug auf die Einführung und Nutzung neuer Systeme groß oder eher gering?
- Sind die Betroffenen optimistisch oder eher pessimistisch gestimmt, wenn es um die Nutzung neuer Systeme und darauf basierende Veränderungen geht?
- Gibt es Interesse an Weiterbildung und den Glauben, dass diese positive Auswirkungen haben wird?
- Wie wird die berufliche Sicherheit durch den Einsatz neuer Technologien bewertet?
- Wie gut fühlt sich die Organisation auf die Veränderung vorbereitet?

Durch diesen Readiness-Check wird es möglich, sämtliche Beteiligten im Unternehmen dort abzuholen, wo sie stehen. Ich rate auch dazu, mit den Ergebnissen offen umzugehen, Maßnahmen transparent abzuleiten und diese ebenfalls offen zu kommunizieren.

Durch die Ermittlung dieser Transformationsfähigkeit kann der weitere Weg wesentlich klarer definiert und sichergestellt werden, dass die Implementierung nicht fehlschlägt.

6.7 Implementierung von Neuerungen

Bei der Implementierung sollten wir uns aus meiner Sicht mit konkreten Use Cases beschäftigen, nachdem wir die Wirkung der Technologie grundsätzlich eingeordnet, die Möglichkeiten des Unternehmens, der Organisation beleuchtet und erste Maßnahmen definiert haben. In diesem Kapitel geht es darum, in die konkrete Umsetzung zu kommen.

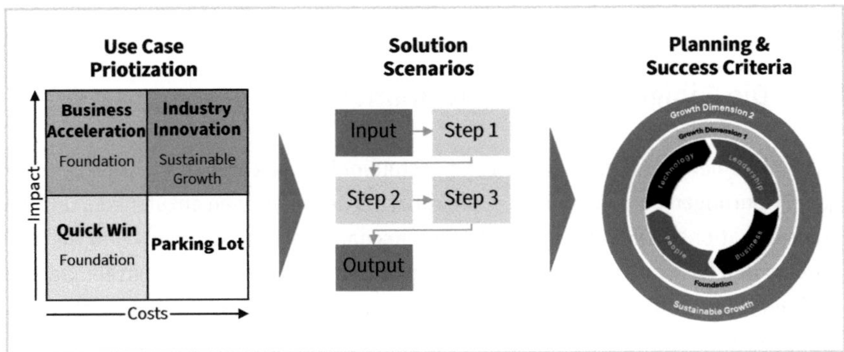

Abb. 21: Reifegradmodell

Es ist ratsam, die betroffene Abteilung, den Bereich, die Mitarbeitenden vorab zu befragen, welchen Herausforderungen und Hindernisse sie tagtäglich ausgesetzt sind und welche Möglichkeiten sie sehen, Arbeitsabläufe zu beschleunigen, die Arbeitslast zu reduzieren oder Innovationen anzugehen. Die ersten Feedbacks und hilfreiche Eindrücke haben wir ggf. schon durch den Readiness-Check gewonnen. Hier geht es nun darum, ganz konkret Use Cases zu identifizieren, erst einmal ganz unabhängig von Kosten, Umsetzbarkeit und der eigentlichen Auswirkung auf das Unternehmen, auf die Menschen. Ich rate dazu, dies im Rahmen eines Workshops zu tun, in dem bewusst ein Augenmerk auf Vielfalt, d.h. die Vertretung aller Interessen, aller betroffenen Gruppen gelegt wird.

Sobald die unterschiedlichen Use Cases identifiziert sind, geht es darum, diese einzuordnen: Welcher Impact kann dadurch erzielt werden, welche Kosten, welchen Aufwand würde es bedeuten, diese zu realisieren? Hier ist es immer ratsam, die IT-Abteilung sowie den Berater hinzuzuziehen, damit die Einschätzungen möglichst realistisch sind. Die Einordnung der Use Cases erfolgt dann in folgenden Kategorien:

Quick Wins

Welche Maßnahmen lassen sich relativ schnell – ohne großen Aufwand, ohne große Investitionen – realisieren, die jedoch schon einen unmittelbaren positiven Einfluss auf die Arbeitsabläufe haben? Eine solche Maßnahme wäre zum Beispiel, Mitarbeitende dazu zu ermutigen, die vorhandenen IT-Systeme besser zu nutzen. Auch könnte man

Mitarbeitende in abteilungsspezifischen Use Cases besser schulen, um sie damit zu befähigen, die vorhandenen Möglichkeiten zu nutzen.

Business Acceleration

Einige Use Cases können massive positive Auswirkungen auf das Geschäft, auf das Unternehmen haben. Diese Use Cases bezeichne ich als »Business Acceleration«. Die Kosten bzw. der Aufwand zur Einführung sollte bei diesen Uses Cases ein sehr positives Kosten-Nutzen-Verhältnis aufweisen, d.h. überschaubare Kosten bei relativ schnellem Impact. Mögliche Maßnahmen wären hier z.B. die Nutzung der vorhandenen Daten, des vorhandenen Wissens, um schneller Entscheidungen zu treffen und komplexe Analysen zu unterstützen.

Industry Innovation

Bei einer genauen und detaillierten Betrachtung der Möglichkeiten werden auch Ideen aufkommen, die innovativen, manchmal sogar revolutionären Charakter haben – Ideen, die zum Beispiel zu Innovationen bei Produkten oder Dienstleistungen führen oder ganze Prozesse im Unternehmen maßgeblich verändern. Diese Maßnahmen sind oft Innovationen in der jeweiligen Industrie bzw. Branche, bedeuten aber auch oft eine recht hohe Investition bzw. hohen Aufwand zur Implementierung. Meist stelle ich fest, dass diese Maßnahmen Schritte voraussetzen, die wir unter Business Acceleration finden – einerseits aus technischen Gründen, weil ggf. erst Grundlagen geschaffen werden müssen, andererseits aber auch, um die Organisation, die Mitarbeitenden Schritt für Schritt an die Innovationen heranzuführen und zu befähigen. Diese Maßnahmen sollten daher sorgfältig geplant und genau bewertet werden, ob der Zeitpunkt für deren Umsetzung auch wirklich passt.

Parking Lot

»Parking Lot«-Maßnahmen betreffen keineswegs Themen, die links liegen gelassen werden sollten, ganz im Gegenteil. So kann es beispielsweise sein, dass die Implementierung bestimmter Projekte viel Zeit und Geld in Anspruch nehmen würde, dass sie sich aber – sobald die Grundlagen dafür geschaffen wurden – relativ schnell und gewinnbringend umsetzen ließen. Daher empfiehlt es sich, diese »Parking Lot«-Maßnahmen immer wieder genauer anzuschauen, je länger eine Transformation läuft, je größer der Fortschritt und der Erfolg sind.

Bei der Klassifizierung der Use Cases ist es mir wichtig, immer wieder die Dimensionen Mensch, Leadership, Business und Technologie zu betrachten, um Auswirkungen, begleitende Maßnahmen sowie auch Stakeholder zu identifizieren, die an der Transformation mitwirken sollten. Des Weiteren sollte die Implementierung agil erfolgen, d.h. in sogenannten Sprints, die in relativ kurzer Zeit erste Erfolge erzielen und die Möglichkeit geben, die Organisation miteinzubeziehen, zu testen, Feedback einzusammeln und Anpassungen vorzunehmen. Dabei sind ein begleitendes Change-Ma-

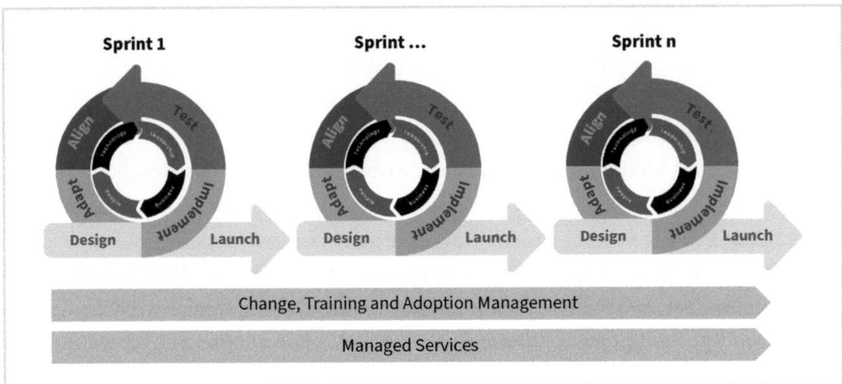

Abb. 22: Implementierung von Maßnahmen

nagement, Schulungen und Adoption-Management entscheidend, um die Akzeptanz und die nachhaltige Wirkung der Maßnahmen sicherzustellen.

Das Adoption-Management bemüht sich darum, dass Veränderungen durch die Einführung neuer Technologien, Systeme oder Prozesse in einer Organisation von den Mitarbeitenden erfolgreich angenommen werden. Der Fokus liegt darauf, sicherzustellen, dass die Nutzenden nicht nur die neuen Systeme oder Prozesse verwenden, sondern sie auch effektiv in ihre Arbeitsabläufe integrieren und die vollen Vorteile daraus ziehen.

Im Gegensatz dazu betrachtet Change-Management den umfassenden Prozess der Planung, Implementierung und Überwachung aller geplanten Veränderungen in einer Organisation. Change-Management umfasst die gesamte Strategie, die notwendig ist, um die Organisation durch eine Transformation zu führen, sei es bei der Einführung neuer Technologien, der Umstrukturierung von Teams oder der Umsetzung neuer Geschäftsprozesse.

Beim Adoption-Management geht es mir im Wesentlichen um folgende Themen, die darauf abzielen, die Akzeptanz und Nutzung neuer Technologien oder Prozesse innerhalb einer Organisation zu maximieren. Adoption-Management ist wichtig, um sicherzustellen, dass die Investitionen in neue Systeme tatsächlich zu den gewünschten Veränderungen, Produktivitätssteigerungen und Ergebnissen führen.

1. **Stakeholder-Engagement**
   Einbeziehung aller relevanten Interessengruppen, um sicherzustellen, dass ihre Bedürfnisse und Bedenken berücksichtigt werden und sie den Implementierungsprozess, die Veränderung unterstützen
2. **Kommunikation**
   klare und transparente Kommunikation über die Gründe für die Einführung neuer Technologien oder Prozesse und die erwarteten Vorteile – dies trägt dazu bei, Ängste zu mindern und das Vertrauen der Mitarbeitenden zu gewinnen

3. **Feedback-Mechanismen**
   Einrichtung von Feedback-Schleifen, um Rückmeldungen von Nutzern zu sammeln und den Prozess kontinuierlich anzupassen, um die Akzeptanz zu fördern
4. **Messung und Anpassung**
   regelmäßige Überwachung und Bewertung des Fortschritts bei der Einführung neuer Systeme oder Prozesse, um den Erfolg zu messen und bei Bedarf Anpassungen vorzunehmen

Durch begleitende Trainings und Schulungen sollte gewährleistet werden, dass Mitarbeitende sich mit der neuen Technologie oder den neuen Prozessen vertraut machen. Die laufende Unterstützung sorgt dafür, dass die Mitarbeitenden die neuen Systeme auch effektiv nutzen können.

Managed Services, also Dienstleistungen, die ggf. auch extern bezogen werden können, um die neuen Systeme am Laufen zu halten, die Verfügbarkeit sicherzustellen, die Weiterentwicklung und Anpassung zu übernehmen und technische Probleme anzugehen, sind gerade bei Technologie notwendig, um die Akzeptanz dauerhaft sicherzustellen. Nichts ist schlimmer als ein System, das nicht funktioniert oder verfügbar ist.

DLC-Check U: So gelingt die Implementierung

☑ Starte damit, die Transformationsfähigkeit deines Unternehmens zu ermitteln und die derzeitige Stimmung der Mitarbeitenden festzustellen.
☑ Definiere Use Cases durch eine breite Beteiligung der betroffenen Mitarbeitenden und klassifiziere diese Use Cases.
☑ Stelle bei der Klassifizierung sicher, dass du in den Dimensionen Mensch, Leadership, Business und Technologie denkst.
☑ Stelle eine agile Implementierung sicher, flankiert durch Change-Management, Training, Adoption-Management und Managed Services.

6.8 Leadership und Technologie

Wir haben uns in Kapitel 5 mit den menschlichen Superkräften beschäftigt und ich habe beschrieben, wie einzigartig uns diese Fähigkeiten machen. Wie können wir nun diese Fähigkeiten und die technologischen Möglichkeiten, die sich uns bieten und die immer umfangreicher werden, nutzen, um die Führung, das Leadership zu verbessern? Welche Fähigkeiten sind insbesondere im Leadership wichtig? Diese Frage möchte ich in diesem Kapitel beantworten.

Ein Artikel in der Harvard Business Review aus dem Jahr 2024 (Hougaard/Carter/Stembridge 2024) stellt die These auf, dass gute Führungskräfte nicht durch Technologie bzw. KI ersetzt werden können. Laut einer in diesem Artikel zitierten Umfrage unter mehr als 600 Mitarbeitenden aus verschiedenen Unternehmen haben viele mehr Vertrauen in die Fähigkeiten von KI als in ihre menschlichen Vorgesetzten, insbesondere in den Bereichen strategische Entscheidungen und Leistungsbewertung. Das überrascht mich nicht, da gerade bei Entscheidungen und Leistungsbewertungen Intuition und Gerechtigkeitssinn eine Rolle spielen – also nicht gerade objektive Grundlagen zum Treffen von Entscheidungen. Wenn man dann noch »Sympathie« in Betracht zieht, die beim Bewerten von Leistungen auch oft eine Rolle spielt, wird dieses Aussage noch nachvollziehbarer. Sollen also unsere menschlichen Superkräfte im Leadership »abgestellt« werden? Ich denke nicht! Aber diese richtig einzusetzen wird gerade in der modernen Führung in Zusammenarbeit mit Technologie immer wichtiger.

Gerade aus meiner eigenen Führungserfahrung weiß ich, wie wichtig faktenbasierte, datenbasierte Entscheidungsgrundlagen sind. Ohne diese verlässt man sich ausschließlich auf seine Intuition, also sein Bauchgefühl. Gerade hier können IT-Systeme helfen:

- **Datenanalyse und Mustererkennung**
  KI kann enorme Datenmengen verarbeiten und Muster erkennen, die für die Entwicklung von Geschäftsstrategien nützlich sind. Diese Fähigkeit von KI ermöglicht es Führungskräften, fundierte Entscheidungen zu treffen, die auf soliden Daten basieren.
- **Objektivität**
  KI-gestützte Systeme können Entscheidungen ohne die Beeinflussung durch persönliche Voreingenommenheiten oder emotionale Zustände treffen, was zu konsistenteren und weniger voreingenommenen Ergebnissen führt.

Auch bei der Beurteilung von Mitarbeitenden, aber auch bei der Bewertung des eigenen Verhaltens, der eigenen Leistung, des persönlichen Beitrags kann Technologie und gerade KI helfen. Moderne Assessments und moderne Tools geben personalisiertes, oft in Echtzeit verfügbares Feedback auf der Grundlage der Stärken und Schwächen der betroffenen Mitarbeitenden. Genau dies kann – quasi als Selbst-Assessment oder auch als Team-Assessement – dazu beitragen, an der persönlichen Entwicklung zu arbeiten.

Dennoch stößt KI an Grenzen, wenn es um die menschlichen und emotionalen Aspekte der Führung geht. Menschen bevorzugen es, von anderen Menschen geführt zu werden, die ihre Gefühle, Hoffnungen und Ängste verstehen und entsprechend reagieren können. Hier kommt also unsere Superpower Empathie zum Einsatz. Die Forschung zeigt, dass Mitarbeitende wenig Vertrauen in die Fähigkeit von KI haben, menschliches Verhalten vollständig zu verstehen und angemessen zu reagieren:

- **Verständnis menschlicher Dynamiken**
  KI hat Schwierigkeiten, die komplexen, oft unordentlichen Dynamiken menschlicher Interaktionen zu verstehen, die von Emotionen, Unsicherheiten und persönlichen Agenden geprägt sind.
- **Vertrauen und Transparenz**
  Viele Menschen misstrauen KI, besonders wenn es um persönliche Daten und emotionale Entscheidungen geht. Es besteht die Sorge, dass KI unzureichend transparent ist und diskriminierende Entscheidungen treffen könnte.

Führungskräfte sollten sich also vor allem durch Authentizität und die Fähigkeit, empathisch und verständnisvoll zu reagieren, auszeichnen. Menschen bevorzugen Führungskräfte, die ihre eigenen Schwächen zugeben und transparente, ehrliche Interaktionen fördern. Zu den zentralen menschlichen Fähigkeiten in der Führung sollten gehören:

- **Authentizität und Unvollkommenheit**
  Authentische Führungskräfte zeigen ihre menschliche Seite, indem sie ihre Unvollkommenheiten zugeben und transparent handeln. Diese Echtheit schafft Vertrauen und stärkt zwischenmenschliche Beziehungen.
- **Ethische und moralische Führung**
  Führungskräfte können moralische und ethische Überlegungen in ihre Entscheidungen einfließen lassen, was für den Aufbau von Vertrauen und Loyalität entscheidend ist. Diese Fähigkeit, ethisch und verantwortungsbewusst zu handeln, ist eine der grundlegenden Stärken menschlicher Führung.

Berücksichtigen wir die Grenzen von Technologie allgemein und KI im Speziellen, werden wir uns unserer Superkräfte bewusster und legen wir einen besonderen Fokus auf Authentizität, Moral und einen entsprechenden Wertekompass, dann können wir dennoch Technologie und KI als sinnvolle Ergänzung für moderne Führung nutzen:

- Insbesondere KI kann Führungskräfte, die ggf. empathische Defizite haben, unterstützen, indem sie emotionale Zustände und Bedürfnisse der Mitarbeitenden analysiert (durch die Analyse von E-Mails, Meetings etc.) und personalisierte Empfehlungen für die Mitarbeiterführung gibt. Diese Tools können helfen, Mitarbeitende besser zu verstehen und auf ihre Bedürfnisse einzugehen.
- Technologie kann komplexe Berechnungen und Optimierungsaufgaben effizient durchführen, was die Genauigkeit und Effektivität menschlicher Entscheidungen erhöht. Führungskräfte können sich somit auf strategische und kreative Aufgaben konzentrieren.
- KI hilft beim Verstehen und Erstellen von Texten. KI ist fast unschlagbar, wenn es darum geht, lange Texte, Dokumente oder E-Mails zusammenzufassen. Gleichzeitig kann KI helfen, E-Mails, die aus einer Emotion heraus geschrieben sind, neutraler zu verfassen oder gar die versteckten Emotionen in Texten zu erkennen. Auch kann KI sehr schnell und gut Texte von der einen Sprache in eine andere übersetzen.

Es ist an dieser Stelle also festzuhalten, dass durch die Integration von Technologie Führungskräfte ihre Fähigkeiten erweitern und komplexe Probleme effizienter lösen können. Die Nutzung von KI zur Datenanalyse und Entscheidungsfindung ermöglicht es ihnen, fundiertere und objektivere Entscheidungen zu treffen. Trotz der technologischen Unterstützung bleibt die Betonung menschlicher Qualitäten wie Empathie, Authentizität und ethisches Urteilsvermögen entscheidend. Diese Qualitäten sind unerlässlich, um Vertrauen und Loyalität bei den Mitarbeitenden aufzubauen und zu erhalten.

Ich glaube allerdings fest daran, dass es für das Zusammenführen von menschlichen Fähigkeiten und technologischen Möglichkeiten kein Rezept, keine Richtlinie gibt. Denn am Ende zählt die authentische Führung mehr als jedes Rezept. Deshalb gilt es, die richtige, persönliche Balance zwischen technologischer Unterstützung und den menschlichen Fähigkeiten zu finden. Oder in anderen Worten: Führen bleibt menschlich – zum Glück!

DLC-Check V: Leadership und Technologie

- ☑ Führe authentisch, empathisch und mit einem moralischen Kompass. Sei transparent – das wird immer wichtiger, je bedeutender Technologie wird.
- ☑ Nutze Technologie zur Datenanalyse, Mustererkennung, Recherche und für Berechnungen, um daten- und faktenbasierte, objektive Entscheidungen zu treffen.
- ☑ Nutze KI im Arbeitsalltag, z. B. bei der Zusammenfassung oder Erstellung von Texten oder zum Übersetzen – so hast du mehr Zeit für deine eigentlichen Leadership-Aufgaben und kannst besser auf deine Mitarbeitenden eingehen.

6.9 Mitarbeitende und Technologie

Spätestens seit der Einführung der Personal Computer ist der moderne Arbeitsplatz ohne Technologie nicht mehr vorstellbar – in jedem Bereich, in jedem Tätigkeitsfeld. Aber die zunehmende Digitalisierung hat auch die Komplexität erhöht, neue Herausforderungen geschaffen, die immer mehr Mitarbeitende an ihre Grenzen bringt. Doch wie gelingt ein »sinnvoller« Einsatz von Technologie im Arbeitsalltag? Wie erhöhen wir unsere Produktivität und Zufriedenheit gleichzeitig?

Die Integration von künstlicher Intelligenz (KI) in den Arbeitsalltag hat das Potenzial, die Arbeitswelt nochmals grundlegend zu verändern. Das bringt neue Chancen, aber auch Herausforderungen mit sich. In diesem Kapitel geht es darum, wie Technologie die Mitarbeitenden unterstützen kann, welche Hindernisse überwunden werden müssen und welche Chancen sich daraus ergeben.

Ich habe schon erläutert, wie Technologie dazu beitragen kann, repetitive und zeitaufwendige Aufgaben zu automatisieren, was es den Mitarbeitenden ermöglicht, sich auf anspruchsvollere und kreativere Tätigkeiten zu konzentrieren. Dies wiederum führt zu einer erhöhten Effizienz, Produktivität und letztendlich auch zu mehr Zufriedenheit, weil der Beitrag zu einem Ergebnis bedeutender wird, wenn menschliche Fähigkeiten verstärkt genutzt werden.

Das bestätigt eine repräsentative Befragung des Bundesministeriums für Bildung und Forschung, in der deutlich wird, dass Technologie und insbesondere KI als Entlastung bei Routineaufgaben gewünscht wird, um sich letztendlich wieder auf die wesentlichen Aufgaben konzentrieren zu können (Bundesministerium für Bildung und Forschung 2023). Weiterhin vertraut ein signifikanter Anteil der Befragten auf die Fähigkeit der Technologie, in Entscheidungsprozessen zu unterstützen und fundierte Empfehlungen zu geben, die frei von menschlichen Vorurteilen sind. Dies ist insbesondere im Bereich der strategischen Planung sowie der Risikoanalyse sehr wertvoll.

Auch personalisierte Weiterbildungsangebote sowie die Verbesserung der beruflichen Fähigkeiten ist ein besonderer Wunsch beim Einsatz von Technologie. So können Lern- und HR-Systeme auf das entsprechende Jobprofil, die persönlichen Fähigkeiten und die spezifischen Kenntnisse der Betroffenen individuell zugeschnittene Lernpfade und Trainingsprogramme zusammenstellen und so kontinuierliches Lernen und die berufliche Weiterentwicklung fördern.

Gerade bei den Mitarbeitenden treffe ich aber sehr häufig auf Sorgen, Ängste, Unwissenheit und mangelndes Vertrauen in die Unternehmensführung. So wissen wir laut eigenen Studien, die wir bei unseren Kunden durchführen, dass über 55% der Mitarbeitenden ihrer Führungskraft oder der Unternehmensführung nicht zutrauen, die richtigen Entscheidungen bei der Einführung von Technologie oder KI zu treffen. Ein sehr großer Anteil (über 80%) wünscht sich mehr Transparenz und vor allem die Möglichkeit mitzugestalten.

Auch in der Studie des Bundesministeriums für Bildung und Forschung wird dies deutlich (Bundesministerium für Bildung und Forschung 2023). So fühlen sich über 60% der Mitarbeitenden nicht ausreichend informiert über den Einsatz und die Funktionsweise neuer Technologien, was zu Unsicherheiten und Misstrauen auch gegenüber den Technologien selbst führt. Diese Informationslücke sollten Unternehmen dringend schließen und auch im Rahmen eines Transformationsprogramms nicht nur über Kommunikation, sondern auch über die Beteiligung der Mitarbeitenden nachdenken. Beteiligt man die Mitarbeitenden nicht, folgt in der Regel die Angst vor Arbeitsplatzverlust. Zwar sehen nur 32% der Befragten ihre Arbeit als gefährdet an, jedoch glauben 65% daran, dass Technologie und ganz speziell KI die Arbeit anderer ersetzen wird.

Folglich werden auch Rufe nach mehr Regulierung lauter. Gerade die Implementierung von KI erfordert klare ethische und moralische Grundsätze, nicht nur um sicherzustellen, dass sozialverträglich und transparent vorgegangen werden kann, sondern auch um zu gewährleisten, dass die Technologie verantwortungsbewusst zum Wohle des Menschen eingesetzt wird. Hier sind nicht nur die Unternehmen, sondern auch die Politik und die Wirtschaftsverbände gefordert.

Schauen wir auf die positiven Aspekte: Welche Chancen und welche Potenziale können durch den Einsatz von Technologie und KI freigesetzt werden?

Durch die Übernahme monotoner, repetitiver Aufgaben durch KI können sich Mitarbeitende auf interessantere und erfüllendere Tätigkeiten konzentrieren, was zu einer höheren Arbeitszufriedenheit führt. So können mehr wertschöpfende, kreative, innovative Aufgaben angegangen werden, was die Bedeutung des menschlichen Beitrags erhöht. Dadurch wird der Arbeitsdruck verringert und flexible Arbeitsmodelle werden gefördert, was wiederum eine bessere Balance zwischen Berufs- und Privatleben ermöglicht.

Viele Mitarbeitende nutzen Technologie zur Unterstützung im Ideenfindungsprozess und zum Generieren von Lösungsansätzen, was die Kreativität grundsätzlich und den Innovationsgeist in den Unternehmen fördert. Allerdings sei an diese Stelle angemerkt, dass ich in einigen Fällen eine »blinde« Nutzung von Technologie und insbesondere von KI bemerkte. Wenn ein Mitarbeitender KI-Systeme nutzt, um eine Text zu verfassen, und aufgrund mangelnder Kontrolle diesen auf falschen Tatsachen oder falscher Zielsetzung basierenden Text als E-Mail versendet, dann ist die Schuldfrage eindeutig: Nicht die Technologie ist schuld, sondern der Mitarbeitende. Leider erlebe ich es sehr häufig, dass versucht wird, Unwissenheit, mangelnde Kreativität oder schlicht fehlende Zeit mithilfe von KI-Systemen zu kompensieren, ohne die menschlichen Superkräfte zu nutzen. Genau das sollte Technologie nicht mit uns machen! Technologie sollte nie dazu führen, dass wir unsere Empathie, unsere Intuition, unseren Gerechtigkeitssinn, unsere Kreativität und unsere Fähigkeit, Informationen in einen Kontext zu setzen und innovativ zu sein, »abstellen«.

Ein weiterer wichtiger Aspekt der fortschreitenden Nutzung von Technologie und der damit einhergehenden Veränderung ist, dass das Verhältnis der Mitarbeitenden zum Unternehmen sich verändert. In den vergangenen Jahrzehnten war der Bedarf nach und der Grad der Anpassung eines Unternehmens relativ gering. Unternehmen hatten eine loyale Kundenbasis, Mitarbeitende waren es gewohnt, lange für ein und dasselbe Unternehmen zu arbeiten, und der Einfluss der Technologie war überschaubar. Heute werden Mitarbeitende aber sehr häufig mit einer Veränderungsgeschwindigkeit konfrontiert, die auf Mitarbeiterebene mehrere Anpassungen pro Jahr bedeutet. Das führt zu überraschenden Zahlen: Laut Gartner (2022) unterstützen nur noch 43% der

Mitarbeitenden Veränderung – 2016 waren es noch 74%. Zu einem ähnlichen Ergebnis kommt Gallup in dem State of the Workforce Report 2024, bei dem deutlich wird, dass 62% der Mitarbeitenden »still« kündigen, also resignieren, aufgeben und sich nach einem neuen Job umsehen, da sie es leid sind, sich ständig verändern zu müssen. Alarmierende 15% der Mitarbeitenden kündigen wirklich aufgrund dieser Tatsache. Das erzeugt eine Schwächung der Organisation auf einem nie dagewesenen Niveau: 77% der Mitarbeitenden kündigen oder bringen nicht mehr die Leistung, die notwendig wäre. Das verdeutlicht noch einmal sehr klar, wie wichtig es ist, Mitarbeitende mitzunehmen, zu befähigen, eine Kultur der Veränderungsbereitschaft zu fördern und die Rolle von Technologie einzuordnen (Gallup 2024).

Im Veränderungsprozess ist es zudem entscheidend, stets zu betonen, dass bei all dem Wandel, bei all dem technologischen Fortschritt es die menschlichen Superkräfte sind, die einen wichtigen Beitrag zum Unternehmen leisten. Dies unterstreicht die Einzigartigkeit jedes und jeder einzelnen Mitarbeitenden und fördert die Symbiose von Technologie und Menschen zu einem unschlagbaren Team. Der Einsatz und die Förderung der menschlichen Fähigkeiten in Kombination mit dem richtigen Umgang und Einsatz von Technologie wird die Zukunft der Arbeit maßgeblich prägen und das Potenzial für Innovation und Wachstum freisetzen.

DLC-Check W: Mitarbeitende mit Technologie befähigen

- ☑ Erhöhe das Commitment deiner Mitarbeitenden durch Kommunikation und Beteiligung beim Einsatz neuer Technologien.
- ☑ Schaffe Weiterbildungs- und Schulungsprogramme, fördere das Interesse an neuen Technologien.
- ☑ Kläre auf, welche Grenzen Technologien haben und welche Rolle bei den Mitarbeitenden bleiben muss.
- ☑ Change und Transformation sind Teil des Vertrags zwischen Unternehmen und Mitarbeitenden. Fördere Veränderungsbereitschaft.

6.10 Unternehmen und Technologie

Durch die rasante Entwicklung neuer Technologien eröffnen sich viele konkrete Chancen. Neue Technologien ermöglichen es Unternehmen u. a., ihre Geschäftsmodelle zu transformieren, Effizienzgewinne zu realisieren oder auch ganz neue innovative Produkte und Dienstleistungen zu erschaffen. Ich habe in meiner Laufbahn viele Unternehmen kennenlernen dürfen, die sich entweder zu lange verschlossen oder sich frühzeitig mit neuen Technologien auseinandergesetzt haben. Sicherlich gibt es keine Regel, wann sich ein Unternehmen mit welcher Technologie auseinandersetzen sollte, jedoch hilft meist eine einfache Fragestellung: Was kann sich durch den Einsatz einer Technologie zum Positiven ändern, was kann der wirtschaftliche Impact sein, bringt es mich im Vergleich zu meinen Wettbewerbern potenziell weiter? Es kann auch sein, dass ein Unternehmen unter bestimmten Voraussetzungen erst einmal abwarten und die Entwicklung beobachten sollte. Das hängt von der wirtschaftlichen Stärke, der Strategie, der technologischen Basis oder auch den verfügbaren Skills ab.

Allerdings ist es immer hilfreich, sich auf neue Technologien so früh wie möglich einzulassen, um langfristig den Erfolg und die Wettbewerbsfähigkeit eines Unternehmens sicherzustellen. Im Folgenden möchte ich ein paar Beispiele aufzeigen, wie Unternehmen von Technologie profitieren können.

Effizienzsteigerung und Automatisierung

Die Automatisierung von Geschäftsprozessen erleben wir seit einigen Jahren und sie spielt durch den Einsatz von neuen Technologien und insbesondere KI, Robotik und maschinellem Lernen eine immer wichtigere Rolle. Die Effizienz kann erheblich gesteigert werden, indem repetitive und zeitaufwendige Aufgaben automatisiert werden – Mitarbeitende werden entlastet und Ressourcen können effizienter genutzt werden. Das führt zu Kosteneinsparungen bzw. schnelleren Durchlaufzeiten bei Vertrieb, Produktion und Service.

So konnte beispielsweise ein Unternehmen aus dem Fertigungsbereich, das ich begleiten durfte, durch den Einsatz von Robotern und die Ergänzung der Fähigkeiten der Fließbandarbeitenden durch kamerabasierte Systeme die Produktionszeiten um 30% und die Fehlerquote um mehr als 20% reduzieren. Die manuellen Arbeiten, die weiterhin für die filigranen Aufgaben, bei denen u. a. Haptik gefordert ist, nötig sind, können durch die kamerabasierten Systeme effektiv unterstützt werden, indem Fehler frühzeitig erkannt werden. Dies reduziert einerseits den Druck auf die Mitarbeitenden und erhöht andererseits die Qualität deutlich.

Datengetriebene Entscheidungen

Moderne Technologien ermöglichen es Unternehmen, große Mengen an Daten zu sammeln und zu analysieren. Durch den Einsatz von Big Data, also das Sammeln und Kombinieren von im Unternehmen vorhandenen Daten, und Analytik, also die Analyse, Bewertung und Visualisierung dieser Daten, können Unternehmen besser fundierte Entscheidungen treffen, Markttrends frühzeitig erkennen und ihre Strategien entsprechend anpassen.

So nutzen zum Beispiel Einzelhandelsunternehmen Big Data, um Kundenpräferenzen und -verhalten zu analysieren. Dadurch können personalisierte Marketingkampagnen entwickelt werden, die nicht selten zu einer Umsatzsteigerung von 15% oder mehr führen. Hierbei ist zu beachten, dass Verbraucher erst zustimmen müssen, bevor Unternehmen auf ihre Daten zugreifen dürfen. Das geschieht häufig über das Kundenkonto oder sogenannte Loyalty Cards, also Kundenkarten, mit denen beim Einkaufen

Punkte oder Rabatte gesammelt werden können. Verbraucher können von solchen Kundenanalysen sehr oft profitieren, da ihnen dadurch auf sie persönlich zugeschnittene Angebote gemacht werden können.

Viele Banken und Finanzdienstleister nutzen KI und maschinelles Lernen, um Kreditrisiken besser zu bewerten und maßgeschneiderte Finanzprodukte anzubieten. Durch die Analyse von Kundendaten können somit Kreditvergabeprozesse optimiert und die Kundengewinnung um 20% gesteigert werden.

Personalisierte Kundeninteraktion

Gerade KI und maschinelles Lernen ermöglichen es Unternehmen auf eine ganz neue Art, personalisierte Kundeninteraktionen zu bieten. Durch die Analyse von Kundendaten, Kundenkommunikation und Verkaufsverhalten können maßgeschneiderte Angebote und Dienstleistungen entwickelt werden, die die Kundenzufriedenheit und -bindung erhöhen. Des Weiteren ist es durch die Analyse der Kundenkommunikation über E-Mail und Telefon möglich, einen wesentlich besseren Kundenservice zu bieten, indem einfache und zunehmend komplexere Aufgaben automatisch verarbeitet werden. Zum Beispiel kann die Änderung der Adresse oder der Kontoverbindung automatisch aus einer E-Mail oder einem Telefonat erkannt und in das entsprechende System übertragen werden, ohne dass ein Servicemitarbeiter direkt mit dem Kunden Kontakt hat.

Online-Händler verwenden heute oftmals schon KI-Algorithmen, um personalisierte Produktempfehlungen zu generieren. Dies führt nachweislich zu einer Erhöhung der Konversionsrate um 25% und einer Verbesserung der Kundenzufriedenheit. Unternehmen nutzen IT-Systeme für die Kundenkommunikation, die einfache Aufgaben wie Adressänderung, einfache Fehlerbilder usw. direkt mit dem Kunden diskutieren. Dies geschieht häufig per Chatbot, E-Mail oder auch per Telefon durch Sprachverarbeitung und -kommunikation mit einem KI-System. Dadurch lassen sich Einsparungen von bis zu 20% im Kundenservice erzielen.

Wissensmanagement

Viele Unternehmen stehen vor der Herausforderung, das vorhandene Wissen im Unternehmen zu sichern, gerade dann, wenn wichtige, erfahrene Mitarbeitende altersbedingt aus dem Unternehmen ausscheiden. Das ist für viele Unternehmen, die ich begleiten darf, ein imminentes Problem. Oftmals können Kundenanforderungen für den Fertigungsprozess oder Erfahrungswerte für Produkte – die vor Jahrzehnten produziert, aber immer noch im Betrieb sind – nur von wenigen Personen im Unternehmen ganzheitlich beurteilt und verarbeitet werden.

Durch den Einsatz von KI-Systemen kann auf das oftmals unstrukturierte Wissen, also eine Vielzahl von Dokumenten in unterschiedlichen Formaten in unterschiedlichen

Ablagen, zugegriffen werden, ohne dass man dieses Wissen vorher sehr aufwendig strukturieren, also bestimmten Produkten, Lebenszyklen oder Kunden zuordnen muss. Damit werden neue Mitarbeitende befähigt, auf das gesamte Wissen des Unternehmens zuzugreifen, und der Lernprozess wird deutlich beschleunigt. Die erfahrenen Mitarbeitenden können sich wieder auf die kreativen und wertschöpfenden Aufgaben konzentrieren und müssen nicht als »einziger Wissensträger« herhalten und die Feuerwehr spielen. Dadurch minimieren Unternehmen das Risiko, dass Wissen verloren geht, und erhöhen die Produktivität deutlich.

Entwicklung neuer Produkte und Dienstleistungen

Auch die Entwicklung neuer, innovativer Produkte und Dienstleistungen wird durch den Einsatz von Technologie möglich und gefördert. Diese Disziplin ist gleichzeitig aber auch die schwierigste, da sie oftmals eine Anpassung des Geschäftsmodells erfordert und die Investition in neue Kompetenzen und Fähigkeiten, also entweder Weiterbildung oder neue Mitarbeitende.

Ich hatte mehrfach die Gelegenheit, diese Disziplin zu beobachten und zu begleiten. So hat ein Winzer beispielsweise durch den Einsatz von IoT-Technologie die Bewässerung und Düngung seiner Weinreben optimiert und konnte so sowohl die Qualität erhöhen, den Ausschuss verringern als auch den Ertrag steigern. Eine ähnliche IoT-Technologie wird u. a. von Technologieanbietern und auch Landmaschinenherstellern entwickelt, um die Bewässerung, Düngung und auch den Zeitpunkt für Aussaat und Ernte zu optimieren. Studien, wie zum Beispiel die des International Journal of Environment Science and Technology aus dem Jahr 2020, zeigen, dass die Erträge hierdurch um 20% gesteigert werden können (Duguma/Bai 2023). Dies ist ein schönes Beispiel, wie Technologie auch dazu beitragen kann, Nahrungsmittel effizienter zu produzieren.

Ein anderes Unternehmen hat seine Aufzüge mit IoT-Technologie versehen und kann sie seinen Kunden nun in einem ganz anderen Geschäftsmodell anbieten, nämlich beispielsweise pro Fahrt. Durch Predictive Maintenance, also quasi das Vorhersagen von Ausfällen oder Störungen durch die Überwachung der einzelnen Systeme eines Aufzugs und maschinelles Lernen, können Ausfälle und Störungen minimiert werden, indem proaktiv beispielsweise entsprechende Bauteile ausgetauscht werden. Das erhöht die Kundenzufriedenheit und reduziert die Ausfälle. Durch die Weiterentwicklung der Technologie konnte das Unternehmen ähnliche Dienstleistungen für Fremdprodukte anbieten und hat somit nicht nur sein Geschäftsmodell verändert, sondern auch seinen adressierbaren Markt erweitert.

Diese Möglichkeiten können natürlich nicht »mal eben nebenbei« identifiziert und realisiert werden. Dazu sind Mitarbeitende nötig, die Lust und die Kompetenzen haben, sich mit diesen Themen auseinanderzusetzen. Ich rate Unternehmen immer davon ab, den Einsatz von Technologien den Mitarbeitenden »nebenbei« zu überlassen oder gar der IT-Abteilung zu übergeben. Mitarbeitende müssen dazu Freiräume bekommen und diese auch wahrnehmen dürfen. Die IT-Abteilung ist ein wichtiger Beteiligter, sollte aber aus meiner Sicht nicht die Verantwortung für die Validierung neuer Technologien übernehmen. Das sollte die Fachabteilung übernehmen, da es um konkrete Prozesse, Aufgaben, Vorhaben und Ideen geht. Dennoch sollte die IT-Abteilung eingebunden werden, um sicherzustellen, dass die Unternehmensvorgaben und -richtlinien berücksichtig werden.

DLC-Check X: Technologie im Unternehmen

- ☑ Überprüfe den Einsatz von neuen Technologien rechtzeitig, aber immer unter Berücksichtigung der derzeitigen Fähigkeiten, der wirtschaftlichen Situation und der Zielsetzung im Unternehmen.
- ☑ Technologie kann nicht nur Kosten senken, sondern auf vielfältige Art und Weise zum Erfolg des Unternehmens beitragen oder neue Potenziale eröffnen. Schaue dir die Möglichkeiten ganzheitlich an.
- ☑ Schaffe Innovationsgruppen, die sich mit den Themen intensiv auseinandersetzen können und entsprechende Freiheiten haben. Die IT-Abteilung sollte beteiligt, aber nicht verantwortlich gemacht werden.

6.11 Risiken und ethische Fragestellungen

Ich habe in diesem Buch schon mehrfach die Risiken und ethischen Fragestellungen kurz angesprochen – in diesem Kapitel möchte ich nun etwas ausführlicher auf das Thema eingehen: Die technologischen Fortschritte und insbesondere der Einsatz von KI-Systemen bringen erhebliche Risiken und komplexe ethische Fragestellungen mit sich. Um den verantwortungsvollen Einsatz von Technologie und KI sicherzustellen, ist es unerlässlich, die damit verbundenen Risiken zu verstehen und die ethischen Implikationen zu berücksichtigen.

Gehen wir erst einmal auf die Risiken ein und berücksichtigen dabei insbesondere die Chancen, aber auch die Verantwortung von Unternehmen, Mitarbeitenden und Technologieanbietern.

Wir haben uns in Kapitel 6.5 »Unsere Angst vor Disruption und Technologie« mit den durchaus nachvollziehbaren Ängsten vor Disruption und Technologie befasst und gesehen, dass Risiken und die damit verbundenen Ängste allzu oft als Grund und manchmal als Ausrede genutzt werden, um einen innovativen Weg eben nicht zu gehen. Selbstverständlich müssen wir insbesondere die Risiken ernst nehmen, doch für alle Risiken gibt es Strategien, um diese zu minimieren. Genau dies ist die Verantwortung der Technologieunternehmen, der Unternehmen, die diese Technologien einsetzen, aber eben auch der Menschen, die diese Technologien nutzen.

Sicherheit und Datenschutz

Der Einsatz von Technologie und KI birgt das Risiko von Sicherheitsverletzungen und Datenschutzproblemen. Cyberangriffe, Datenlecks und der Missbrauch persönlicher Informationen können schwerwiegende Folgen für Individuen und Organisationen haben. Daher ist es unerlässlich, in innovative Sicherheitslösungen zu investieren, Schulungsmaßnahmen zu etablieren und Vertrauen in die Technologie aufzubauen. Gerade wenn vertrauliche Informationen mit frei zugänglichen Applikationen oder KI-Systemen geteilt werden, ist Vorsicht geboten. Hier helfen Schulungen, um die Sensibilität zu erhöhen, aber eben auch entsprechende dedizierte Verträge mit den Anbietern, die Datenschutz und Datenverarbeitung regeln.

Arbeitsmarktauswirkungen

Automatisierung und KI führen zu erheblichen Veränderungen auf dem Arbeitsmarkt. Während einige Arbeitsplätze überflüssig werden, entstehen neue Berufe, die jedoch oft andere Qualifikationen erfordern. Die daraus resultierende wirtschaftliche Unsicherheit und Ungleichheit sollte von der Politik und den Unternehmen frühzeitig adressiert werden und in die Unternehmensstrategie einfließen. Gezielte Weiterbildungsprogramme und die Investition in neue Jobprofile und -rollen seien als Beispiel für proaktive Maßnahmen genannt. Die dystopische Sichtweise, dass Technologie mehr Jobs eliminiert als sie schafft, teile ich nicht, denn unsere einzigartigen Fähigkeiten, unsere Superkräfte, werden weiterhin benötigt. Dennoch ist es richtig, dass die Menschen, die nicht offen für Technologie und die Veränderung ihres Arbeitsplatzes sind, es am Arbeitsmarkt schwerer haben werden.

Abhängigkeit und Kontrolle

Die zunehmende Abhängigkeit von Technologie und KI kann dazu führen, dass Menschen die Kontrolle über kritische Prozesse verlieren, indem sie Technologie als Ersatz und nicht als Ergänzung nutzen. Natürlich werden und müssen einige Prozesse durch Automatisierung komplett ohne menschliches Eingreifen optimiert werden, allerdings geht es darum, die frei gewordenen Kapazitäten für Innovationen zu nutzen. Durch die Kombination von menschlichen Fähigkeiten und Technologie können beispielsweise bessere Entscheidungen getroffen und Aufgaben schneller und effizienter abgearbeitet werden. Wichtig ist, dass wir Menschen uns nicht blind abhängig machen, denn die Option, Entscheidungen zu treffen, sollte bei uns Menschen bleiben, insbesondere wenn wir an die Medizin denken.

Missbrauchspotenzial

Technologie und KI können missbraucht werden, um schädliche oder illegale Aktivitäten zu fördern. Beispiele hierfür sind die Erstellung von Deepfakes, also Bildern, Videos oder Tonaufnahmen, die durch gezielte Desinformation Meinungen manipulieren. Auch der Einsatz von Überwachungstechnologien zur Unterdrückung oder Verletzung der Persönlichkeitsrechte sei hier genannt. Durch gezielte Richtlinien und Grundsätze für den Einsatz von Technologie können Unternehmen dieses Missbrauchspotenzial verringern, aber nicht eliminieren. Am Ende ist es immer noch der einzelne Mitarbeiter, der unter Umständen die schwächste Stelle ist. Daher ist Aufklärung, Schulung und vor allem eine Kultur der Mitbestimmung, eine Kultur des verantwortungsvollen Umgangs so wichtig.

Unternehmen tragen die Verantwortung, die richtigen Rahmenbedingungen für den Einsatz von Technologie zu schaffen. Sie müssen sicherstellen, dass ihre Mitarbeitenden angemessen geschult und auf die neuen Technologien vorbereitet sind. Zudem sollten Unternehmen ethische Standards und Richtlinien entwickeln, um den verantwortungsvollen Einsatz von Technologie zu gewährleisten. Dabei spielt eine transparente und offene Kommunikation grundsätzlich, aber auch im Hinblick auf die Nutzung und den Zweck von Technologien im Unternehmen eine wichtige Rolle.

Technologieanbieter sind dafür verantwortlich, dass ihre Produkte sicher, transparent und ethisch einwandfrei sind. Viele Technologieunternehmen haben gerade vor dem Hintergrund der rasanten Entwicklung im KI-Bereich eigene Abteilungen geschaffen, die sich ausschließlich damit beschäftigen. Sie sollten sicherstellen, dass ihre Technologien keine Vorurteile oder Diskriminierungen verstärken und dass sie den Datenschutz und die Privatsphäre der Nutzenden respektieren. Seitdem ich in der IT-Welt unterwegs bin, ist es das erste Mal, dass ich eine solche Verantwortungsübernahme bei den Technologieanbietern sehe, was ich sehr begrüße und als notwendig erachte.

Mitarbeitende tragen die Verantwortung, sich aktiv weiterzubilden und sich an die neuen Technologien und die Veränderungen anzupassen. Sie sollten bereit sein, neue Fähigkeiten zu erlernen und sich auf die Veränderungen in ihrem Arbeitsumfeld einzustellen. Zudem sollten sie ein Bewusstsein für ethische Fragen entwickeln und bereit sein, diese in ihre tägliche Arbeit zu integrieren, intern wie extern. Denn auch ein Produkt oder eine Dienstleistung, das bzw. die ein Unternehmen mithilfe von Technologie herstellt, kann im weitesten Sinne für Schaden sorgen, indem das Produkt falsch oder für einen fremden Zweck eingesetzt wird. Deshalb sollte jeder und jede Einzelne in jedem Bereich einer Firma dafür sensibilisiert werden.

Bei den ethischen Fragenstellungen werde ich die Kategorien

- Alignment,
- Rolle des Menschen,
- Wahrheit und Vorurteil sowie
- Recht und Copyright

detailliert betrachten, da dies aus meiner Sicht die wesentlichen Fragestellungen sind, die im Bereich der Ethik zu berücksichtigen sind.

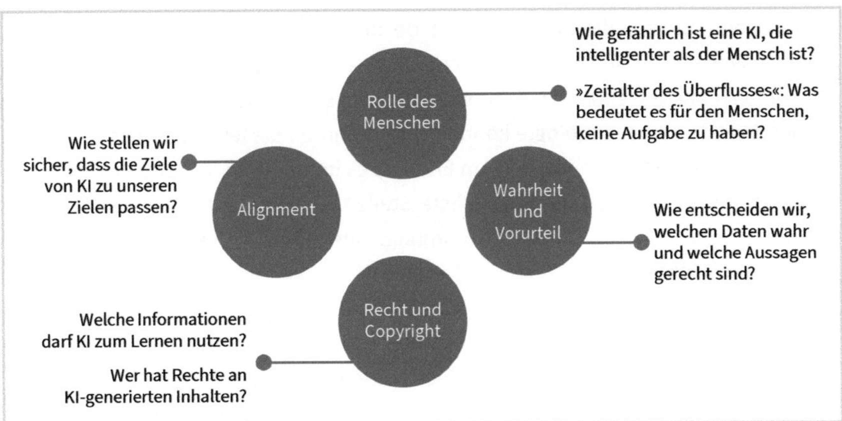

Abb. 23: Risiken und ethische Fragestellungen

Alignment

Alignment bezieht sich auf die Übereinstimmung der Ziele und Handlungen von Technologie und KI-Systemen mit den Werten und Interessen der Menschen. Ein wesentliches ethisches Problem besteht darin sicherzustellen, dass KI-Systeme so programmiert und überwacht werden, dass sie im Einklang mit menschlichen Werten und ethischen Standards handeln. Diese Aufgabe liegt primär bei den Technologieanbietern, aber auch bei den Unternehmen, die diese Technologien einsetzen. Die Herausforderung liegt darin, dass Werte und ethische Standards kulturspezifisch sind – dadurch erhöht sich die Komplexität. Daher ist es aus meiner Sicht wichtig, dass bei der Entwicklung von Technologien grundsätzlich sichergestellt wird, dass menschliche Werte korrekt interpretiert und umgesetzt werden können und dass dies auch kontinuierlich überprüft und ggf. angepasst wird. Im Zweifel muss hier die letztendliche Entscheidungsgewalt beim Menschen liegen, damit all dies im Einklang mit den sich entwickelnden gesellschaftlichen und kulturellen Werten bleibt.

Rolle des Menschen

Die Rolle des Menschen in einer von Technologie und KI geprägten Welt wirft Fragen zur menschlichen Autonomie und Entscheidungsfindung auf. Es ist aus meiner Sicht wichtig, den Menschen als zentralen Akteur zu erhalten und sicherzustellen, dass technologische Systeme menschliche Entscheidungen unterstützen, anstatt sie zu ersetzen. Hier ergibt sich auch eine recht philosophische, aber wichtige Fragestellung: Was ist die Rolle von uns Menschen und was soll sie in Zukunft sein? Denkt an »Moore's Law for Everything« vom Sam Altman und die Fragestellung, wie gerechte Bezahlung, wirtschaftlicher Erfolg und Besitz in Zukunft bemessen sein werden. Fest steht: Wir Menschen brauchen Autonomie und daher die ständige Kontrolle über die technologischen Systeme. Aber wir können die Zusammenarbeit mit der Technologie gestalten, können sie nutzen, damit jede Seite ihre Stärken einbringen kann.

Wahrheit und Vorurteil

Technologie und KI-Systeme können sowohl zur Verbreitung von Wahrheit als auch von Vorurteilen beitragen, wie ich oben schon dargestellt habe. Die wichtigen ethischen Fragestellungen betreffen hier die Transparenz und Fairness von Algorithmen sowie die Vermeidung von Diskriminierung und Vorurteilen. Es ist aus meiner Sicht entscheidend, dass Technologie bei Analysen, Bewertungen und Recherchen immer die Quelle angeben kann, um sicherzustellen, dass wir nicht auf eine Halluzination hereinfallen, also eine konstruierte Wahrheit eines KI-Systems. Nur so können wir sicherstellen, dass Entscheidungsprozesse ganzheitlich transparent und nachvollziehbar sind. Algorithmen von KI-Systemen arbeiten auf Basis von Trainingsdaten. Und wenn in diesen Trainingsdaten bestimmte Vorurteile befeuert werden, wie beispielsweise mehr Bilder von Männern als von Frauen, dann ist das Ergebnis auch vorurteilbehaftet. Hier haben Technologieanbieter sowie Firmen, die die Technologie einsetzen, eine große Verantwortung.

Recht und Copyright

Die rechtlichen Rahmenbedingungen für den Einsatz von Technologie und KI sind komplex und oft unklar. Die Frage nach dem geistigen Eigentum, den Rechten von Kreativen und der Einhaltung rechtlicher Normen ist zumindest bis zum Erscheinen dieses Buches größtenteils nicht geregelt. Gerade Künstlerinnen und Künstler erheben aus meiner Sicht vollkommen zu Recht die Stimme und monieren, dass ihr geistiges Eigentum und ihre Kreativität geschützt werden müssen, dass Technologien und insbesondere KI-Systeme frei und unkontrolliert von ihrer Kreativität lernen und diese als Grundlage für Analysen und zur Erstellung von Texten, Bildern, Videos oder Musik hernehmen. Wir brauchen also ein System, das genau diese Rechte regelt, kontrolliert, ggf. verprovisioniert und dabei dafür sorgt, dass alles im Rahmen der geltenden Regeln und Vorschriften betrieben wird. Ein erster wichtiger Schritt ist hier die Kennzeichnung, wenn ein Text, ein Bild, ein Video oder ein Musikstück von einem KI-System generiert worden ist. Denn aus meiner Sicht ist es sicherlich einfach und oft hilfreich, sich bestimmte Texte, Bilder, Videos oder auch Musik durch eine Technologie generieren zu lassen, allerdings sollte klar sein, dass in dem Fall die menschliche Kreativität, die Intuition, die Bewertung nicht stattgefunden hat.

DLC-Check Y: Risiken und ethische Fragestellungen im Auge behalten

- ☑ Beschäftige dich mit Sicherheitslösungen und Schulungsprogrammen rund um den Einsatz von neuen Technologien. Schärfe das Verantwortungsbewusstsein bei den Mitarbeitenden.
- ☑ Kläre frühzeitig, welche neuen Jobprofile und Skills benötigt werden, um sich mit neuen Technologien und deren Einsatz auseinanderzusetzen.
- ☑ Nutze frei werdende Kapazitäten für Innovation und motiviere deine Mitarbeitenden dazu, sich mit neuen Technologien aktiv auseinanderzusetzen.
- ☑ Schaffe ethische Grundsätze, wenn es um den Einsatz von Technologien geht: Was bleibt Aufgabe der Mitarbeitenden und was ist richtig und was ist nicht richtig?

7 Fazit und Schlussbemerkungen

Nun sind wir am Ende der Reise – oder vielleicht sollte ich besser sagen: wir legen einen Zwischenstopp ein. Denn der technologische Wandel wird weitergehen, mit unaufhaltsamer Geschwindigkeit. Auch wir Menschen werden uns weiterentwickeln, neue Fähigkeiten erlernen, die erst mit Technologie möglich werden. Ich hoffe allerdings, dass du nach dem Lesen des Buches mehr Lust hast auf Veränderung, auf Transformation, auf Technologie, auf herausragendes Leadership. Ich hoffe, dass du eine Vorstellung davon bekommen hast, was Technologie in Menschen, Führungskräften und in Unternehmen freisetzen kann, aber auch wo die Grenzen liegen. Die herausragenden Fähigkeiten von uns Menschen sollten gefördert und gefordert werden und ich würde mich freuen, wenn du dich eingeladen fühlst, daran mitzuwirken – egal, ob als Mitarbeitender, als Führungskraft oder als Teil unserer Gesellschaft.

Festzuhalten ist, dass Technologie ein Enabler ist, der genutzt werden sollte, damit unsere menschlichen Fähigkeiten ergänzt und verstärkt werden können. Wir Menschen und die Unternehmen sollten sicherstellen, dass die richtigen Technologien richtig (ethisch einwandfrei und sicher) eingesetzt werden können. So können wir alle dazu beitragen, dass Mensch und Technologie ein unschlagbares Team werden. Dieses unschlagbare Team entsteht durch die Befähigung zur Nutzung der Technologie, die Schaffung einer resilienten, veränderungsbereiten Kultur, die Etablierung von inspirierendem und integrativem Führungsverhalten und die Bereitschaft von Unternehmen, Technologien als Chance zu betrachten.

Transformation ist eine Reise und wir sollten das Verständnis – aber auch die Motivation – mitbringen, dass diese Reise niemals endet. Kontinuierliche Anpassung, Weiterentwicklung und Innovation sind erforderlich, um die Chancen, die sich uns wirtschaftlich bieten und die durch Technologie unterstützt oder sogar erst ermöglicht werden, für uns nutzbar zu machen – sowohl für den einzelnen Menschen als auch für Unternehmen. Bei dieser Reise spielt der Mensch – als Mitarbeitender, als Führungskraft oder als Teil dieser Gesellschaft – eine entscheidende Rolle. Es liegt also an uns und nicht an der Technologie, diesen Wandel aktiv zu gestalten.

Jede Transformation ist anders, es gibt keine Blaupause – dabei bleibe ich. Allerdings hoffe ich auch, dass du bei der Lektüre dieses Buches einige nützliche Ideen, Tools und Perspektiven mitnehmen konntest, um »deine« Transformation erfolgreicher zu gestalten. Ich möchte noch einmal klarstellen, dass ich keinen Anspruch darauf erhebe, alle Herausforderungen zu kennen oder allumfassende Methoden zur Verfügung stellen zu können. Mir war es vor allem wichtig, dir meine Erfahrungen, meine Sichtweise etwas näherzubringen, und ich hoffe, dass du diese in deiner eigenen Weise weiterentwickeln und einsetzen kannst.

Ich möchte auch betonen, dass ich dieses Buch trotz oder gerade wegen meiner Faszination für Technologie und auch KI eigenhändig geschrieben habe. Natürlich wäre es möglich gewesen, den Text von einer KI verfassen zu lassen, allerdings wären dabei meine Kreativität, meine persönlichen Erfahrungen, Erkenntnisse und Meinungen nicht zum Ausdruck gekommen. Und genau das war mir wichtig, als ich mich entschied, dieses Buch zu schreiben. Selbstverständlich habe ich im Internet recherchiert, habe verschiedene Fragen und Annahmen durch Fakten beleuchten lassen, aber eingeordnet und geschrieben habe ich jede Zeile selbst.

Wenn ich zum Schluss noch einen Appell zu äußern hätte, dann würde ich sagen wollen: Lasst uns mutig, offen, mit viel Leidenschaft und Energie die menschlichen Superkräfte fördern, egal ob im Bildungssystem, in den Familien, in den Unternehmen oder in der Politik. Lasst uns Technologie als Chance sehen, mit der wir verantwortungsbewusst umgehen, vor der wir aber keine Angst haben sollten. Lasst uns herausragendes Leadership als Maßstab nehmen – nur so können Spitzenleistungen abgerufen werden. Lasst uns daran arbeiten, dass Menschen und Technologie ein unschlagbares Team werden und bleiben!

Literaturverzeichnis

American Psychological Association (2021): The American workforce faces compounding pressure. https://www.apa.org/pubs/reports/work-well-being/compounding-pressure-2021 (abgerufen am 1.10.2024).

Bitkom (2010): Cloud Computing – Was Entscheider wissen müssen. https://www.bitkom.org/sites/default/files/file/import/BITKOM-Leitfaden-Cloud-Computing-Was-Entscheider-wissen-muessen.pdf (abgerufen am 1.10.2024).

Bloch, M./Blumberg, S./Laartz, J. (2012): Delivering large-scale IT projects on time, on budget, and on value. McKinsey & Company in collaboration with the University of Oxford, https://www.mckinsey.com/capabilities/mckinsey-digital/our-insights/delivering-large-scale-it-projects-on-time-on-budget-and-on-value (abgerufen am 1.10.2024).

Bø, S./Wolff, K. (2020): I Can See Clearly Now: Episodic Future Thinking and Imaginability in Perceptions of Climate-Related Risk Events, Februar 2020, https://www.frontiersin.org/articles/10.3389/fpsyg.2020.00218/full (abgerufen am 1.10.2024).

Bommadevara, N./Del Miglio, A./Jansen, S. (2018): Cloud Adoption to Accelerate IT Modernization. McKinsey & Company, https://www.mckinsey.com/business-functions/mckinsey-digital/our-insights/cloud-adoption-to-accelerate-it-modernization (abgerufen am 1.10.2024).

Bundesministerium für Bildung und Forschung (2023): BMBF Aktionsplan für Künstliche Intelligenz. https://www.bmbf.de/SharedDocs/Publikationen/de/bmbf/5/31819_Aktionsplan_Kuenstliche_Intelligenz.pdf?__blob=publicationFile&v=7 (abgerufen am 1.10.2024).

Center for Creative Leadership (2024): How to Encourage Empathetic Leadership. https://www.ccl.org/articles/leading-effectively-articles/empathy-in-the-workplace-a-tool-for-effective-leadership/ (abgerufen am 1.10.2024).

Chui, M./Manyaka, J./ Bughin, J./Dobbs, R./Roxburgh, C./Sarrazin, H./Sands, G./Westergren, M. (2012): The Social Economy: Unlocking Value and Productivity through Social Technologies. McKinsey Global Institute, https://www.mckinsey.com/~/media/McKinsey/Industries/Technology%20Media%20and%20Telecommunications/High%20Tech/Our%20Insights/The%20social%20economy/MGI_The_social_economy_Executive_Summary.pdf (abgerufen am 1.10.2024).

Delizonna, L. (2017): High-Performing Teams Need Psychological Safety: Here's How to Create It . Harvard Business Review, https://hbr.org/2017/08/high-performing-teams-need-psychological-safety-heres-how-to-create-it (abgerufen am 1.10.2024).

Dery, K./Sebastian, I. M. (2017): Building Business Value with Employee Experience. https://cisr.mit.edu/publication/2017_0601_EmployeeExperience_DerySebastian (abgerufen am 1.10.2024).

Dixon-Fyle, S./Dolan, K./Hunt, D. V./Pronce, S. (2020): Diversity Wins: How Inclusion Matters. McKinsey & Company, https://www.mckinsey.com/business-functions/organization/our-insights/diversity-wins-how-inclusion-matters (abgerufen am 1.10.2024).

Duguma, A. L./Bai, X. (2023): Contribution of Internet of Things (IoT) in Improving Agricultural Systems. International Journal of Environmental Science and Technology, 21(3), https://link.springer.com/article/10.1007/s13762-023-05162-7 (abgerufen am 1.10.2024).

Dweck, C. (2007): Mindset: The New Psychology of Success. Random House.

Edmondson, A. C. (1999): Psychological Safety and Learning Behavior in Work Teams. Administrative Science Quarterly, Nr. 2, S. 350–383.

Eggers, W./Datar, A./O'Leary, J. (2019): Future of Work in Government. Deloitte Insights, https://www2.deloitte.com/us/en/insights/industry/public-sector/future-of-work-in-government.html (abgerufen am 1.10.2024).

Eidenschink, K. (2024): Die Kunst des Konflikts: Konflikte schüren und beruhigen lernen (Beratung, Coaching, Supervision). Carl-Auer-Verlag.

Ernst & Young (2014): Venture Capital and Start-ups in Germany. https://www.slideshare.net/slideshow/ernst-young-venture-capital-and-startups-in-germany-2014/42471142 (abgerufen am 1.10.2024).

Ewenstein, B./Smith, W./Sologar, A. (2015): Changing Change Management. McKinsey & Company, https://www.mckinsey.com/featured-insights/leadership/changing-change-management (abgerufen am 1.10.2024).

Forrester (2022): The Definition Of Modern Zero Trust. Forrester Research, https://www.forrester.com/blogs/the-definition-of-modern-zero-trust/ (abgerufen am 1.10.2024).

Gallup (2024): State of the Workforce Report 2024. https://www.leadersedgeinc.com/blog/key-insights-on-gallups-state-of-the-workforce-report-2024 (abgerufen am 1.10.2024).

Gartner (2022): How to Identify, Fix and Prevent Change Fatigue. https://www.gartner.com/en/webinar/462138/1090629 (abgerufen am 1.10.2024).

Graham, M. (2023): Disclosure Dilemmas: AI Transparency is No Quick Fix. Ash Center for Democratic Governance and Innovation, Harvard University, https://ash.harvard.edu/disclosure-dilemmas-ai-transparency (abgerufen am 1.10.2024).

Gurumurthy, R./Camhi, J./Schatsky, D. (2020): Uncovering the connection between digital maturity and financial performance. Deloitte, https://www2.deloitte.com/us/en/insights/topics/digital-transformation/digital-transformation-survey.html (abgerufen am 1.10.2024).

Harvard Business Review (2023): 2023 Global Leadership Development Study. Harvard Business Review Analytic Services, https://www.harvardbusiness.org/leadership-learning-insights/global-leadership-development-study/ (abgerufen am 1.10.2024).

Harvard Business School (2018): The 2018 State of Leadership Development Report. Harvard Business Publishing Corporate Learning, https://www.harvardbusiness.org/wp-content/uploads/2018/11/20853_CL_StateOfLeadership_Report_2018_Nov2018.pdf (abgerufen am 1.10.2024).

Hougaard, R./Carter, J./Stembridge, R. (2024): The Best Leaders Can't Be Replaced by AI. Harvard Business Review, https://aileadershiplaboratory.com/blog/2024/01/12/the-best-leaders-cant-be-replaced-by-ai/ (abgerufen am 1.10.2024).

Hupfer, S. (2020): Talent and workforce effects in the age of AI. Deloitte, https://www2.deloitte.com/us/en/insights/focus/cognitive-technologies/ai-adoption-in-the-workforce.html (abgerufen am 1.10.2024).

Kane, G. C./Palmer, D./Phillips, A. N./Kiron, D./Buckley, N.Deloitte (2018): Accelerating Digital Innovation Inside and Out. Deloitte Insights in Zusammenarbeit mit dem MIT Sloan Management Review, https://www2.deloitte.com/content/dam/insights/us/articles/4930_MIT-SMR/Accelerating%20Digital%20Innovation%20Inside%20and%20Out.pdf (abgerufen am 1.10.2024).

Karnowski, V./Kümpel, A. S. (2016): Diffusion of Innovations von Everett M. Rogers (1962). In: Potthoff, M. (Hrsg.), Schlüsselwerke der Medienwirkungsforschung, Springer, DOI 10.1007/978-3-658-09923-7_9.

Knight, R. (2023): 8 essential qualities of successful leaders. Havard Business Review. https://hbr.org/2023/12/8-essential-qualities-of-successful-leaders (abgerufen am 1.10.2024).

Koppel, O./Plünnecke, A. (2009): Fachkräftemangel in Deutschland. IW-Analyse Nr. 46, Institut der deutschen Wirtschaft (IW), https://www.iwkoeln.de/studien/oliver-koppel-axel-pluennecke-fachkraeftemangel-in-deutschland.html (abgerufen am 1.10.2024).

KPMG (2023): KPMG Cybersecurity Considerations. https://assets.kpmg.com/content/dam/kpmg/xx/pdf/2023/02/cyber-considerations-report-2023.pdf (abgerufen am 1.10.2024).

KPMG (2024): KPMG Future of work. https://assets.kpmg.com/content/dam/kpmg/uk/pdf/2024/02/future-of-work.pdf (abgerufen am 1.10.2024).

Lencioni, P. (2002): The Five Dysfunctions of a Team. Jossey-Bass.

McKinsey & Company (2018): Unlocking Success in Digital Transformations. https://www.mckinsey.com/~/media/McKinsey/Business%20Functions/Organization/Our%20Insights/Unlocking%20success%20in%20digital%20transformations/Unlocking-success-in-digital-transformations.pdf (abgerufen am 1.10.2024).

MIT Initiative on the Digital Economy (2013): Digitally Mature Firms are 26 % More Profitable Than Their Peers. MIT Sloan Management Review in collaboration with the MIT Initiative on the Digital Economy. https://ide.mit.edu/insights/digitally-mature-firms-are-26-more-profitable-than-their-peers/ (abgerufen am 1.10.2024).

Neubauer, R./Tarling, A./Wade, M. (2017): Redefining Leadership for a Digital Age. IMD Business School, Global Center for Digital Business Transformation, in Zusammenarbeit mit Cisco, https://www.imd.org/research-knowledge/leadership/reports/redefining-leadership/ (abgerufen am 1.10.2024).

Ocean Tomo (2015): Intangible Asset Market Value Study. https://oceantomo.com/media-center-item/annual-study-of-intangible-asset-market-value-from-ocean-tomo-llc (abgerufen am 1.10.2024).

People Not Tech (2021): Psychological Safety in Numbers. Gallup 2022, https://peoplenottech.com/articles/psychological-safety-in-numbers (abgerufen am 1.10.2024).

Pfeiffer, S. (2024): KI als Kollegin (KIK) – Repräsentative Beschäftigtenbefragung zu Künstlicher Intelligenz am Arbeitsplatz. Initiative D21 und Lehrstuhl für Soziologie (Technik – Arbeit – Gesellschaft) am NCT der FAU Erlangen-Nürnberg, https://link.springer.com/chapter/10.1007/978-3-658-43521-9_2 (abgerufen am 1.10.2024).

Ponemon Institute (2018): 2018 Cost of Insider Threats: Global Study. Ponemon Institute, https://www.proofpoint.com/us/resources/threat-reports/cost-of-insider-threats (abgerufen am 1.10.2024).

PwC (2024): 2024 US Responsible AI Survey. https://www.pwc.com/us/en/tech-effect/ai-analytics/responsible-ai-survey.html (abgerufen am 1.10.2024).

RightScale (2019): 2019 State of the Cloud Report. https://aimconsulting.com/insights/2019-state-of-the-cloud-report-released-by-rightscale/ (abgerufen am 1.10.2024).

Sonnenholzner, J., SWR (2024): »Deutsche sind schon eher Bedenkenträger«. https://www.tagesschau.de/wirtschaft/weltwirtschaft/disruption-wirtschaft-soziologie-100.html (abgerufen am 1.10.2024).

Standish Group (2015): CHAOS Report 2015. https://www.standishgroup.com (abgerufen am 1.10.2024).

Sweeney, E. (2021): Companies that prioritize psychological safety avoid worker burnout, retain top talent, and perform better. Here's how to foster it remotely. Business Insider, https://www.businessinsider.com/psychological-safety-remote-work-how-to-foster-2021-5 (abgerufen am 1.10.2024).

Syed, M. (2021): Rebel Ideas: The Power of Thinking Differently. John Murray.

Vaswani, A./Shazeer, N./Parmar, N./Uszkoreit, J./Jones, L./Gomez, A. N./Kaiser, Ł./Polosukhin, I. (2017): Attention Is All You Need. Google Research, https://arxiv.org/pdf/1706.03762 (abgerufen am 1.10.2024).

We Are Social (2023): Digital 2023: Global Overview Report. We Are Social & Hootsuite, https://wearesocial.com/uk/blog/2023/01/digital-2023/ (abgerufen am 1.10.2024).

World Economic Forum (2018): Future of Jobs Report World Economic Forum 2018 https://www.weforum.org/publications/the-future-of-jobs-report-2018/ (abgerufen am 1.10.2024).

World Economic Forum (2023): Diversity, Equity and Inclusion Lighthouses 2024. https://www.weforum.org/publications/diversity-equity-and-inclusion-lighthouses-2024 (abgerufen am 1.10.2024).

World Economic Forum (2024): The Future of Growth Report 2024. https://www3.weforum.org/docs/WEF_Future_of_Growth_Report_2024.pdf (abgerufen am 1.10.2024).

Stichwortverzeichnis

Der Autor

In fast 35 Jahren in der IT-Branche und in mehr als zwei Jahrzehnten internationaler Führungserfahrung u. a. in der Geschäftsführung von Konzernen wie Fujitsu, NTT und Microsoft sowie in diversen Start-ups hat Andre Kiehne unmittelbar miterlebt, wie sich die digitale Landschaft ständig veränderte und wuchs. Als Teil dieses Wandels hat er Unternehmen beraten, Technologielösungen verkauft, implementiert und betreut, die nicht nur Geschäftsprozesse automatisierten, sondern auch neue Geschäftsmodelle schufen und die Effizienz und den Erfolg der Unternehmen in vielfältiger Weise steigerten.

In seiner Rolle als Führungskraft und Geschäftsführer baute er Vertriebsorganisationen auf oder transformierte sie und trug dadurch zu einer erheblichen Umsatzsteigerung der jeweiligen Unternehmen bei. Zusammen mit seinen Teams entwickelte er neue Produkte und schuf ein nachhaltig erfolgreiches Partnernetzwerk. Andre Kiehne hat in vielen Bereichen einen Kulturwandel herbeigeführt, Leadership-Strukturen angepasst und Teams durch grundlegende Veränderungen geführt, motiviert, gefordert und gefördert. All dies gestaltete er stets mit großem Interesse für Menschen, Technologie und Innovationen – sein Ziel: Menschen, Führungskräfte, Teams und Unternehmen mit Technologie zusammenzubringen und erfolgreich zu machen.

Heute begleitet Andre Kiehne als Gründer und CEO des Beratungsunternehmens decode.forward Unternehmen, Teams und Führungskräfte dabei, zukunftsfähige Geschäftsmodelle zu entwickeln, Veränderungsprozesse zu gestalten und Leadership neu zu denken – immer mit dem Fokus darauf, Mensch und Technologie als unschlagbares Team zu stärken.

Andre Kiehne ist zudem als Executive Coach (DBVC-zertifizierte Ausbildung bei hephaistos), Industry Advisor, Investor und Aufsichtsrat tätig. Zusammen mit seiner Frau und den beiden Zwillingstöchtern lebt er nahe Landshut.

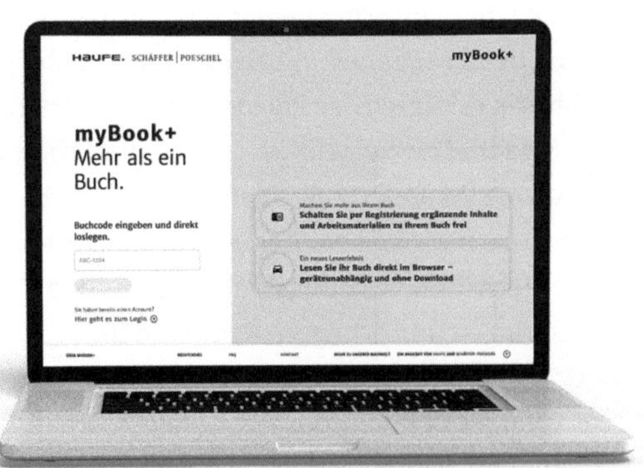

Ihre Online-Inhalte zum Buch: Exklusiv für Buchkäuferinnen und Buchkäufer!

► **https://mybookplus.de**

► Buchcode: **AFA-80778**

PI12332096

8888377